高等学校医药类专业创新实践课改教材

高等学校"十三五"规划教材

有机化学实验

第二版

姚　刚　王红梅　主编
曾小华　金小红　章佳安　副主编

化学工业出版社
·北京·

《有机化学实验（第二版）》是根据化学、化工、医学和药学等专业教学大纲中有机化学实验课程要求，结合高校中实际情况而编写的。全书共选编了50个实验，内容有：有机化学实验基础知识、有机化学实验技术、有机化学实验基本操作、有机化合物的性质、有机化合物的制备、综合性和设计性实验六大部分。本书在总结多年的教学经验和参考国内外相关教材的基础上，充分考虑医药院校有机化学实验的教学特点，力求突出"医用"和"药学"特色，注重科学性、系统性和实用性。

书末附有一些常用的数据表及有关知识。

《有机化学实验（第二版）》可作为高等医药院校药学、基础医学、临床、预防、口腔、护理、影像、麻醉、检验等专业本科生的有机化学实验教材，也可作为从事相应专业科研人员的参考用书。

图书在版编目（CIP）数据

有机化学实验/姚刚，王红梅主编. —2版. —北京：化学工业出版社，2017.12（2023.1重印）
高等学校医药类专业创新实践课改教材
高等学校"十三五"规划教材
ISBN 978-7-122-31096-5

Ⅰ.①有… Ⅱ.①姚…②王… Ⅲ.①有机化学-化学实验-高等学校-教材 Ⅳ.①O62-33

中国版本图书馆CIP数据核字（2017）第290560号

责任编辑：李 琰　甘九林　　　　　　　　装帧设计：关　飞
责任校对：宋　夏

出版发行：化学工业出版社（北京市东城区青年湖南街13号　邮政编码100011）
印　　装：三河市延风印装有限公司
787mm×1092mm　1/16　印张11¾　字数290千字　2023年1月北京第2版第4次印刷

购书咨询：010-64518888　　　　　　　　售后服务：010-64518899
网　　址：http://www.cip.com.cn
凡购买本书，如有缺损质量问题，本社销售中心负责调换。

定　价：28.00元　　　　　　　　　　　　　　　　　　版权所有　违者必究

《有机化学实验》(第二版) 参加编写人员

主　　　编　姚　刚　王红梅

副　主　编　曾小华　金小红　章佳安

参加编写人员（按姓氏笔画排序）

马俊凯（湖北医药学院）

王红梅（湖北医药学院）

石从云（武汉科技大学）

吴　诗（湖北科技学院）

沈　琤（湖北中医药大学）

张海清（武汉科技大学）

张玉林（湖北科技学院）

金小红（湖北科技学院）

姚　刚（湖北科技学院）

章佳安（湖北科技学院）

曾小华（湖北医药学院）

前 言

《有机化学实验(第二版)》是高等学校医药类专业创新实践课改教材,是在对《有机化学实验》进行一定幅度的调整、修改和增补基础上修订而成。本教材保留了第一版编写体系的特色,将常规实验与微型实验结合编写,突出绿色化学观念;重视实验方法的多样性,启迪学生的发散思维;引入综合应用实验,注重学生能力培养;实验有思考题,以便学生加深对实验内容的理解。针对第一版在使用过程中发现的问题,结合其他兄弟院校任课教师的建议进行了一些修改,同时增加了实验内容:正丁醚的制备、透明皂的制备,实验增加到50个。书中列出了一些与化学相关的资料文献目录和网络资源目录。合成实验和综合性实验部分编写了实验流程图,以便学生全面理解和掌握实验过程。化学绘图软件(ChemDraw)引入实验教材,让学生能用计算机作为化学学习和交流的工具。

本书共分六章,第一章为有机化学实验基础知识,第二章为有机化学实验技术,第三章为有机化学实验基本操作,第四章为有机化合物的性质,第五章为有机化合物的制备,第六章为综合性和设计性实验。全书共50个实验,大多实验后附有注释和思考题,以便于学生预习,掌握关键性操作及方法,书后有附录和参考文献供学生查阅和进一步阅读之用。

本书可供高等医药院校药学、基础医学、预防、口腔、护理、检验、影像、麻醉等本科专业使用,也可供七年制学生使用。

参加本书编写的学校有:湖北科技学院、湖北医药学院、湖北中医药大学、武汉科技大学等四所院校。编写过程中听取并采用了使用第一版教材的老师们提出的修改建议,得到了各参编院校的大力支持,在此一并致谢!

限于编者水平,书中不妥之处在所难免,敬请读者批评指正。

编者
2017 年 11 月

第一版前言

"有机化学"是化学、化工、医、药等专业的重要基础课，它是以实验为基础的一门学科。"有机化学实验"是有机化学教学中必不可少的重要环节之一，它很强的实践性是有机化学理论课所不能代替的。多年来，我们一直希望能够编写一本适合医药学相关专业使用的《有机化学实验》教材，供普通高等院校使用。本书是根据教育部化学、化工、医、药等专业"有机化学"教学大纲中"有机化学实验"的要求选编而成的。教材在编写时充分考虑当前我国普通高等院校基础课的教学现状，各院校和不同专业对"有机化学实验"的不同要求，对实验内容进行了精选。本书共分六章，第一章为有机化学实验基础知识，第二章为有机化学实验技术，第三章为有机化学实验基本操作，第四章为有机化合物的性质，第五章为有机化合物的制备，第六章为综合性和设计性实验。全书共 48 个实验，大多实验后附有注释和思考题，便于学生预习，掌握关键性操作及方法。书后有附录和参考文献供学生查阅和进一步阅读之用。

本书在编写时注意突出以下特点。

1. 在内容上加强了与生命科学有关的有机化学实验基本操作技能的训练，为学生学习有机化学和后续的与有机化学有关的课程奠定必要的基础。

2. 强化了有机化合物的制备，目的是培养学生的动手能力，使基本操作技能得到综合训练。

3. 有机化学实验涉及有机化合物的合成、分离、提纯和鉴定。仪器分析是有机化合物鉴定的主要手段。关于仪器分析这方面的内容，参见分析化学有关部分，本书略去这部分内容。

4. 增加了综合性和设计性实验，希望通过综合性、设计性实验培养学生独立分析问题和解决问题的能力，使学生的基础化学实验技能进一步提高。

本书所选内容对医学专业来说可能略多，目的在于使用本书有选择余地，各校各专业可根据自己的学时数和培养目标、实验室条件等自行取舍。

本书由湖北科技学院（以姓氏拼音排序）艾友良、黄胜堂、范宝磊、胡春弟、金小红、李向华、吴诗、熊衍才、姚刚、章佳安、周亮、周学文共同编写。由姚刚任主编，金小红、章佳安、吴诗任副主编。本书的出版得到了化学工业出版社和湖北科技学院药学院的大力支持；湖北科技学院药学院 12 级学生邹千、曹莹为本书的校稿做了大量工作，在此一并表示衷心的感谢！

编写本书时参考了一些国内的优秀教材，编者在此谨表崇高的敬意。

限于编者的学识水平，书中难免有疏漏和不妥之处，敬请读者不吝指正。

编者
2014 年 11 月

目 录

第一章 有机化学实验基础知识 ... 1

第一节 有机化学实验室安全常识 ... 1
一、有机化学实验室规则 ... 1
二、有机化学实验室安全守则 ... 1

第二节 有机化学实验室事故的预防与处理 ... 2
一、防火 ... 2
二、防爆 ... 3
三、防中毒 ... 3
四、防灼伤 ... 3
五、防割伤 ... 4
六、用电安全 ... 4

第三节 有机化学实验的常用玻璃仪器 ... 4
一、标准磨口玻璃仪器的规格 ... 4
二、常用普通玻璃仪器 ... 5
三、常用标准磨口仪器 ... 5
四、常用微型磨口仪器 ... 6
五、有机化学实验常用玻璃仪器的应用范围 ... 6
六、玻璃仪器使用注意事项 ... 7

第四节 有机化学实验常用玻璃仪器的洗涤和干燥 ... 7
一、玻璃仪器的洗涤 ... 7
二、玻璃仪器的干燥 ... 8

第五节 有机化学实验常用设备 ... 9

第六节 有机化学实验常用溶剂及国产试剂规格 ... 10
一、溶剂 ... 10
二、国产试剂规格 ... 10

第七节 有机化学实验常用资料文献与网络资源 ... 11
一、常用工具书 ... 12
二、常用期刊文献 ... 14
三、网络资源 ... 15

第八节 有机化学实验预习、记录和实验报告 ... 16
一、实验预习 ... 16
二、实验记录 ... 17
三、实验报告 ... 17
四、总结讨论 ... 17

第二章　有机化学实验技术 ······ 18

第一节　化学绘图软件 ChemDraw 的使用 ······ 18
一、ChemDraw 软件界面结构 ······ 18
二、化学结构的绘制 ······ 23
三、文本说明和原子标记 ······ 25
四、绘制轨道和化学符号 ······ 27
五、绘制箭头、弧及其他图形 ······ 27
六、高级绘制技巧 ······ 29
七、化合物名称和结构式相互转化 ······ 32
八、实验仪器的绘制 ······ 32

第二节　加热 ······ 33
一、热源 ······ 34
二、加热方法 ······ 35

第三节　冷却 ······ 35

第四节　回流与气体吸收 ······ 36

第五节　搅拌与搅拌器 ······ 37

第六节　干燥与干燥剂 ······ 38
一、液体的干燥 ······ 38
二、固体的干燥 ······ 39

第七节　塞子的钻孔和简单玻璃操作 ······ 40
一、塞子的选择和钻孔 ······ 40
二、简单玻璃工操作 ······ 41
实验一　简单玻璃工操作实验 ······ 44

第三章　有机化学实验基本操作 ······ 46

第一节　有机化合物物理常数测定 ······ 46
实验二　熔点的测定 ······ 46
实验三　沸点的测定 ······ 50
实验四　折射率的测定 ······ 52
实验五　旋光度的测定 ······ 56

第二节　有机化合物的分离与纯化 ······ 59
液体有机化合物的分离与提纯 ······ 59
实验六　常压蒸馏与沸点测定 ······ 59
实验七　减压蒸馏 ······ 62
实验八　水蒸气蒸馏 ······ 65
实验九　分馏 ······ 69
实验十　萃取 ······ 71
固体有机化合物的分离与提纯 ······ 75
实验十一　重结晶与过滤 ······ 75

实验十二　升华 78
　色谱分离技术 81
　　实验十三　柱色谱 81
　　实验十四　薄层色谱 85
　　实验十五　纸色谱 88
　　实验十六　高效液相色谱法 91

第四章　有机化合物的性质 94

　　实验十七　烃、卤代烃、醇和酚的化学性质 94
　　实验十八　醛和酮的性质 96
　　实验十九　羧酸、取代羧酸、羧酸衍生物的化学性质 98
　　实验二十　胺类化合物的性质 101
　　实验二十一　糖类化合物的性质 103
　　实验二十二　氨基酸和蛋白质的化学性质 105
　　实验二十三　分子模型作业 109

第五章　有机化合物的制备 113

　　实验二十四　乙酰水杨酸的制备 113
　　实验二十五　乙酰苯胺的制备 116
　　实验二十六　乙酸乙酯的制备 118
　　实验二十七　1-溴丁烷的制备 120
　　实验二十八　甲基橙的制备 122
　　实验二十九　苯甲酸的制备 124
　　实验三十　己二酸的制备 125
　　实验三十一　环己烯的制备 127
　　实验三十二　无水乙醇和绝对无水乙醇的制备 130
　　实验三十三　正丁醚的制备 132

第六章　综合性和设计性实验 134

　第一节　综合性实验 134
　　实验三十四　尼可刹米的制备 134
　　实验三十五　2-甲基咪唑的制备 135
　　实验三十六　局部麻醉剂苯佐卡因的合成 136
　　实验三十七　除草剂2,4-二氯苯氧乙酸的制备 139
　　实验三十八　乙酰乙酸乙酯的制备 141
　　实验三十九　黄连素的提取 144
　　实验四十　从茶叶中提取咖啡因 146
　　实验四十一　色谱法分离番茄红素及 β-胡萝卜素 148
　　实验四十二　从牛乳中分离提取酪蛋白和乳糖 151

实验四十三　从蛋黄中提取卵磷脂 …………………………………………………… 152
　　实验四十四　α-苯乙胺外消旋体的拆分 ……………………………………………… 155
　　实验四十五　对氨基苯磺酰胺（磺胺）的合成 ……………………………………… 157
第二节　设计性实验 159
　　实验四十六　水杨酸甲酯的制备 ……………………………………………………… 159
　　实验四十七　扑炎痛的合成 …………………………………………………………… 160
　　实验四十八　美沙拉嗪的合成 ………………………………………………………… 161
　　实验四十九　透明皂的制备 …………………………………………………………… 162
　　实验五十　典型有机化合物鉴别设计 ………………………………………………… 163

附录 165

　　附录一　常用元素相对原子质量 ……………………………………………………… 165
　　附录二　常用有机溶剂的沸点、相对密度 …………………………………………… 165
　　附录三　冷浴用的冰-盐混合物 ………………………………………………………… 166
　　附录四　热浴用的液体介质 …………………………………………………………… 166
　　附录五　常见恒沸混合物的组成和恒沸点 …………………………………………… 166
　　附录六　水的饱和蒸气压 ……………………………………………………………… 168
　　附录七　危险化学试剂的使用知识 …………………………………………………… 168
　　附录八　有机化学文献和手册中常见的英文缩写 …………………………………… 171
　　附录九　常用试剂的配制 ……………………………………………………………… 173

参考文献 177

第一章　有机化学实验基础知识

本章介绍的有机化学实验（Experiment of Organic Chemistry）基础知识，是进行有机化学实验必须掌握的。学生进行有机化学实验之前，应当学习和熟悉以下内容。

第一节　有机化学实验室安全常识

一、有机化学实验室规则

为了保证有机化学实验课正常、有效、安全地进行，保证实验课的教学质量，学生必须遵守下列规则。

（1）进入有机实验室之前，必须认真阅读本章内容，了解进入实验室后应注意的事项及有关规定。每次做实验前，认真预习实验的内容及相关的参考资料。写好实验预习报告，方可进行实验。没有达到预习要求者，不得进行实验。

（2）每次实验，先将仪器备齐装好，经指导老师检查合格后，方可进行下一步操作。在操作前，想好每一步操作的目的、意义，实验中的关键步骤及难点，了解所用药品的性质及应注意的安全问题。

（3）实验中严格按操作规程操作，如要改变，必须经指导老师同意。实验中要认真、仔细观察实验现象，如实做好记录。实验完成后，由指导老师登记实验结果，并将产品回收统一保管。课后，按时写出符合要求的实验报告。

（4）在实验过程中，不得大声喧哗，不得擅自离开实验室。不能穿拖鞋、背心等进入实验室，实验室内不能吸烟和吃东西。

（5）在实验过程中保持实验室的环境卫生。公用仪器用完后，放回原处，并保持原样；药品用完后，应及时将盖子盖好。液体样品一般在通风橱中量取，固体样品一般在称量台上称取。仪器损坏应如实填写破损单。废液应倒在废液桶内（易燃液体除外），固体废物（如沸石、脱脂棉等）应倒在垃圾桶内，千万不要倒在水池中，以免堵塞下水道。

（6）实验结束后，将个人实验台打扫干净，仪器洗、挂、放好，拔掉电源插头。请指导老师检查、签字后方可离开实验室。值日生做完值日后，再请指导老师检查、签字。离开实验室前应检查水、电、气是否关闭。

二、有机化学实验室安全守则

（1）熟悉安全用具如灭火器材、砂箱以及急救箱的放置地点和使用方法，并妥善保管，不准挪为他用。

（2）实验开始前应检查仪器是否完整无损，装置是否正确，在征得指导教师同意后方可进行实验。

（3）不要用湿的手和物体接触电源；水、电、气用毕应立即关闭；点燃的火柴用后立即熄灭，不得乱扔。

（4）有机化合物大多有毒，因此实验时应注意通风，尽量避免吸入其蒸气。实验试剂不得入口，严禁在实验室内饮食、吸烟或把食具带入实验室，实验结束后洗净双手。

（5）进入实验室应穿实验工作服，应使用防护镜、面罩、手套等防护设备，不得穿拖鞋。

（6）使用易燃、易爆药品时，应远离火源，不得将易燃液体放在敞口容器中明火加热。易燃和易挥发的废弃物不得倒入废液缸或垃圾桶中，量大时应专门回收处理。

（7）常压或加热系统一定不能造成密闭体系，应与大气相通。

（8）在减压系统中应使用耐压仪器，不得使用锥形瓶、平底烧瓶等不耐压的容器。

（9）无论常压或减压蒸馏都不能将液体蒸干，防止局部过热或产生过氧化物而发生爆炸。

第二节　有机化学实验室事故的预防与处理

有机化学实验中经常要使用有机试剂和溶剂，这些物质大多数都易燃、易爆，而且具有一定的毒性，对人体也会造成一定伤害，因此，防火、防爆、防中毒是有机化学实验中的重要事项。同时，应注意安全用电，还要防止割伤和灼伤事故的发生。

一、防火

引起着火的原因很多，如用敞口容器加热低沸点的溶剂、加热方法不正确等，均可引起着火。为了防止着火，实验中应注意以下几点。

（1）不能用敞口容器加热和放置易燃、易挥发的化学药品。应根据实验要求和物质的特性，选择正确的加热方法。如对沸点低于80℃的液体，在蒸馏时，应采用水浴，不能直接加热。

（2）尽量防止或减少易燃气体的外逸。处理和使用易燃物时，应远离明火，注意室内通风，及时将蒸气排出。

（3）易燃、易挥发的废物，不得倒入废液缸和垃圾桶中，应专门回收处理。

（4）实验室不得存放大量易燃、易挥发性物质。

（5）有煤气的实验室，应经常检查管道和阀门是否漏气。

（6）一旦发生着火，应沉着镇静地及时采取正确措施，控制事故的扩大。第一，立即切断电源，移走易燃物。第二，根据易燃物的性质和火势采取适当的方法进行扑救。有机物着火通常不能用水进行扑救，因为一般有机物不溶于水或遇水可发生更强烈的反应而引起更大的事故。小火可用湿布或石棉布盖熄，火势较大时，应用灭火器扑救。

常用灭火器有二氧化碳灭火器、四氯化碳灭火器、干粉灭火器及泡沫灭火器等。

目前实验室中最常用的是干粉灭火器。使用时，拔出销钉，将出口对准着火点，将上手柄压下，干粉即可喷出。

二氧化碳灭火器也是有机实验室常用的灭火器。灭火器内存放着压缩的二氧化碳气体，二氧化碳灭火器一般在油脂、电器及较贵重的仪器着火时使用。

虽然四氯化碳和泡沫灭火器都具有较好的灭火性能，但四氯化碳在高温下能生成剧毒的光气，而且与金属钠接触会发生爆炸。泡沫灭火器会喷出大量的泡沫而造成严重污染，给后处理带来麻烦。因此，这两种灭火器一般不用。不管采用哪一种灭火器，都是从火的周围开始向中心扑灭。

地面或桌面着火时，还可用沙子扑救，但容器内着火不易使用沙子扑救。身上着火时，应就近在地上打滚（速度不要太快）将火焰扑灭。千万不要在实验室内乱跑，以免引发更大的火灾。

二、防爆

在有机化学实验室中，发生爆炸事故一般有两种情况。

（1）某些化合物容易发生爆炸，如过氧化物、芳香族多硝基化合物等，在受热或受到碰撞时，均会发生爆炸。含过氧化物的乙醚在蒸馏时，也有爆炸的危险。乙醇和浓硝酸混合在一起，会引起极强烈的爆炸。

（2）仪器安装不正确或操作不当时，也可引起爆炸。如蒸馏或反应时实验装置堵塞，减压蒸馏时使用不耐压的仪器等。

为了防止爆炸事故的发生，应注意以下几点。

① 使用易燃易爆物品时，应严格按操作规程操作，要特别小心。
② 反应过于猛烈时，应适当控制加料速度和反应温度，必要时采用冷却措施。
③ 在用玻璃仪器组装实验装置之前，要先检查玻璃仪器是否有破损。
④ 常压操作时，不能在密闭体系内进行加热或反应，要经常检查反应装置是否堵塞。如发现堵塞应停止加热或反应，将堵塞排除后再继续加热或反应。
⑤ 减压蒸馏时，不能用平底烧瓶、锥形瓶、薄壁试管等不耐压容器作为接收瓶或反应瓶。
⑥ 无论是常压蒸馏还是减压蒸馏，均不能将液体蒸干，以免局部过热或产生过氧化物而发生爆炸。

三、防中毒

大多数化学药品都具有一定的毒性。中毒主要是通过呼吸道和皮肤接触有毒物品而对人体造成危害。因此预防中毒应做到以下几点。

（1）称量药品时应使用工具，不得直接用手接触，尤其是有毒药品。做完实验后，应洗手后再吃东西。任何药品不能用嘴尝。

（2）使用和处理有毒或腐蚀性物质时，应在通风柜中进行或加气体吸收装置，并戴好防护用品。尽可能避免蒸气外逸，以防造成污染。

（3）如发生中毒现象，应让中毒者及时离开现场，到通风好的地方，严重者应及时送往医院。

四、防灼伤

皮肤接触了高温、低温或腐蚀性物质后均可能被灼伤。为避免灼伤，在接触这些物质时，最好戴橡胶手套和防护眼镜。发生灼伤时应按下列要求处理。

（1）被碱灼伤时，先用大量的水冲洗，再用1%～2%的乙酸或硼酸溶液冲洗，然后再用水冲洗，最后涂上烫伤膏。

（2）被酸灼伤时，先用大量的水冲洗，然后用1%的碳酸氢钠溶液清洗，最后涂上烫伤膏。

（3）被溴灼伤时，应立即用大量的水冲洗，再用酒精或2%的硫代硫酸钠溶液擦洗，洗至灼伤处呈白色，然后涂上甘油或鱼肝油软膏加以按摩。

(4) 被热水烫伤后一般在患处涂上红花油，然后擦烫伤膏。

(5) 以上这些物质一旦溅入眼睛中，应立即用大量的水冲洗，并及时去医院治疗。

五、防割伤

有机实验中主要使用玻璃仪器。使用时，最基本的原则是不能对玻璃仪器的任何部位施加过度的压力。

(1) 需用玻璃管和塞子连接装置时，用力处不要离塞子太远。尤其是插入温度计时，要特别小心。

(2) 新割断的玻璃管断口处特别锋利，使用时，要将断口处用火烧至熔化或用砂轮打磨，使其成圆滑状。

发生割伤后，应将伤口处的玻璃碎片取出，再用生理盐水将伤口洗净，涂上红药水，用纱布包好伤口。若割破静（动）脉血管，流血不止时，应先止血。具体方法是：在伤口上方5~10cm处用绷带扎紧或用双手掐住，然后再进行处理或送往医院。

实验室应备有急救药品，如生理盐水、医用酒精、红药水、烫伤膏、1%~2%的乙酸或硼酸溶液、1%的碳酸氢钠溶液、2%的硫代硫酸钠溶液、甘油、止血粉、龙胆紫、凡士林等。还应备有镊子、剪刀、纱布、药棉、绷带等急救用具。

六、用电安全

进入实验室后，首先应了解水、电、气的开关位置，而且要掌握它们的使用方法。在实验中，应先将电器设备上的插头与插座连接好后，再打开电源开关。不能用湿手或手握湿物去插或拔插头。使用电器前，应检查线路连接是否正确，电器内外要保持干燥，不能有水或其他溶剂。实验做完后，应先关掉电源，再去拔插头。

第三节 有机化学实验的常用玻璃仪器

有机化学实验常用的玻璃仪器，可分为普通仪器及标准磨口仪器两类。

一、标准磨口玻璃仪器的规格

在有机化学实验及有机半微量分析、制备及分离中，常用带有标准磨口的玻璃仪器，即标准磨口仪器。常用标准磨口仪器的形状、用途与普通仪器基本相同，只是具有国际通用的标准磨口和磨塞。常用标准磨口仪器见图1-2。

标准磨口仪器根据容量的大小及用途有不同编号，按磨口最大端直径的毫米数分为10、14、19、24、29、34、40、50八种。也有用两个数字表示磨口大小的，如10/19表示此磨口最大直径为10毫米、磨口面长度为19毫米。相同编号的磨口和磨口塞可以紧密相接，因此可按需要选配和组装各种型式的配套仪器进行实验。这样既可免去配塞子及钻孔等手续，又能避免反应物或产物被软木塞或橡皮塞所沾污。

使用标准磨口仪器时必须注意以下事项。

① 磨口处必须洁净，若粘有固体物质则使磨口对接不紧密，导致漏气，甚至损坏磨口。

② 用后应拆卸洗净，否则放置后磨口连接处常会粘住，难以拆开。

③ 一般使用时磨口无需涂润滑剂,以免沾污反应物或产物。若反应物中有强碱,则应涂润滑剂,以免磨口连接处因碱腐蚀而粘住,无法拆开。

④ 安装时,应注意磨口编号,装配要正确、整齐,使磨口连接处不受应力,否则仪器易折断或破裂,特别在受热时,应力更大。

二、常用普通玻璃仪器

普通玻璃仪器有烧杯、锥形瓶、抽滤瓶、玻璃漏斗、布氏漏斗、量筒等,如图1-1所示。

图1-1 常用普通玻璃仪器

三、常用标准磨口仪器

标准磨口仪器有圆底烧瓶、三口烧瓶、分液漏斗、滴液漏斗、冷凝管、蒸馏头、接收管等,如图1-2所示。

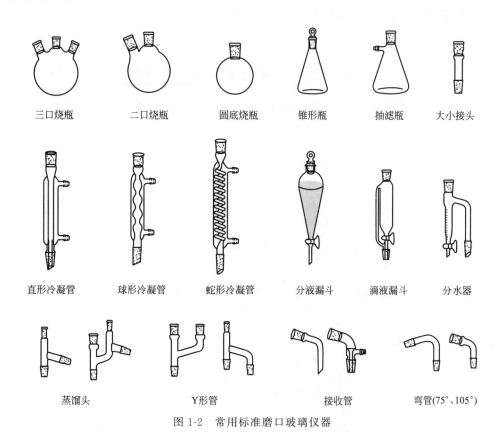

图1-2 常用标准磨口玻璃仪器

四、常用微型磨口仪器

微型磨口玻璃仪器是常用玻璃仪器微型化后的产品,如图1-3所示。

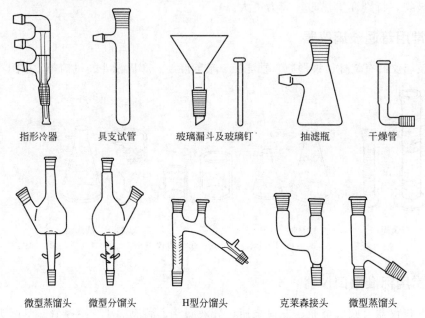

图 1-3　常用的微型磨口玻璃仪器

五、有机化学实验常用玻璃仪器的应用范围

有机化学实验常用玻璃仪器的应用范围见表1-1。

表 1-1　有机化学实验常用玻璃仪器的应用范围

仪器名称	主要用途和注意事项
圆底烧瓶	用于反应、回流、加热和蒸馏
三口圆底烧瓶	用于同时需要搅拌、控温和回流的反应
直形冷凝管	用于蒸馏或回流
球形冷凝管	用于回流
刺形分馏柱	用于分馏多组分混合物
蒸馏头	用于常压蒸馏
克氏蒸馏头	用于减压蒸馏
微型蒸馏头	用于微型化学实验中的常压蒸馏、减压蒸馏、水蒸气蒸馏、液固萃取
微型分馏头	用于微型化学实验中的分馏
H型分馏头	用于微型化学实验中的常压蒸馏、减压蒸馏和水蒸气蒸馏
克莱森接头	用于微型化学实验中的减压蒸馏、水蒸气蒸馏
指形冷凝器	用于微型化学实验中的减压蒸馏、减压升华
布氏漏斗	用于减压过滤,瓷质,不能直接加热,滤纸要略小于内径
玻璃漏斗/玻璃钉	用于少量化合物的过滤,由普通漏斗和玻璃钉组成
抽滤瓶	用于减压过滤,不能加热,和布氏漏斗配套使用,和减压设备之间用橡胶管连接
接收管	用于常压蒸馏
真空接收管	用于减压蒸馏
温度计套管	用于蒸馏时套接温度计
接头	用于连接不同口径的磨口玻璃仪器
研钵	用于研碎固体
干燥管	用于干燥气体,使用时两端用棉花或玻璃纤维填塞,中间装干燥剂
分液漏斗	用于液体的分离、萃取或洗涤,不得加热,活塞不能互换
滴液漏斗	用于反应时滴加溶液

六、玻璃仪器使用注意事项

（1）加热玻璃仪器时要垫石棉网。

（2）抽滤瓶、量筒等厚玻璃仪器不耐热，不能加热使用；锥形瓶不耐压，不能用于减压操作；计量容器不能高温烘烤。

（3）有活塞的玻璃仪器清洗之后，在活塞与磨口之间放纸片，以防粘连。

（4）温度计不能当做搅拌棒使用，不能用冷水冲洗热的温度计，以免炸裂。

（5）使用完玻璃仪器应及时清洗，晾干。

（6）标准磨口玻璃仪器使用注意事项如下所示。

① 磨口处必须洁净，若粘附有固体，则磨口对接不紧密，导致漏气，甚至损坏磨口。

② 一般使用磨口仪器时，不必涂抹润滑剂，以免润滑剂污染反应物或产物。若反应中有强碱，则应涂抹润滑剂如凡士林，以防磨口和磨口塞之间受碱的腐蚀粘牢而无法拆卸。减压蒸馏时，应涂真空脂。

③ 安装标准磨口仪器时，应注意整齐、正确，使磨口连接处不受歪斜应力，否则玻璃仪器易损坏。

④ 磨口玻璃仪器用后应及时拆卸洗净，以免放置过长时间造成磨口与磨口塞之间粘牢而难以拆开。

⑤ 减压蒸馏时，应涂真空脂，真空脂主要用于真空系统的可活动部分的润滑和密封。要求在一定工作温度范围内有足够的润滑性、密封性和黏滞性，有低的饱和蒸气压。实验室常用的真空脂有以下几种。

1号真空脂：适用于冬季，它的稠度小，润滑性好，最高使用温度为30℃。

2号真空脂：适用于夏季，其黏度较1号真空脂大，最高使用温度为30℃。

3号真空脂：适用于冬季，用于对真空系统要求不甚高的系统，黏度小，感温差于1号真空脂，最高使用温度为35℃。

4号真空脂：适用于真空系统中高温处，它黏度小，最高使用温度为130℃。

7501号高真空硅脂：适用于真空系统高温密封处，在常温下饱和蒸气压约为10^{-4}Pa，它的特点是温度稳定性好，使用温度范围宽（$-40 \sim 200$℃）。

真空密封脂的使用必须注意两点：一是真空密封脂的用量必须适当，涂抹过多可引起真空系统的真空效果，过少往往因为涂层不足而漏气；二是真空密封脂在使用过程中往往随着高挥发成分的逐渐蒸发，脂的蒸气压逐渐降低，其物理性能也逐渐变差，会变干、变硬、变脆以至龟裂泄漏，并使旋塞或磨口扭转困难。所以真空密封脂在使用一段时间后必须调换新脂。

第四节　有机化学实验常用玻璃仪器的洗涤和干燥

一、玻璃仪器的洗涤

使用洁净的仪器是实验成功的重要条件，也是化学工作者应有的良好习惯。洗净的仪器在倒置时，器壁应不挂水珠，内壁应被水均匀润湿，形成一层薄而均匀的水膜。如果有水珠，说明仪器还未洗净，需要进一步进行清洗。

1. 一般洗涤

仪器清洗的最简单的方法是用毛刷蘸上去污粉或洗衣粉刷洗，再用清水冲洗干净。洗刷时，不能用秃顶的毛刷，也不能用力过猛，否则会戳破仪器。有时去污粉的微小粒子黏附在器壁上不易洗去，可用少量稀盐酸荡洗一次，再用清水冲洗。如果对仪器的洁净程度要求较高，可再用去离子水或蒸馏水进行荡洗2～3次，用蒸馏水荡洗仪器时，一般用洗瓶进行喷洗，可节约蒸馏水和提高洗涤效果。

2. 铬酸洗液洗涤

对一些形状特殊、容积精确的容量仪器例如滴定管、移液管、容量瓶等的洗涤，不能用毛刷蘸洗涤剂洗涤，只能用铬酸洗液洗涤。焦油状物质和碳化残渣用去污粉、洗衣粉、强酸或强碱常常洗刷不掉，这时也可用铬酸洗液洗涤。使用铬酸洗液时，应尽量把仪器中的水倒净，然后缓缓倒入洗液，让洗液能够充分润湿有残渣的地方，用洗液浸泡一段时间或用热的洗液进行洗涤效果更佳，用过的洗液倒回原来的铬酸洗液瓶中。然后加入少量水，摇荡后，把洗液倒入废液桶中。最后用清水把仪器冲洗干净。使用洗液时应注意安全，不要溅到皮肤和衣服上。

3. 超声波洗涤

在超声波清洗器中放入需要洗涤的仪器，再加入合适洗涤剂和水，接通电源，利用声波的能量和振动，就可把仪器清洗干净，既省时又方便。

4. 特殊污垢的洗涤

对于某些污垢用通常的方法不能除去时，则可通过化学反应将黏附在器壁上的物质转化为水溶性物质。几种常见污垢的处理方法见表1-2。

表1-2 常见污垢的处理方法

污垢	处理方法
沉积的金属如银、铜	用 HNO_3 处理
沉积的难溶性银盐	用 $Na_2S_2O_3$ 洗涤，Ag_2S 用热、浓 HNO_3 处理
粘附的硫黄	用煮沸的石灰水处理
高锰酸钾污垢	用草酸溶液处理(粘在手上也可用此法)
沾有碘迹	用 KI 溶液浸泡；温热的 NaOH 或用 $Na_2S_2O_3$ 溶液处理
瓷研钵内的污迹	用少量食盐在研钵内研磨后倒掉，然后用水洗
有机反应残留胶状或焦油状有机物	视情况用低规格或回收的有机溶剂浸泡；或用稀 NaOH 或用浓 HNO_3 煮沸处理
一般油污及有机物	用含 $KMnO_4$ 的 NaOH 溶液处理
被有机试剂染色的比色皿	用体积比 1∶2 的盐酸-酒精溶液处理

二、玻璃仪器的干燥

洗净的玻璃仪器常用下列几种方法干燥。

1. 自然晾干

将洗净的仪器倒立放置在仪器架上或仪器柜内，使其在空气中自然晾干。

2. 烘干

将洗净的仪器倒置去水后，用电烘箱烘干，烘箱温度通常保持在100～120℃。带磨口塞的分液漏斗在烘干时，应先将磨口塞拔出，才能放入烘箱中烘干。有刻度的量具如移液管、容量瓶、滴定管和不耐热的抽滤瓶等不宜放在烘箱中烘干。烘干的仪器最好等烘箱冷却到室温后再取出。如果热时就要取出仪器，应注意用干手套（或干毛巾）去取，以防烫伤。热玻璃仪器切勿碰水，以防炸裂。

3. 用有机溶剂快速干燥

将洗净的仪器用少量乙醇、丙酮等低沸点溶剂淌洗后（用过的溶剂必须回收），用电吹风吹 1～2min，去除大部分溶剂，再用热风吹至完全干燥，最后吹冷风使仪器逐渐冷却，即可使用，此干燥方式一般只适用于需要紧急干燥仪器时使用，且仪器容积不能太大。

4. 热空气浴烘干

放到气流干燥器的支管上烘干。

第五节　有机化学实验常用设备

1. 烘箱

带有自动控温系统的电热鼓风干燥箱是实验室常用设备，使用温度为 50～300℃，通常使用温度应控制在 100～120℃。烘箱可用来干燥玻璃仪器或干燥无腐蚀、无挥发性、加热不分解的物品。烘干带有活塞的玻璃仪器时一定注意要将活塞取下，防止由于受热不均而使仪器破裂。

2. 气流烘干器

气流烘干器是一种通过热气流快速吹干玻璃仪器的设备，设有冷风和热风挡。使用时将玻璃仪器套在吹风管上吹干，见图 1-4。

3. 电热套

电热套是玻璃纤维和石棉纤维包裹着电热丝制成的电加热器。此设备属于热气流加热，它不是明火加热，因而具有受热均匀、热效率高、不易引起火灾的特点。加热温度可用调压变压器控制，主要用作回流加热的热源，见图 1-5。

4. 磁力搅拌器

磁力搅拌器通过电机带动磁体的旋转，而旋转的磁体又带动容器内磁子旋转，从而达到搅拌的目的。一般具有控速和加热装置。

5. 电动搅拌器

电动搅拌器适用于非均相反应的搅拌，一般自带调速系统。经常保持仪器的清洁干燥、防腐蚀和防潮。

6. 循环水多用真空泵

循环水多用真空泵是以循环水作为流体，利用射流产生负压的原理而设计的一种减压设备。用于对真空度要求不高的减压体系中，广泛用于蒸发、蒸馏、过滤等操作中，仪器图见图 1-6。

图 1-4　气流烘干器

图 1-5　电热套

图 1-6　循环水多用真空泵

7. 常用金属器具

有机实验中常见金属器具见图 1-7。

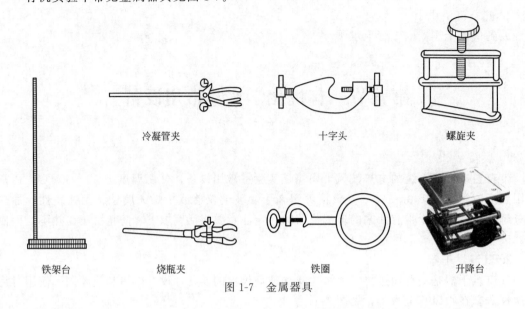

图 1-7 金属器具

第六节 有机化学实验常用溶剂及国产试剂规格

一、溶剂

溶剂（Solvent）又称溶媒，是一种能溶解气体、固体、液体而成为均相体系的液体。溶剂可根据介电常数大小分为极性溶剂和非极性溶剂。有机溶剂在有机合成、萃取、洗涤、重结晶和色谱分离等方面都大量使用并起重要作用。有机化学实验常用有机溶剂见表 1-3。

多数有机溶剂对人体有一定的毒性。有机溶剂具有脂溶性，除经呼吸道和消化道进入人体外，也可经皮肤吸收。因此使用有机溶剂时要尽量减少有机溶剂的逸散和蒸发，加强通风，减少直接接触的机会。

表 1-3 有机化学实验常用有机溶剂

化合物类别	常用有机溶剂
脂肪烃类	石油醚、戊烷、己烷、环己烷
芳香烃类	苯、甲苯、二甲苯、
卤代烃类	二氯甲烷、氯仿、四氯化碳
醇类	甲醇、乙醇、异丙醇、正丁醇
醚类	乙醚、四氢呋喃、1,4-二氧六环
酮类	丙酮、2-丁酮
酯类	乙酸乙酯
含氮化合物	硝基苯、甲酰胺、N,N-二甲基甲酰胺（DMF）、乙腈、吡啶
含硫化合物	二甲亚砜（DMSO）

二、国产试剂规格

常用化学试剂根据纯度的不同分为不同的规格，我国生产的试剂一般分为四个级别，如

表 1-4 所示。

表 1-4　国产试剂规格

级别	名称	代号	瓶标颜色	使用范围
一级	优级纯	GR	绿色	痕量分析和科学研究
二级	分析纯	AR	红色	一般定性定量分析实验
三级	化学纯	CP	蓝色	用于一般的化学制备和教学实验
四级	实验试剂	LR	棕色或其他颜色	一般化学实验辅助试剂
生物试剂		BR 或 CR		根据说明使用

除上述一般试剂外，还有一些特殊要求的试剂，如指示剂、生化试剂和超纯试剂（如电子纯、光谱纯、色谱纯）等，这些都会在瓶标上注明，使用时请注意。

表 1-4 列出了试剂的规格与适用范围，供选用试剂时参考。因不同规格的试剂其价格相差很大，选用时注意节约，防止越级使用造成浪费。若能达到应有的实验效果，应尽量采用级别较低的试剂。

化学试剂中的部分试剂具有易燃、易爆、有腐蚀性或毒性等特性，化学试剂除使用时注意安全和按操作规程操作外，保管时也要注意安全，要防火、防水、防挥发、防曝光和防变质。化学试剂的保存，应根据试剂的毒性、易燃性、腐蚀性和潮解性等多个不相同的特点，采用不同的保管方法。

（1）一般单质和无机盐类的固体，应放在试剂柜内，无机试剂要与有机试剂分开存放。危险性试剂应严格管理，必须分类隔开放置，不能混放在一起。

（2）易燃液体：主要是有机溶剂，极易挥发成气体，遇明火即燃烧。实验中常用的有苯、乙醇、乙醚和丙酮等，应单独存放，要注意阴凉通风，特别要注意远离火源。

（3）易燃固体：无机物中如硫黄、红磷、镁粉和铝粉等，着火点都很低，也应注意单独存放，存放应通风、干燥。白磷在空气中可自燃，应保存在水里，并放于避光阴凉处。

（4）遇水燃烧的物质：金属锂、钠、钾、电石和锌粉等，可与水剧烈反应，放出可燃性气体。锂要用石蜡密封，钠和钾应保存在煤油中，电石和锌粉等应放在干燥处。

（5）强氧化性物质：氯酸钾、硝酸盐、过氧化物、高锰酸盐和重铬酸盐等都具有强氧化性，当受热、撞击或混入还原性物质时，可能引起爆炸。保存这类物质，一定不能与还原性物质或可燃物放在一起，应存放在阴凉通风处。

（6）见光分解的试剂：如硝酸银、高锰酸钾等；与空气接触易氧化的试剂：如氯化亚锡、硫酸亚铁等，都应存于棕色瓶中，并放在阴暗避光处。

（7）容易侵蚀玻璃的试剂：如氢氟酸、含氟盐、氢氧化钠等应保存在塑料瓶内。

（8）剧毒试剂：如氰化钾、三氧化二砷（砒霜）、氯化汞（升汞）等，应特别注意由专人妥善保管，取用时应严格做好记录，以免发生事故。

第七节　有机化学实验常用资料文献与网络资源

查阅文献资料是化学工作者的基本功，特别是在科研工作中，通过文献可以了解相关科研方向的研究现状与最新进展，目前与有机化学相关的文献资料已经相当丰富，许多文献如化学辞典、手册、理化数据和光谱资料等，其数据来源可靠，查阅简便，并不断进行补充更新,是有机化学的知识宝库,也是化学工作者学习和研究的有力工具。随着计算机技术与互联网技术的发展,网上文献资源将发挥越来越重要的作用,了解一些与有机化学有关的网上资源对于我们做好有机化学实验来说是非常有帮助的。文献资料和网络化学资源不仅可以帮助了解有机物的物理性质、解释实验现象、预测实验结果和选择正确的合成方法,而且还可使实验人员避免重复劳动,取得事半功倍的实验效果。

一、常用工具书

1. 精细化学品制备手册

章思规,辛忠主编,1994 年第 1 版。单元反应部分共十二章,分章介绍磺化、硝化、卤化、还原、胺化、烷基化、氧化、酰化、羟基化、酯化、成环缩合、重氮化与偶合反应,从工业实用角度介绍这些单元反应的一般规律和工业应用。实例部分收入大约 1200 个条目,大体上按上述单元反应的顺序编排。实例条目以产品为中心,每一条目按条目标题(中文名称、英文名称)、结构式、分子式和分子量、别名、性状、生产方法、产品规格、原料消耗、用途、危险性质、国内生产厂和参考文献等顺序介绍,便于读者查阅。

2. Handbook of Chemistry and Physics

这是美国化学橡胶公司出版的一本化学与物理手册,它出版于 1913 年,每隔一至二年再版一次。过去都是分上、下两册,从 51 版开始变为一册。该书内容分六个方面:数学用表、元素和无机化合物、有机化合物、普通化学、普通物理常数和其他。在"有机化合物"部分中,按照 1979 年国际纯粹和应用化学联合会对化合物命名的原则,列出了 15031 条常见有机化合物的物理常数,并按照有机化合物英文名字的字母顺序排列。查阅时首先要知道化合物的英文名称,便可很快查出所需要的化合物分子式及物理常数,如果不知道该化合物的英文名称,也可在分子式索引(Formula Index)中查取。分子式索引是按碳、氢、氧的数目顺序排列的。例如乙醇的分子式为 C_2H_6O,则在 C_2 部分即可找到 C_2H_6O。如果化合物分子式中碳、氢、氧的数目较多,在该分子式后面附有不同结构的化合物的编号,再根据编号则可以找出要查的化合物。由于有机化合物有同分异构现象,因此在一个分子式下面常有许多编号,需要逐条去查。

3. Aldrich

美国 Aldrich 化学试剂公司出版。这是一本化学试剂目录,它收集了 1.8 万余个化合物。一个化合物作为一个条目,内含相对分子质量、分子式、沸点、折射率、熔点等数据。较复杂的化合物还附了结构式,并给出了部分化合物核磁共振和红外光谱谱图的出处。每个化合物都给出了不同包装的价格,这对有机合成、订购试剂和比较各类化合物的价格很有好处。书后附有分子式索引,便于查找,还列出了化学实验中常用仪器的名称、图形和规格。每年出一本新书,免费赠阅。

4. Acros Catalogue of Fine Chemicals

Acros 公司的化学试剂手册,与 Aldrich 类似,也是化学试剂目录,包含熔点、沸点等常用物理常数,2005 年版新增了以人民币计算的试剂价格,每年出一册,国内可向百灵威公司索取。

5. The Merk Index,9th. Ed.

这是一本非常详尽的化工工具书,主要是有机化合物和药物。它收集了近一万种化合物的性质、制法和用途,4500 多个结构式及 4.2 万条化学产品和药物的命名。化合物按名称字母的顺序排列,冠有流水号,依次列出 1972~1976 年汇集的化学文摘名称以及可供选用的化学名称、药物编码、商品名、化学式、相对分子质量、文献、结构式、物理数据、标题化合物和衍生物的普通名称与商品名。在 Organic Name Reactions 部分中，对在国外文献资料中以人名来命名的反应做了简单的介绍。一般用方程式来表明反应的原料、产物及主要反应条件，并指出最初发表论文的作者和出处，同时将有关这个反应的综述性文献资料的出处一并列出，便于进一步查阅。

6. Dictionary of Organic Compounds，6th Ed.

本书收集常见的有机化合物近 3 万条，连同衍生物在内共 6 万余条。内容为有机化合物的组成、分子式、结构式、来源、性状、物理常数、化合物性质及其衍生物等，并给出了制备化合物的主要文献资料。各化合物按名称的英文字母顺序排列。本书自第 6 版以后，每年出一补编，到 1988 年已出了第 6 补编。该书已有中文译本名为《汉译海氏有机化合物辞典》，中文译本仍按化合物英文名称的字母顺序排列，在英文名称后面附有中文名称。因此，在使用中文译本时，仍然需要知道化合物的英文名称。

7. Beilstein Handuch der Organiscben Chemie（贝尔斯坦有机化学大全）

贝尔斯坦有机化学大全从性质上讲是一个手册，它从期刊、会议论文集和专利等方面收集有确定结构的有机化合物的最新资料汇编而成，对于有机化学工作者来说是一套重要的工具书，对物理化学及其他化学工作者也是非常有用的。贝尔斯坦有机化学大全是由留学德国的俄国人贝尔斯坦（Beilstein，F.K.）所编，由此得名。创刊于 1881 年，后几次再版，现在使用的是 1918 年开始发行的第四版，共 31 卷，称为正篇（Hauptwerk，简称 H），收集内容到 1909 年为止，第 1～27 卷为正篇的主要内容，第 28～29 卷为索引，第 30 卷为多异戊二烯，第 31 卷为糖（以后此两卷内容并入其他各卷，取消此两卷）。收集 1910～1919 年间资料补充正篇的内容为第一补篇（Erganzungswerk，简称 E。E1 表示第一补篇）。

8. Organic Synthesis

本书最初由 R. Adams 和 H. Gilman 主编，后由 A. H. Blatt 担任主编。于 1921 年开始出版，每年一卷，1988 年为 66 卷。本书主要介绍各种有机化合物的制备方法；也介绍了一些有用的无机试剂制备方法。书中对一些特殊的仪器、装置往往同时用文字和图形来说明。书中所选实验步骤叙述得非常详细，并有附注介绍作者的经验及注意点。书中每个实验步骤都经过其他人的核对，因此内容成熟可靠，是制备有机化合物的优秀参考书。

另外，本书每十卷有合订本（Collective Volume），卷末附有分子式、反应类型、化合物类型、主题等索引。在 1976 年还出版了合订本 1～5 集（即 1～49 卷）的累积索引，可供阅读时查考。54 卷、59 卷、64 卷的卷末附有包括本卷在内的前 5 卷的作者和主题累积索引；每卷末也有本卷的作者和主题索引。另外，该书合订本的第 1、2、3 集已分别译成中文。

9. Organic Reactions

本书由 Adams，R. 主编，自 1951 年开始出版，刊期不固定，约为一年半出一卷，1988 年已出 35 卷。本书主要介绍有机化学有理论价值和实际意义的反应。每个反应都分别由在该方面有一定经验的人来撰写。书中对有机反应的机理、应用范围、反应条件等都进行了详尽的讨论。并用图表指出在这个反应的研究工作中做过哪些工作。卷末有以前各卷的作者索引、章节和题目索引。

10. Text Book of Practical Organic Chemistry，5th. Ed.

B. S. Furniss，A. J. Hannaford，P. W. G. Smith，A. R. Tachell 编写，由 Longman scientific & technical 于 1989 年出版，内容包括有机化学实验的安全常识、有机化学基本知识、

常用仪器、常用试剂的制备方法、常用的合成技术以及各类典型有机化合物的制备方法，所列出的典型反应数据可靠，是一本比较好的实验参考书。

二、常用期刊文献

1. 中国科学

月刊，于 1951 年创刊。原为英文版，自 1972 年开始出中文和英文两种文字版本。刊登我国自然科学领域中有水平的研究成果。中国科学分为 A、B 两辑，B 辑主要包括化学、生命科学、地学方面的学术论文。

2. 科学通报

半月刊（1950 年创刊），它是自然科学综合性学术刊物，有中、外文两种版本。

3. 化学学报

月刊（1933 年创刊），原名中国化学会会志。主要刊登化学方面有创造性的、高水平的学术论文。

4. 高等学校化学学报

月刊（1980 年创刊），是化学学科综合性学术期刊。除重点报道我国高校师生创造性的研究成果外，还反映我国化学学科其他各方面研究人员的最新研究成果。

5. 有机化学

双月刊（1981 年创刊），刊登有机化学方面的重要研究成果。

6. 化学通报

月刊（1952 年创刊），以报道知识介绍、专论、教学经验交流等为主，也有研究工作报道。

7. Journal of Chemical Society（简称 J. Chem. Soc.）

1841 年创刊，本刊为英国化学会会志，月刊，由 1962 年起取消了卷号，按公元纪元编排。本刊为综合性化学期刊，研究论文包括无机化学、有机化学、生物化学、物理化学。全年末期有主题索引及作者索引。从 1970 年起分四辑出版，均以公元纪元编排，不另设卷号。

(1) Dalton Transactions   主要刊载无机化学、物理化学及理论化学方面的文章。

(2) Perkin Transactions Ⅰ：有机化学与生物有机化学，Ⅱ：物理有机化学。

(3) Faraday Transactions Ⅰ：物理化学，Ⅱ：化学物理。

(4) Chemical Communication。

8. Journal of the American Chemical Society（简称 J. Am. Chem. Soc.）

美国化学会会志，是自 1879 年开始的综合性双周期刊。主要刊载研究工作的论文，内容涉及无机化学、有机化学、生物化学、物理化学、高分子化学等领域，并有书刊介绍。每卷末有作者索引和主题索引。

9. Journal of the Organic Chemistry（简称 J. Org. Chem.）

创刊于 1936 年，为月刊，主要刊载有机化学方面的研究工作论文。

10. Chemical Reviews（简称 Chem. Rev.）

创刊于 1924 年，为双月刊，主要刊载化学领域中的专题及发展近况的评论。内容涉及无机化学、有机化学、物理化学等各方面的研究成果与发展概况。

11. Tetrahedron

创刊于 1957 年，它主要为了迅速发表有机化学方面的研究工作和评论性综述文章而创刊。大部分论文是用英文写的，也有用德文或法文写的论文。原为月刊，自 1968 年起改为半月刊。

12. Tetrahedron Letters

主要为了迅速发表有机化学方面的初步研究工作而创刊。大部分论文是用英文写的，也有用德文或法文写的论文。

13. Synthesis

这本国际性的合成杂志创刊于 1973 年，主要刊载有机化学合成方面的论文。

14. Journal of Organmetallic Chemistry（简称 J. Organomet. Chem.，1963 年创刊）

主要报道金属有机化学方面的最新进展。

15. Chemical Abstracts，美国化学文摘，简称 CA

是化学化工方面最主要的二次文献，创刊于 1907 年。自 1962 年起每年出二卷。自 1967 年上半年即 67 卷开始，每逢单期号刊载生化类和有机化学类内容；而逢双期号刊载大分子类、应用化学与化工、物理化学与分析化学类内容。有关有机化学方面的内容几乎都在单期号内。

三、网络资源

1. 美国化学学会（ACS）数据库（http：//pubs.acs.org）

美国化学学会 ACS（American Chemical Society）成立于 1876 年，现已成为世界上最大的科技协会之一，其会员数超过 16 万。多年以来，ACS 一直致力于为全球化学研究机构、企业及个人提供高品质的文献资讯及服务，在科学、教育、政策等领域提供了多方位的专业支持，成为享誉全球的科技出版机构。ACS 的期刊被 ISI 的 Journal Citation Report（JCR）评为化学领域中被引用次数最多的化学期刊。

ACS 出版 34 种期刊，内容涵盖以下领域：生化研究方法、药物化学、有机化学、普通化学、环境科学、材料学、植物学、毒物学、食品科学、物理化学、环境工程学、工程化学、应用化学、分子生物化学、分析化学、无机与原子能化学、资料系统计算机科学、学科应用、科学训练、燃料与能源、药理与制药学、微生物应用生物科技、聚合物、农业学。

网站除具有索引与全文浏览功能外，还具有强大的搜索功能，查阅文献非常方便。

2. 英国皇家化学学会（RSC）期刊及数据库（http：//www.rsc.org）

英国皇家化学学会（Royal Society of Chemistry）出版的期刊及数据库是化学领域的核心期刊和权威性数据库。

数据库 Methods in Organic Synthesis（MOS），提供有机合成方面最重要进展的通告服务，提供反应图解，涵盖新反应、新方法，包括新反应和试剂、官能团转化、酶和生物转化等内容，只收录在有机合成方法上具新颖性特征的条目。数据库 Natural Product Updates（NPU），提供有关天然产物化学方面最新发展的文摘，内容选自 100 多种主要期刊。包括分离研究、生物合成、新天然产物以及来自新来源的已知化合物、结构测定，以及新特性和生物活性等。

3. Belstein/GmelinCrossfire 数据库（http：//www.mdli.com/products/products.html）

数据库包括贝尔斯坦有机化学资料库及盖莫林（Gmelin）无机化学资料库，含有七百多万个有机化合物的结构资料和一千多万个化学反应资料以及两千万有机物性质和相关文献，内容相当丰富。

CrossFire Beilstein 数据来源为 1779 年至 1959 年 Beilstein Handbook 从正编到第四补编的全部内容和 1960 年以来的原始文献数据。原始文献数据包括熔点、沸点、密度、折射率、旋光性、天然产物或衍生物分离方法。该数据库包含八百万种有机化合物和五百多万个反应。用户可以用反应物或产物的结构或亚结构进行检索,也可以用相关的化学、物理、生态、毒物学、药理学特性以及书目信息进行检索。在反应式、文献和引用化合物之间有超链接,使用十分方便。

CrossFire Gmelin 是一个无机和金属有机化合物的结构及相关化学、物理信息的数据库。现在由 MDL Information Systems 发行维护。该数据库的信息来源有两个,其一是 1817 年至 1975 年 Gmelin Handbook 主要卷册和补编的全部内容,其二是 1975 年至今的 111 种涉及无机、金属有机和物理化学的科学期刊,记录内容为事实、结构、理化数据(包括各种参数)、书目数据等信息。

4. 美国专利商标局网站数据库（http://www.uspto.gov）

该数据库用于检索美国授权专利和专利申请,免费提供 1790 年至今的图像格式的美国专利说明书全文,1976 年以来的专利还可以看到 HTML 格式的说明书全文。专利类型包括:发明专利、外观设计专利、再公告专利、植物专利等。该系统检索功能强大,可以免费获得美国专利全文。

5. John Wiley 电子期刊（http://www.interscience.wiley.com）

目前 John Wiley 出版的电子期刊有 363 种,其学科范围以科学、技术与医学为主。该出版社期刊的学术质量很高,是相关学科的核心资料,其中被 SCI 收录的核心期刊近 200 种。学科范围包括:生命科学与医学、数学统计学、物理、化学、地球科学、计算机科学、工程学等,其中化学类期刊 110 种。

6. Elsevier Science 电子期刊全文库（http://www.sciencedirect.com）

Elsevier Science 公司出版的期刊是世界上公认的高品位学术期刊。清华大学与荷兰 Elsevier Science 公司合作在清华图书馆已设立镜像服务器,访问网址:http://elsevier.lib.tsinghua.edu.cn。

7. 中国期刊全文数据库（http://www.cnki.net）

收录 1994 年至今的 5300 余种核心与专业特色期刊全文,累积全文 600 多万篇,题录 600 多万条。分为理工 A（数理科学）、理工 B（化学化工能源与材料）、理工 C（工业技术）、农业、医药卫生、文史哲、经济政治与法律、教育与社会科学综合、电子技术与信息科学 9 大专辑,126 个专题数据库,网上数据每日更新。

8. 中国化学、有机化学、化学学报联合网站（http://sioc-journal.cn/index.html）

提供中国化学（Chinese Journal Of Chemistry）、有机化学、化学学报 2000 年至今发表的论文全文和相关检索服务。

第八节　有机化学实验预习、记录和实验报告

有机化学实验是一门综合性较强的理论联系实际的课程。这是培养学生独立工作能力的重要环节。完成一份正确、完整的实验报告,也是一次很好的训练过程。

一、实验预习

实验预习是有机化学实验的重要环节,对实验成功与否、收获大小起着十分关键的作

用。实验预习的具体内容包括以下几项。

(1) 实验目的　写出本次实验要达到的主要目的。

(2) 反应及操作原理　用反应式写出主反应和副反应，并写出反应机理，简单叙述操作原理。

(3) 实验用的仪器及药品　写出仪器的规格、型号、数量，并按报告要求填写主要试剂及产物的物理和化学性质。

(4) 画出主要反应的仪器装置图，并标明仪器名称。

(5) 画出反应及产品纯化过程的流程图。

(6) 操作步骤与现象。

预习时，应想清楚每一步操作规程的目的是什么，为什么这样做，要弄清楚本次实验的关键步骤和难点，实验中有哪些安全问题。预习是做好实验的关键，只有预习好了，实验时才能做到又快又好。

二、实验记录

实验记录是科学研究的第一手资料，实验记录的好坏直接影响对实验结果的分析。因此，学会做好实验记录也是培养学生科学作风及实事求是精神的一个重要环节。记录时，要与操作步骤一一对应，内容要简明扼要，条理清楚。记录直接写在预习报告本上，不能随便记在一张纸上。

三、实验报告

实验报告是在实验完成之后，对实验进行的总结。即讨论观察到的实验现象，分析实验中出现的问题和解决的办法，整理归纳实验数据，写出做实验的体会，对实验提出建设性建议等。这是完成整个实验的又一个重要环节。一份完整的实验报告可以充分体现学生对实验理解的深度、综合分析问题和解决问题的能力及文字表达的能力。一份合格的实验报告应包括以下内容。

(1) 实验名称：通常作为实验题目出现。

(2) 实验目的要求：简述该实验所要求达到的目的和要求。

(3) 实验原理：简要介绍实验的基本原理，主要反应方程式及副反应方程式。

(4) 实验所用的仪器、药品及装置：要写明所用仪器的型号、数量、规格；试剂的名称、规格。

(5) 主要试剂的物理常数：列出主要试剂的相对分子量、相对密度、熔点、沸点和溶解度等。

(6) 仪器装置图：画出主要仪器装置图。

(7) 实验内容、步骤：要求简明扼要，尽量用表格、框图、符号表示，不要全盘抄书。

(8) 实验现象和数据的记录：在自己观察的基础上如实记录。

(9) 结论和数据处理：对化学现象的解释最好用化学反应方程式，如果是合成实验要写明产物的特征、产量，并计算产率。

四、总结讨论

对实验中遇到的疑难问题提出自己的见解，分析产生误差的原因，对实验方法、教学方法、实验内容、实验装置等提出意见或建议，包括回答思考题。

第二章　有机化学实验技术

第一节　化学绘图软件 ChemDraw 的使用

ChemDraw 是一个化学结构绘图软件，它是美国 CambridgeSoft 公司开发的化学软件 ChemOffice 系列产品中一个重要成员（还有 Chem3D 和 ChemFinder 等）。目前最新版本是 ChemOffice2012。

ChemDraw 可以绘制和编辑化学结构图，识别和显示立体结构，将结构名称进行转换，包含 NMR 数据库，能与 Excel 集成。本节只讲绘制和编辑化学结构功能。

绘制化学图形的软件还有 Chemwin 和 Chemsketch 软件。

一、ChemDraw 软件界面结构

包括文件窗口（菜单栏、工具栏、滚动栏、编辑区等）和图形工具板两大结构。

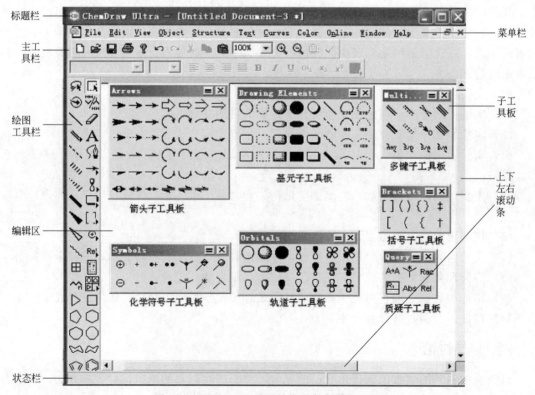

图 2-1　ChemDraw 界面结构及各种子工具板

1. 图形工具板

图形工具板含有所有能够在文件窗口绘制结构图形的工具，选择了这些工具的图标后，光标将随之改变成相应的工具形状，并在光标的右下方会出现该工具的名称。

选择工具板时，一次只能选一个。在图标右下角有小黑三角的工具图标里，含有进一步的子工具图标板。用鼠标按下含三角的图标（不松开），子工具板将显示出来。

各工具的图标及作用如下。

选择工具：包括蓬罩工具 和套索工具 。蓬罩工具是以方形框罩住目标，套索具有随意性。套住目标后，可以进行编辑。

结构透视工具 ：选择该工具可以实现分子结构旋转。只能绕 X 轴或 Y 轴旋转，旋转时有角度显示。

基团分割工具 ：通过画线的方法将键断开，并在断开的两部分显示势能。如图 2-2 所示。

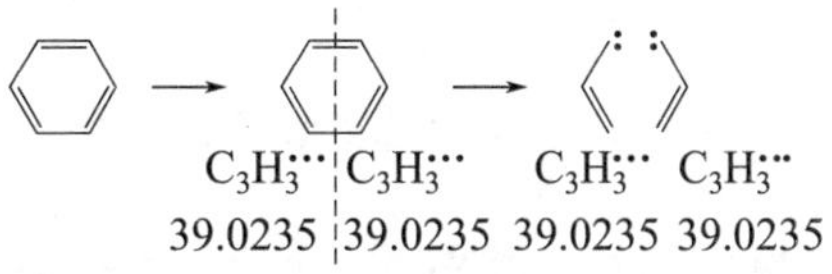

图 2-2 基团分割

键工具：包括实键 ，多键 ，虚键 ，切割键 ，切割楔键 ，黑体键 ，黑体楔键 ，空心楔键 ，波浪键 。其中多键里边又有子工具图板（见图 2-1）。用工具键可以绘制各种化学键。

环工具 ：包括从环丙烷环到环辛烷环，以及环己烷椅式构象，环戊二烯和苯环。快速绘制常用的环结构。

橡皮工具 ：擦去无用的线条，结构等。

文本工具 ：建立原子标记和说明。

笔工具 ：绘制随意类型的图，例如常规键和轨道等。

箭头 ：绘制各类箭头。含有箭头子工具箱见图 2-1。

轨道工具 ：绘制轨道。含有轨道子工具箱见图 2-1。

基元工具 ：绘制反应过程中常见符号，含有基元子工具箱见图 2-1。

括号工具 ：绘制各种括号，含有括号子工具箱见图 2-1。

符号工具 ：绘制特殊化学符号，含有符号子工具箱见图 2-1。

交替基团 ：在 ChemDraw Pro 中，此工具用来建立交替基团（R、G 等），它们代表一组物质。

PLC（薄板色谱）图版 ：能容易地将薄板色谱图版绘制出来。

模板工具 ：绘制模板库中存储的图形，含有模板图形目类共 17 项，每一项有很多模板图，见图 2-3。

无环链工具 ：快速绘制任意长度链。

表工具 ：插入表格。

2. 默认设置的改变

在 File 菜单的下拉菜单的 Document Settings（文件设置）命令来设置一些默认设置，

见图 2-4。

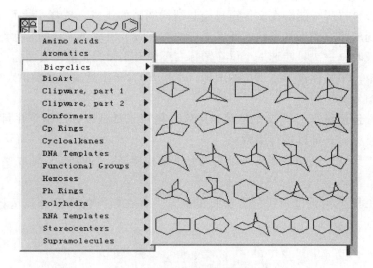

图 2-3　模板工具及其子模板图

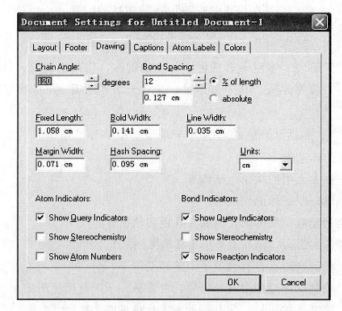

图 2-4　文件设置界面

（1）Layout（版面设计）（略）
（2）Footer（页脚）（略）
（3）Drawing（绘制）

Chain Angle（键角）　定义无环链的键角，可在 1°～179°间变化。

Bond Spacing（键间距）　变换双键和三键的线之间的距离，此距离是键长的某个百分比。

Fixed Length（固定长度）　当设置了（Object）目标中的 Fixed Length 命令（命令旁边有对号时），该命令就限制了所绘制的键长。

Bold Width（黑体宽度）　当绘制黑体键和楔键时，可以改变所用线条的宽度。

Line Width（线宽）　变化绘制中所有键、线和箭头的宽度。

Margin Width（边缘宽度） 变化除键与原子接触部分外的所有原子周围的空间量，另一功能是确定围绕交叉键前面键的白色空间的宽度。

Hash Spacing（切割线间距） 变化切割楔键，切割键，虚键或虚曲线的线段之间的间距。

上面各参数改变后的效果见图 2-5。

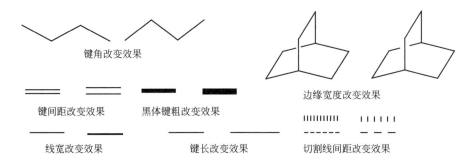

图 2-5　各参数改变效果图

（4）Caption（说明文本设置） 可以设置字体、字形、字号、对齐方式、上下角标等。

（5）Atom Lables（原子标记设置） 基本同文本，原子标记和文本的格式设置也可以通过文本工具迅速实现。

（6）Colors（颜色） 可以添加、移动或变化默认的前景和背景颜色，同时可以设置其他颜色。也可以同颜色工具迅速设置。

3．一些基本操作

（1）绘制任意结构

选择需要的工具，在文件窗口适当位置单击即可。这时绘出的结构图形形状为系统默认的形状。要绘制不同方向的图形，如不同方向的键等，应在点击后不放鼠标，向需要的方向拖动鼠标即可，或旋转鼠标，图形也跟着转动，直到合适的位置为止。

（2）选择图形

用选择工具蓬罩工具和套索工具，蓬罩工具是以方形框罩住目标，将光标放在需要选择的结构的左上方，按住鼠标左键向右下方拖拉直到需要选择的结构被框在选择区域内，放开鼠标左键即可，这样被套在矩形框内的所有结构都被选中，如图 2-6 中（a）环辛烷和环戊烷部分结构也被选中，被选中的结构变成虚线并不断闪烁。套索具有随意性，用鼠标左键画曲线将需要选择的结构圈进放开左键即可，如图 2-6(b)，该方法可以准确选择结构。

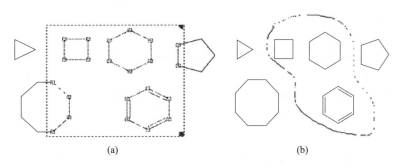

图 2-6　选择工具选择方式

(3) 添加或取消选择

在部分已选择的结构中,按住 Shift 键并在需要添加或取消的位置单击,则该点被选中或被取消,未定位部分虽在选择框内,但仍没有被选择,见图 2-7。

(4) 移动或复制图形

一般移动或复制:移动,选择图形,用鼠标左键按住被选结构,移动到需要位置放开即可。复制,选择图形,按住 Ctrl 键+被选结构,移动到需要位置放开即可。

移动或复制在水平或竖直方向:水平或垂直方向移动,选择图形,按住 Shift 键+被选结构,移动到需要位置放开即可。水平或垂直方向复制,选择图形,按住 Shift 键+Ctrl 键+被选结构,移动到需要位置放开即可。

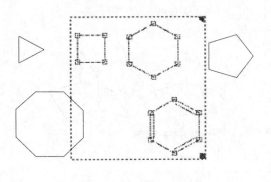

图 2-7　取消选择后效果

(5) 删除图形

选择橡皮工具,在要删除的图形上点击即可,这种方式一次只能删除一个单个的图形,但是可以实现准确地对细节进行删除。或是先用选择工具选择要删除的图形,再按 Delete 键或 Edit 菜单中的 Clear 命令即可,这样可以迅速删除多个图形。

(6) 旋转结构 (XY 平面旋转)

① 一般旋转　用选择工具选择要旋转的结构,将光标移动到右上角黑点区域,会出现旋转柄(一双向曲箭头),沿顺时针或逆时针方向拉旋转柄即可,旋转的过程中会出现旋转的角度。这种方式可以实现快速旋转,但是旋转角度不好准确控制。如被选结构按指定角度旋转,则用选择工具选择要旋转的结构,从 Object 菜单选择 Rotate 下拉菜单,或双击旋转柄,出现旋转结构对话框,输入要旋转的角度,单击 Rotate 按钮即可,见图 2-8。

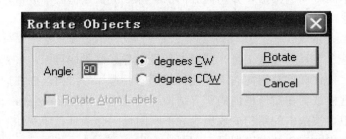

图 2-8　旋转结构对话框

② 重复旋转　完成一项旋转后,若要对其他结构进行完全相同角度的旋转,可以用选择工具选择要旋转的结构,从 Edit 菜单中,选择 Repeat Rotate 命令即可。

(7) 调整结构尺寸

① 一般调整 (与整体成比例调整)　选择要调整尺寸的结构,将光标移动到右下角黑点区域,出现尺寸调节柄(右下角双向直箭头),按住该箭头伸缩即可,伸缩时会显示尺寸比例变化。

② 拉曲被选结构　沿水平或垂直方向拉曲一个结构的方法,选择要拉曲的结构,同时按住 Shift 键+尺寸调节柄(光标变成十字双箭头),可以沿水平或垂直方向拉长或缩短结

构；按指定大小变化结构大小，选择要调整尺寸的结构，从 Object 菜单中选择 Scale 子菜单命令，或双击尺寸调节柄，出现一对话框，见图 2-9，输入需要的大小或缩小放大比例，按 Scale 按钮即可。

（8）连接结构

将两个要连接的结构如图 2-10 中的苯和丙烷靠近，要连接的两个键或原子几乎重叠，用选择工具选择要连接的两个结构，从 Object 菜单中，选下拉菜单 Join 命令即可。

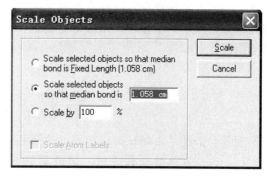

图 2-9　尺寸调节对话框

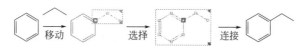

图 2-10　结构连接实例

（9）调整结构布局

① 均匀分布结构　Object 菜单的 Distribute 下拉菜单中有两个实用的分布命令，选择其中一个可以水平（Horizontally）或垂直（Vertically）等距离地分布物体。选择要分布的结构图形，从 Object 菜单的 Distribute 子菜单中，选择 Vertically 或 Horizontally，此时结构图形之间的距离分布相等，结构图形中最右和最左边（或者最上和最下）的位置保持不变，见图 2-11。

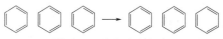

图 2-11　均匀分布结构

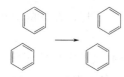

图 2-12　结构左对齐操作实例

② 对齐结构　Object 菜单中的 Align 下拉菜单中有几个可用的对齐命令，选择其中一个可使结构图形彼此相互对齐。用选择工具选择要对齐的两个或更多结构图形，从 Align 子菜单中，选择一个对齐命令，例如 Left Edges，如图 2-12。

要使一行有多个结构的不同行对齐，先对每行进行水平对齐，均匀分布操作，然后分别选中每行所有结构，点击 Object 菜单中的 Group 命令将每行结构分别组合为不同组，然后再将要左对齐的所有行选中，进行左对齐操作，如果不先组合为组，则每行中所有结构都移动左边对齐，见图 2-13。

图 2-13　一行多结构中的行左对齐

二、化学结构的绘制

1. 单键工具

（1）绘制实键　选择键工具，在文件窗口单击鼠标即可，这样得到的键的方向是内部默认的，也可以按住鼠标左键按需要的方向拖动，得到需要方向的键。一般键要与原子相接，当光标点到原子的位置时，光标将变为选择块，见图 2-14 右图右上方出现的方框，这时可以绘制键。

图 2-14 选择块示意图

楔键点击的结果是从楔键窄面点动到宽面点。

（2）改变默认键长和键角　单击菜单 File│Document Settings 进入文件设置对话框，在 Drawing 选项卡内的 Fixed Length/Chain Angle 文本框内进行设置。

（3）绘制无限制的键　选单键工具，按住 ALT 键，拖动鼠标左键至需要的位置。

2. 多重键

最直接的方法是：选多键工具，在子工具箱中选择需要的多键形式，单击即可，同样这样得到的键方向也是默认的，要得到特定方向的键方法同实键的绘制。

还有别的绘制方式：绘制双键，选需要的单键，先绘制一条单键，再将光标移到键中间位置，这时光标变为选择块━━，再单击即可绘制出双键，或者从绘制出的单键一端（将光标放在单键的左边，光标变成选择块后，即━━━━状态）拖动鼠标到另一端也可得到双键；绘制双抉择键，先绘制一条双键，然后选择波浪键工具，用鼠标在双键中心单击；绘制三键，先绘制一条双键，从绘制出的键一端拖动鼠标到另一端可得到三键，方法同拖拉绘制双键。

3. 环工具

（1）绘制环结构　选择需要的环结构工具，单击即可，这时绘制的环形状与工具中相同，若要不同方向的环，可以在点击同时绕鼠标旋转环，转至需要的方向。绘制出一个环后，可以在此基础上合并（将光标移到一个键的中点，点击即可）或连接另一个环（将光标移到一个原子上，即环角上，点击即可），也可以连接无环链：选无环链工具，在环的原子上点击，如图 2-15。

（2）绘制不定域共轭环　除了环己烷凳环，任何一个环工具都可绘制成不定域共轭环形式。方法：选一个环工具，按下 Ctrl 键，然后点击即可。一个不定域共轭圈出现在环中间。如图 2-16 右图。

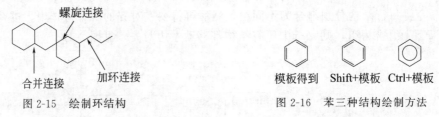

图 2-15 绘制环结构　　　　　　　图 2-16 苯三种结构绘制方法

（3）环戊二烯环和苯环工具　在环戊二烯环和苯环中的双键可绘制成任意两个方向之一，直接用环工具可绘制于工具相同方向的双键，要画另一方向的环，可以用 Shift＋环工具单击即可。如图 2-16 中图。

4. 无环链

（1）绘制方法　选无环链工具，在窗口点击，则出现一个增加链对话框，输入链的碳原子个数，点 Add 按钮即可，见图 2-17；或者选择工具后，沿希望的方向拖按即可，最后链上显示的数字是链的碳原子个数。

(2) 链角　在无环链中，所有的键角是相等的，大小可由前面设置键角方法来改变。

5. 编辑键

(1) 变化单键的类型　选择需要的键工具，把鼠标放在要编辑键的中间，点击即可。例如要将实键变成虚

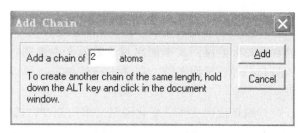

图 2-17　增加链对话框

键，则点虚键工具，把光标放在实键中间变成━▆━形式，然后单击即可变成虚键。

(2) 变化双键的类型　双键有四种类型。变化法：选择黑体键、虚键或实键工具，把鼠标放在要编辑双键的中间，点击即可。例如要将双实键═变成虚实双键，则点虚键工具，把光标放在双实键中间变成═▆═形式，然后单击即可变成虚实双键⹀。

(3) 楔键和配键，双键线的定位　当绘制或变化一个键到楔键和配键时，要考虑键的合适方向和位置。而双键中表示键的线有三种相互定位关系：上，中，下⌇⌇⌇⌇⌇⌇，若定位方向相反，只需把鼠标放在键的中间，点击即可改变键的方向。

(4) 移动原子　选择套索工具，或用键工具，并按住 Shift 键，用鼠标指向要移动的原子，此时原子上出现选择块，用鼠标即可把原子移动。这是键不和原子接触地连在一起的情况。选中图 2-18(a) 中 H 原子，就可用鼠标移动，图 2-18(b) 是移动的结果。当要移动的原子与别的键连接时，则与之连接的键都发生移动，如图 2-18(c) 就是移动与 COOH 连接的 C 原子的结果。如果把移动中的原子放在邻近的原子上，那么两原子间的键将消失。这可以方便地改变环的元数。

图 2-18　移动原子示例

(5) 键的前后交叉　交叉键的前后移动：选择工具，然后将鼠标放在要改变位置的键上来选中该键，然后点击 Object 菜单中的 Bring to Front 或 Bring to Back 下拉菜单命令实现键的前后位置的改变，见图 2-19。

 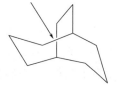

图 2-19　键前后位置变化

三、文本说明和原子标记

在 ChemDraw 中有两种文本：说明文本和原子标记文本。说明文本用来建立化学品的名称、化学方程式、页题目和在表中的信息。原子标记文本用来确定原子和由化学符号及分子式确定的详细结构。

1. 说明文本

（1）建立一个说明文本　在工具板上选择文本工具，在文件窗口想要添加文本处单击，此时含有光标的说明文本框出现，输入文本说明，文本框的宽度随着说明的输入而自动变化，另起一行，按回车键，在文本框外单击，可以关闭工作的文本框，而建立另外一个文本框。

（2）编辑说明文本　变化说明文本的宽度，选择文本工具，在文本窗口单击，或单击要改变宽度的已经存在的文本框，拖动左边的字号柄（一个黑色小方框▭）即可。

变化说明文本的字体、字号和字形直接用样式工具栏中的工具来编辑即可。

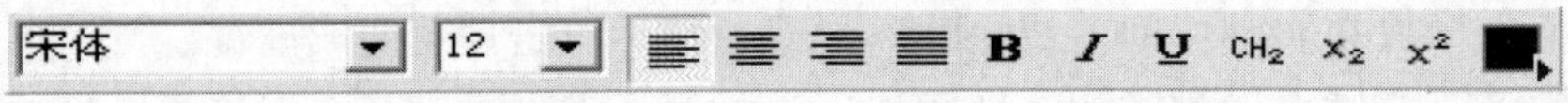

宋体 ▼ 12 ▼ ≡ ≡ ≡ **B** *I* U CH₂ x₂ x² ■ Chem Draw 用标准方法设置了所有类型的字体，包括希腊字母和其他常见的化学符号。输入希腊字母的方法是在字体选择框的右方下拉小三角选中 Symbol 字体  Symbol ▼，然后按相应的字母键，即要输入 α，先选择文本工具，用鼠标点击要输入的位置，然后在样式工具栏中的字体选择工具中选 Symbol 字体后，按下 A 键，则显示 α。图 2-20 是希腊字母（Symbol）与英文字母间的对应关系。

$$\begin{array}{c}\alpha\ \beta\ \chi\ \delta\ \varepsilon\ \phi\ \gamma\ \eta\ \iota\ \varphi\ \kappa\ \lambda\ \mu\ \nu\ o\ \pi\ \theta\ \rho\ \sigma\ \tau\ \upsilon\ \varpi\ \xi\ \psi\ \zeta\\ a\ b\ c\ d\ e\ f\ g\ h\ i\ j\ k\ l\ m\ n\ o\ p\ q\ r\ s\ t\ u\ v\ w\ x\ y\ z\end{array}$$

图 2-20　希腊字母（Symbol）与英文字母间的对应关系

2. 原子符号的标记

（1）标记原子符号　选择文本工具，在原子上定位（将光标移动到原子上），出现光标块，单击原子，原子标记块出现，输入原子符号，输入时注意系统默认键和输入的第一个原子相连。例如图 2-21(a) 是直接输入 HOCH₂ 后的结果，由于系统认为是和其中的 H 原子相连，则不符合化学结构常规，于是原子标记用红色框标示；可以输入 CH₂OH，则结构正确，见图 2-21(b)，或第一种方式输入完后，选择格式工具栏中居中工具 ≡ 则可以变成图 2-21(c) 形式，则这种结构也正确。

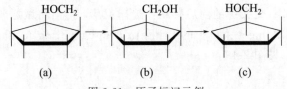

图 2-21　原子标记示例

按回车键关闭原子标记框。也可以选择用键或环工具在原子上定位，然后双击标记原子。

原子数目自动标记在下角标，电荷符号（正负号）自动标记在上角标，不用专门使用上下标工具。在原子标记框中，建立一新行的方法是按下 Alt+Enter 键。

（2）标记同位素　用文本或键工具双击打开一个文本框，输入一个同位素，例如 ¹³C→选择同位素质量 13（从右往左选）→选上角标工具，或通过点击菜单"Text"的下拉菜单"Style"出现的子菜单中的 Superscript 命令。

（3）重复标记原子符号　选择文本工具，标记一个原子，双击要标记的原子重复已标记的原子符号。

（4）编辑原子标记　在已标记的原子符号上用文本工具单击或用键工具双击，则原子标记文本框中的原子符号文本处于编辑状态,可以进行更改等操作。

(5) 删除已标记的原子符号　选择橡皮工具,将光标放在要删除的原子符号上单击鼠标左键即可,或将光标放在要删除的原子符号后(不单击),按下空格键即可。

四、绘制轨道和化学符号

1. 轨道及其名称

各轨道的类型及其名称见图 2-22。

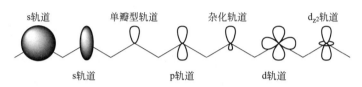

图 2-22　各种轨道及其名称

用 s 轨道还可以绘制结构化学中的晶胞,如图 2-23 示例:单击模板工具 的子模板 Polyhedra 中的立体结构,在编辑区单击,则得到一个小型立体结构,如图 2-23(a) 所示;然后对其进行放大,并用实键工具和虚键工具汇出 6 条描述线,如图 2-23(b) 所示;单击轨道工具中的 s 轨道 ,然后在相应的位置单击得到一个小球,并调节其大小,最后按住 Ctrl 将小球拖到其他位置,得到图 2-23(c) 所示晶胞结构。

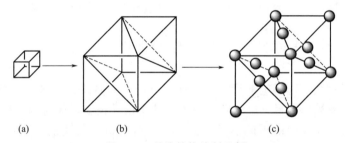

图 2-23　晶胞结构绘制示例

2. 化学符号工具

化学符号工具见图 2-24。

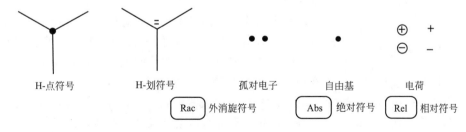

图 2-24　各种化学符号及其名称

五、绘制箭头、弧及其他图形

现在介绍可用来绘制不同图形的工具:箭头、弧形、基元和笔工具。箭头、弧形、基元各有一个子工具箱。

1. 箭头

箭头工具用于指示电荷的倾向、键间角度以及显示反应物向产物的转化和表示配键等。

(1) 箭头类型见图 2-1。

(2) 编辑箭头　延长、缩短或旋转箭头时，先选择箭头工具，按住 Shift 键并用鼠标指向绘制窗口的箭头或箭尾部分，则出现选择块 ——▪（箭头头部的方框），用鼠标按动选择框，可进行延长、缩短或旋转操作。

2. 基元

基元工具提供各种结构图形中的基本图形元素。

(1) 绘制基元　绘制方框、圆和椭圆、对括号等基元；选择相应的基元工具，在绘制窗口定位，从定位点沿对角线拖动，至达到所需位置为止。绘制单括号则是向下拖动鼠标。

(2) 编辑结构单元　方法同箭头。

3. 弧形工具

弧形工具用于绘制不同角度的实线弧和虚弧：90°，120°，180°，270°。

(1) 绘制弧　选择相应的弧工具，在绘制窗口定位，从定位点沿所需方向拖动，至达到所需位置为止。

(2) 编辑弧　方法同箭头的编辑方法。

4. 笔工具

笔工具用于绘制箭头、轨道或基元工具箱的选项板未提供的图形。

(1) 单击绘制折线图　选择笔工具，在绘制窗口定位于曲线开始端，并单击出一个端点。移动光标，再次定位并单击得第二个点，此时两点被直线连上，继续单击直到得到所要的图形，图形结束时，可按 Esc 键或单击另一个工具，这样绘制出的图形是折线图。

(2) 按动绘制曲线　选择笔工具，在绘制窗口定位于曲线开始端，并单击出一个端点，同时释放鼠标，移动光标到另一个位置，再次定位单击并按动，此时两点被曲线连上，并出现了控制柄（由通过曲线后端点的切线方向，虚直线和虚线两端的小黑点组成见图 2-25），用光标小手选中控制柄移动（小手中间的十字消失），使曲线不断变化。

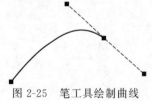

图 2-25　笔工具绘制曲线

继续定位，单击和按动，可得到第二段曲线，依次类推，得到所要的曲线，图形结束时，可按动 Esc 键或单击另一个工具。

(3) 编辑曲线　选择笔工具，用光标单击曲线任意位置，原来绘制时的各条方向线及控制柄都重现，选择任意控制柄并按动，可对曲线进行编辑：按动曲线的端点，可以改变原来两点的距离；按动控制柄端点，可以改变原来曲线的形状和弯曲度。

(4) 添加一条线段　选择笔工具，用光标单击曲线任意位置，原来绘制时的各条方向线及控制柄都重现，按 Alt 键并单击端点，然后添加线段或延长现有曲线，图形结束时，可按动 Esc 键或单击另一个工具。

(5) 删除一条线段　选择笔工具，用光标单击曲线任意位置，原来绘制时的各条方向线及控制柄都重现，按住 Alt＋Shift 键，并且把光标放在要删除曲线端点上，此时十字光标变成空心方块，单击端点，可消除端点前一段曲线。

(6) 设置曲线的类型　用 Curves 菜单可以设置曲线的类型，见表 2-1。

表 2-1　Curves 下拉菜单说明

类型	描述	类型	描述
Plain	普通实线	Arrow at start	箭头在线开始端
Dashed	虚线	Arrow at end	箭头在曲线末端
Bold	粗线	Half arrow at start	半箭头在线开始端
Doubled	双线	Half arrow at end	半箭头在曲线末端
Filled	填充曲线	Shaded	阴影曲线
Close	封闭曲线		

六、高级绘制技巧

1. 用快捷键标记原子

（1）定位快捷键标记原子　用键工具或文字工具光标放在原子处，此时出现选择块（图中右方方框）。按快捷键如 C 键，CH_2 标记将被添加到定位的原子处，如果标记为单元素，那么相当的氢将自动出现。表 2-2 是 ChemDraw 中提供的常用快捷键定义，其他的可以在 Cd－Items 目录中的 Hotkeys.txt 文件中查到。

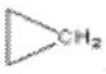

表 2-2　常用快捷键定义

快捷键	标记原子	快捷键	标记原子	快捷键	标记原子	快捷键	标记原子	快捷键	标记原子
a	A	d	D	i	I	N	Na	r	R
A	Ac	e	Et	k	K	o	O	s	S
b	Br	E	$COOCH_3$	l	Cl	p	P	T	Ots
c	C	f	F	m	Me	P	Ph	x	X
C	Cl	h	H	n	N	q	Q	1	n-Bu
2	s-Bu	3	t-Bu	4	Ph	5	Ac	6	CH_2OH

（2）选择快捷键变换原子　若一次只变换一个原子，将光标放在某原子上，按快捷键，将快捷变换成新标记的原子。若要一次变换多个原子，且使用的快捷键相同，可以用选择键将要标定的所有原子选择上，按快捷键即可，则全部选择的原子或官能团将被标记。如要将图 2-26 中第一个结构中所有原子改为右图形式。

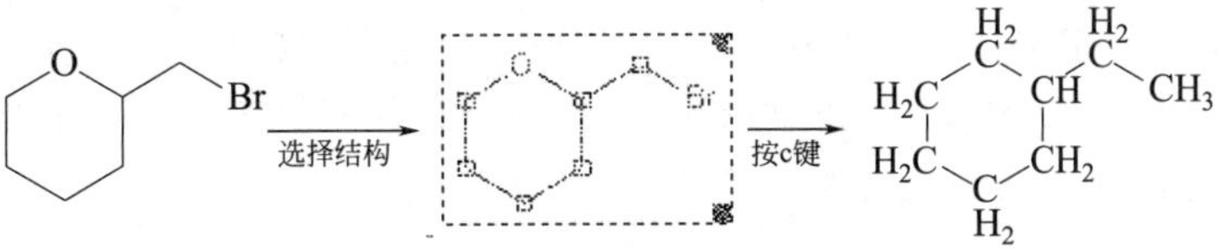

图 2-26　快速变换多个原子

2. 俗名的使用

在结构中，允许用俗名表示官能团，用于原子标记或原子标记的一部分。常用的俗名如：Me（甲基）、Et（乙基）、Ph（甲苯基）等，用默认的快捷键"="可以调出俗名对话框图 2-27，其中定义了很多俗名（必须把光标放在要定义的原子上）。

用键工具双击原子或用文本工具单击原子，此时出现一个文本框，输入一个俗名标记，或者将光标放在要标记的原子位置，按快捷键"="，出现俗名列框（见图 2-27），从中选择一个俗名，单击 OK 即可。用俗名标记的原子不能再加另外的键。

3. 多中心结构

（1）多中心键与多中心节点　绘制多中心结构的基本步骤是：先绘制结构的一个分支部

分（络合配体），通过选择和复制，建立其他分支部分，然后用键从络合配体的中心点（多中心节点）连到中心原子上。由于用键连接的多中心节点不止一个，所以把键称之为多中心键。

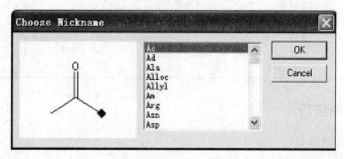

图 2-27　俗名对话框

（2）多中心节点的建立　选择要定义多中心节点的结构，从 Structure 菜单中，选择 Add Multi-Center Attachment 命令。此时结构中心显示一个星号，表明它有一个中心节点。

（3）多中心键的绘制　选择实键工具，指向星号，单击或按动建立一个键。在键的端点标记一个铁原子。

4．不定连接结构

利用 Structure 菜单中的 Add Variable Attachment 命令，可以绘制保持化学组成相同而结构不同的异构体。如图 2-28 中二溴基苯的三个异构体可以表示成右边所示的结构。

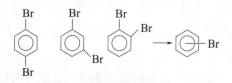

图 2-28　二溴基苯结构绘制

绘制不定连接结构，绘制一个不定连接结构的结构分支，用选择工具选择这个分支结构，从 Structure 菜单中选择 Add Variable Attachment 命令，此时一个星号出现在分支结构的中心，此连接节点可以像普通键的端点一样处理，选择实键工具，将光标放在多连接点处，按动 Alt 键拖出一个适当长度的键。

5．颜色

（1）Color 菜单　Color 菜单实际是一个选色板，用于给绘制窗口中的图形结构和文本着色。其中 Foreground 色彩是默认的新绘制的结构的颜色，Other 色彩可用来给被选择的图形结构改变颜色。用 File 菜单中的子菜单 Document Settings 中的 Colors 对话框可以增加或者改变现有的颜色。改变一种颜色，将改变所有正在使用此颜色的图形的颜色。

（2）给图形结构或文本、原子符号着色　用选择工具选择绘制窗口中要着色的部分，从 Color 菜单中或工具栏中的颜色工具■，选择一种颜色即可。

（3）改变调色板　从 File 菜单中，选择 Document Settings 子菜单，出现文件设置对话框，再选择其中的 Colors 选项，变成图 2-29(a) 的界面。

其中 Background Color 选项用于填充活动窗口中当前文档的背景。Foreground Color 是绘制新图形结构时的默认颜色。Other Colors 是 Color 菜单中提供的其他颜色，颜色的显示顺序与 Color 菜单中的一致，用于改变选定的图形结构的颜色。SetColor 按钮随被选的颜色改变。例如，如果选择了第五个 Other Colors，按钮的名称就变为 SetOtherColor♯5。当选择前景色或背景色时，按钮变为 Set Foreground Color 或 Set Background Color。单击要改变的颜色，颜色上出现一个选择框，指示被选状态，此时 SetColor 按钮的名称变为相应颜色的号数。单击 Set Color 按钮或双击这个颜色，颜色对话框出现，见图 2-29(b)。在基本颜色区或自定义颜色区单击一个颜色框，被选择的颜色上出现一个加亮的边框（被选状态）单击确定按钮即可。

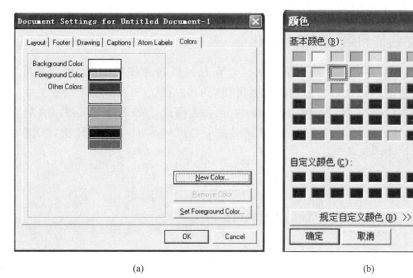

图 2-29 颜色菜单设置界面

（4）颜色对话框颜色的建立和设置　在颜色对话框中，单击"规定自定义颜色"按钮，颜色对话框展开为颜色/纯色对话框，见图 2-30。通过改变颜色/纯色对话框中红绿蓝后面

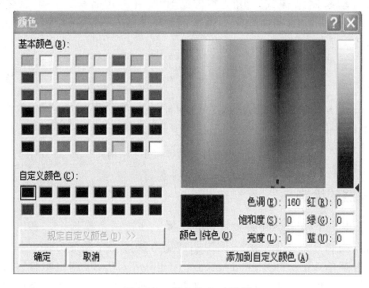

图 2-30 颜色纯色对话框

的数字，或改变色调、饱和度、亮度后面的数值来改变颜色组成（或者单击一种颜色，设置色调和饱和度）。得到希望的颜色后，单击"添加到自定义颜色"按钮把它加入到自定义颜色中。

（5）给 Color 菜单增加颜色　单击 Color 菜单的下拉菜单 Other，或单击文本设置界面中的颜色，然后单击其中的"New Color"按钮，见图 2-29（a），颜色对话框出现图 2-29（b），单击要增加的颜色或按以上步骤建立一种新的颜色，单击确定即可。

（6）删除颜色　单击图 2-29 左图中删除的颜色，单击 Remove Color 按钮即可将该颜色从 Other Colors 列表中消除。

七、化合物名称和结构式相互转化

ChemDraw8.0 不但可以绘制化学结构式，而且可以自动依照 IUPAC 的标准对选定结构命名；或者由给定的化合物名称自动绘制出相应的结构式。

（1）对结构式命名　首先绘制化合物的分子结构式，如图 2-31(a)，然后单击菜单 Structure｜Convert Structure To Name 或同时按下 Alt＋Shift＋Ctrl＋N 键，则在结构式下方自动得到该结构式的名称。

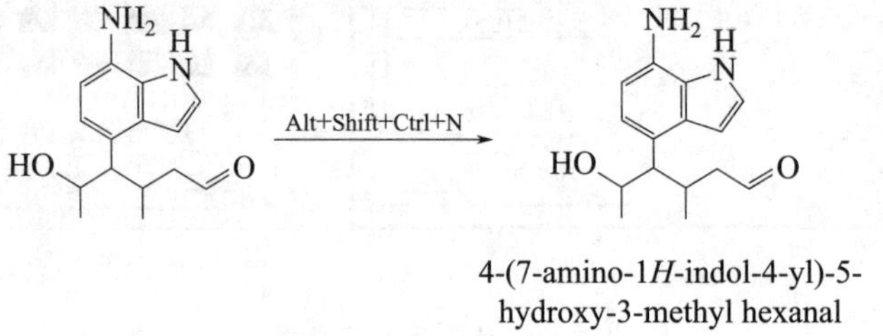

图 2-31　对结构式命名

（2）由名称自动绘制结构式　用文本方式输入结构式名称，选中该名称，单击菜单 Structure｜Convert Name To Structure，或同时按下 Shift＋Ctrl＋N 键，则自动得到与名称对应的分子结构式，如图 2-32。

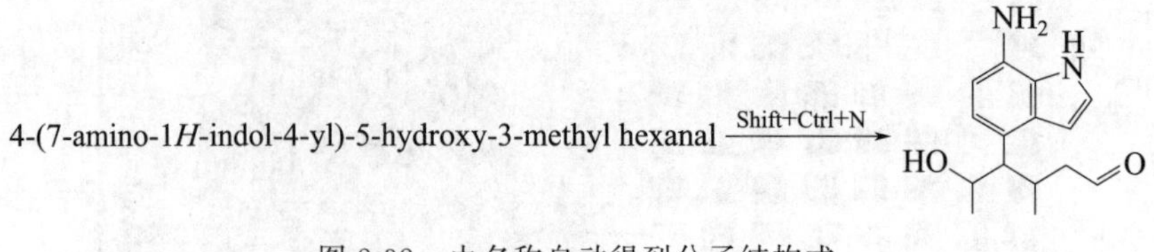

图 2-32　由名称自动得到分子结构式

八、实验仪器的绘制

Chemdraw 还提供了两个绘制实验装置的模板，在这两个模板中，列出了近 100 个实验仪器模型。下面以绘制真空蒸馏装置为例说明使用方法，为了绘制方便，我们调出第一个实验装置模板：单击菜单 View｜Other Toolbars｜Clipware Part1 调出实验装置模板一，见图 2-33。分别选蒸馏头、圆底烧瓶、冷凝管、真空接液器和接收瓶，并在窗口单击则得到相应分装置，然后将之进行组合即可，如图 2-34 所示。

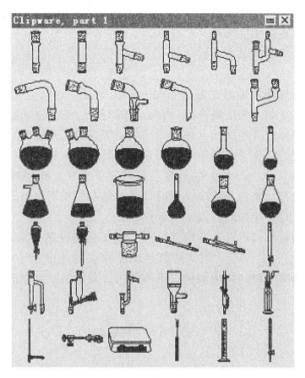

图 2-33 实验装置模板

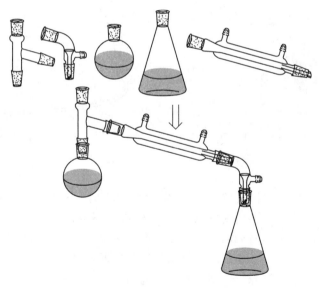

图 2-34 真空蒸馏装置的绘制

第二节 加 热

加热（Heating）是有机实验中非常普遍又十分重要的操作。有的化学反应在室温下难以进行或反应较慢,常需加热来加快化学反应。另外,在其他一些基本操作如溶解、蒸馏、回流、重结晶等过程中也会用到加热。

一、热源

(1) 酒精灯　酒精灯的加热温度可达 400~500℃,适用于加热温度不太高的实验。酒精灯火焰分为外焰(氧化焰,温度最高)、内焰(还原焰)和焰心(温度最低)。若加热时,无特殊要求,一般用温度较高的火焰(外焰与内焰交界部分)来加热。

(2) 煤气灯　煤气灯是化学实验室中常用加热器具,有多种式样,但基本构造相同。最高可达 1000℃,使用时,煤气灯的火焰温度可根据调节空气量的增减而变化,多用于加热高沸点液体。当加热烧杯、烧瓶等玻璃仪器时,必须垫有石棉网。若容器中有低沸点易燃的有机溶剂时不能用煤气灯直接加热,需水浴加热。

(3) 酒精喷灯　酒精喷灯有挂式和座式两种,座式构造见图 2-35,挂式构造见图 2-36。它们的加热温度可达 700~1000℃。座式喷灯连续使用不能超过半小时,如果超过半小时,必须暂时熄灭喷灯,待冷却后,添加酒精再继续使用。若酒精喷灯壶底部凸起时,不能再使用,以免发生事故。

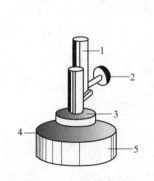

图 2-35　座式酒精喷灯

1—灯管;2—空气调节器;3—预热盘
4—铜帽;5—酒精壶

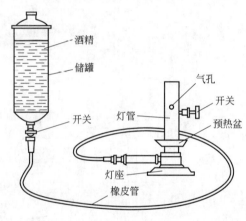

图 2-36　挂式酒精喷灯

(4) 电热套　电热套(图 2-37)是有机实验室常用的一种热源,是由玻璃纤维和石棉纤维包裹着电热丝制成的电加热器。此设备属于热气流加热而不是明火加热,因而具有受热均匀、热效率高、不易引起火灾的特点。加热温度可用调压变压器控制,主要用作回流、蒸馏加热的热源。使用时不要将药品洒在电热套内,以免药品挥发污染环境或使电热丝腐蚀而断开。

图 2-37　电热套

(5) 微波炉　微波炉加热属于介电加热效应,与灯具或电炉加热的辐射原理不同,利用微波辐射出高频率(300~300000MHz)的电磁波对物质加热,在微波作用下的化学反应速度较传统的加热方法要快上千倍,具有易操作、热效率高、节能等特点。加热时通常选用陶瓷、玻璃和聚四氟乙烯材料制作的微波加热容器,而金属材料会反射微波不能作为微波加热容器。

二、加热方法

加热方式主要有直接加热和间接加热两种，直接加热是将加热物直接放在热源中进行加热，适用于对加热温度无严格要求的情况，如在煤气灯或在酒精灯上加热试管或在马弗炉内加热坩埚等。

玻璃仪器一般不用火焰直接加热，以免加热不均、局部过热造成有机物的分解和仪器的损坏。另外，从安全的角度来看，也不要用火焰直接加热沸点较低、易燃的有机溶剂。所以在有机实验室最好是用各种热浴来加热，热浴属于间接加热法，通过相应的传热介质（如水、油、砂）来传导热。间接加热的特点是避免明火、加热均匀。热源有酒精灯、电炉等，传导介质有水、油、有机液体、熔融的盐、金属等。

(1) 通过石棉加热　这是实验室最简单的加热方式。将石棉网放在铁圈或三脚架上，用酒精灯或煤气灯置下方加热，受热的烧瓶与石棉网之间应有一定空隙，防止局部过热。但此方法加热不均，在减压蒸馏和低沸点易燃物的蒸馏中，不宜采用此种加热方式。

(2) 水浴加热　若加热温度在80℃以下，可选择水浴加热。将玻璃仪器放在水浴中，加热时热浴的液面应略高于容器中的液面。若水浴锅长时间加热，水会大量蒸发，因此必要时往水浴锅里适当加水补充。蒸馏无水溶剂时，为防止水蒸气进入，可用水浴锅所配的环形圆圈将其覆盖。如果温度略高于100℃，则可选用适当无机盐类的饱和水溶液作为加热浴液。

(3) 油浴加热　加热温度在80～250℃之间可选用油浴，油的种类决定油浴所能达到的最高温度。常用油类有植物油、液体石蜡、甘油、硅油等。植物油和液体石蜡可加热到220℃，但二者易燃。硅油和真空泵油在250℃以上时较稳定，是理想的传热介质，但价格贵。

(4) 砂浴加热　当加热温度在几百以上时可使用砂浴，一般将清洁又干燥的细沙平铺在铁盘上，将容器半埋在沙中加热。砂浴的缺点是对热的传导能力较差且散热快，温度不易控制，在实验室中用得较少。

第三节　冷　　却

有些反应由于其中间体在室温下不够稳定，必须在低温下进行，还有些反应是放热的，必须将产生的热移去，这些都应采用冷却方法。冷却技术往往对实验的成败起重要作用，通常根据实验的不同要求，来选择合适的制冷剂和冷却方法。

(1) 自然冷却　将热溶液在空气中放置一段时间，任其自然冷却至室温。如在重结晶时，要得到纯度高、结晶较大的产品时，一般只要把热溶液静置冷却至室温即可。

(2) 冷风冷却和流水冷却　当需要快速冷却时，可将盛有溶液的容器用冷风吹或在冷水流中冲淋冷却。

(3) 制冷剂冷却　若需在低于室温条件下进行操作，可选用冷却剂。最常用的冷却剂是水和冰的混合物，它能很好地容器接触，冷却效果比单用冰块好。若要保持温度在-9℃以下可选用碎冰和无机盐的混合物做冷却剂，常用的冷却剂见表2-3。

表 2-3 常用制冷剂组成及冷却温度范围

制冷剂	冷却温度/℃	制冷剂	冷却温度/℃
冰-水	0～5	干冰	−60
NH_4Cl＋碎冰(3:10)	−15	干冰＋乙醇	−72
NaCl＋碎冰(1:3)	−5～−20	干冰＋丙酮	−78
$NaNO_3$＋碎冰(3:5)	−13～−20	干冰＋乙醚	−100
$CaCl_2·6H_2O$＋碎冰(5:4)	−40～−50	液氨＋乙醚	−116
液氨	−33	液氮	−196

在使用低温制冷剂时，要注意以下几点：①杜绝用手直接接触低温制冷剂，以免手冻伤；②测量−38℃以下温度时，不能用水银温度计（水银的凝固点为−38.87℃），应采用装有少许颜料的有机溶剂温度计；③通常将干冰及其混合物放在保温瓶或绝热效果好的容器中，上口用铝箔或棉布覆盖，降低其挥发速度，保持良好的冷却效果。

第四节 回流与气体吸收

将液体加热气化，蒸气经冷凝变成液体，液体又回到容器中的过程称为回流。回流是有机化学实验的最基本操作之一，有些有机反应常常需要使反应物较长时间保持沸腾，为了防止在此过程中大量蒸气逸出，影响实验结果，常常采用回流的方式。回流也可应用于重结晶的溶解过程、连续萃取、分馏及某些干燥过程。常见的回流装置如图 2-38、图 2-39 所示，冷凝管可依据回流的沸点由高到低分别选择空气、直形、球形、蛇形冷凝管。当回流温度低于 140℃时，通常选用球形冷凝管，由于球形冷凝管适用的温度范围广，所以通常把球形冷凝管叫回流冷凝管，回流时加热前应先向烧瓶内投入几粒沸石，自下至上通入冷水，使夹套充满水，水流速度不必很快，能保持蒸气充分冷凝即可。加热的程度也需控制，应使蒸气气雾上升高度不超过两球为宜。

如果反应物怕受潮，可在冷凝管上端口上装接氯化钙干燥管来防止空气中的湿气侵入 [见图 2-38(b)]。如果反应时会放出有害气体（如溴化氢），可加接气体吸收装置 [见图 2-38(c)]。

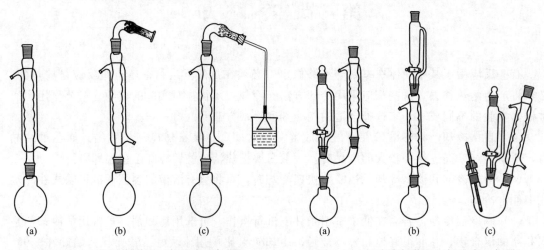

图 2-38 回流冷凝装置（标准磨口仪器）   图 2-39 回流滴加装置（标准磨口仪器）

有些反应较剧烈，放热很多，如将反应物一次加入，会使反应失去控制，在这种情况下，可采用带滴液漏斗的回流冷凝装置（见图 2-40、图 2-41 所示），将一种试剂逐渐滴加进去。

第五节　搅拌与搅拌器

当反应是在非均相系统中进行，为了使反应物充分接触和防止局部浓度增大、温度升高使副产物增多，就要求对反应液进行搅拌。此外若反应物料之一是在实验过程中分批小量加入或滴加，也需要进行搅拌。搅拌的方法有三种：人工搅拌、磁力搅拌、机械搅拌。人工搅拌一般借助于玻棒就可以进行。

由于磁力搅拌器容易安装，因此，可以用它来进行连续搅拌尤其当反应量比较少或者是在密闭条件下进行的反应，磁力搅拌器的使用比较方便。但缺点是对一些黏稠液或有大量固体参加或生成的反应，磁力搅拌器无法顺利使用，这时就应选用机械搅拌器作为搅拌动力。磁力搅拌器是利用磁场的转动来带动磁子的转动。磁子是用一层惰性材料（如聚四氟乙烯等）包裹着的一小块金属。也可以自制：用一截 10♯铁丝放入细玻管或塑料管中，两端封口。磁子的大小大约有 10mm、20mm、30mm 长，还有更长的磁子，磁子的形状有圆柱形、椭圆形和圆形等，可以根据实验的规模来选用。

机械搅拌器主要包括三部分：电动机、搅拌棒（见图 2-40）和搅拌密封装置（见图 2-41）。电动机是动力部分，固定在支架上，由调速器调节其转动快慢。搅拌棒与电动机相连，当接通电源后，电动机就带动搅拌棒转动而进行搅拌，搅拌密封装置是搅拌棒与反应器连接的装置，它可以使反应在密封体系中进行。搅拌的效率在很大程度上取决于搅拌棒的结构。可根据反应器的大小、形状、瓶口的大小及反应条件的要求，选择较为合适的搅拌棒。

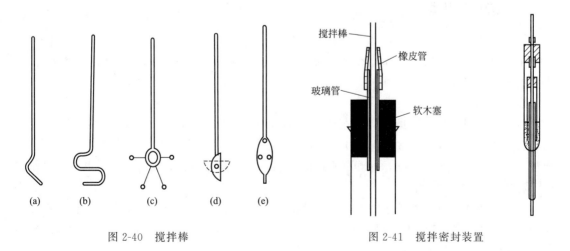

图 2-40　搅拌棒　　　　　　图 2-41　搅拌密封装置

在需要较长时间搅拌的实验中，最好用电动搅拌器或电磁搅拌器。它们搅拌的效率高，节省人力，还可以缩短反应时间。

图 2-42 是适合不同需要的机械搅拌装置。搅拌棒与玻璃管或液封管应配合适当，不太

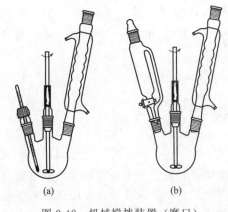

图 2-42 机械搅拌装置（磨口）

松也不太紧，搅拌棒能在中间自由地转动。根据搅拌棒的长度（不宜太长）选定三口烧瓶和电动搅拌器的位置，先将搅拌器固定好，用短橡皮管（或连接器）把已插入套管中的搅拌棒连接到搅拌器上，然后小心地将三口烧瓶套上去，至搅拌棒的下端距瓶底约5mm，将三口烧瓶夹紧。检查这几件仪器安装是否正、直：搅拌器的轴和搅拌棒应在同一直线上。用手试验搅拌棒转动是否灵活，再以低速开动搅拌器，试验运转情况。当搅拌棒与套管之间不发出摩擦声才能认为仪器装配合格，否则需要进行调整。最后装上冷凝管、滴液漏斗（或温度计），用夹子夹紧。整套仪器应安装在同一铁架台上。用橡皮管密封时，在搅拌棒和紧套的橡皮管之间用少量凡士林或甘油润滑。

第六节　干燥与干燥剂

有机物干燥的方法有物理方法（不加干燥剂）和化学方法（加入干燥剂）两种。物理方法如吸收、分馏等。近年来应用分子筛来脱水。在实验室中常用化学干燥法，其特点是在有机液体中加入干燥剂，干燥剂与水起化学反应（例如 $Na+H_2O \longrightarrow NaOH+H_2\uparrow$）或同水结合生成含水化合物，从而除去有机液体所含的水分，达到干燥的目的。用这种方法干燥时，有机液体中所含的水分不能太多（一般在百分之几以下）。否则，必须使用大量的干燥剂，同时有机液体因被干燥剂带走而造成的损失也较大。

一、液体的干燥

常用干燥剂的种类很多，选用时必须注意下列几点：①干燥剂与有机物应不发生任何化学变化，对有机物亦无催化作用；②干燥剂应不溶于有机液体中；③干燥剂的干燥速度快，吸水量大，价格便宜。

1. 常用干燥剂

(1) 无水氯化钙　价廉、吸水能力大，是最常用的干燥剂之一，与水化合可生成一、二、四或六水化合物（在30℃以下）。它只适用于烃类、卤代烃、醚类等有机物的干燥，不适用于醇、胺和某些醛、酮、酯等有机物的干燥，因为能与它们形成络合物。也不宜用作酸（或酸性液体）的干燥剂。

(2) 无水硫酸镁　它是中性盐，不与有机物和酸性物质起作用。可作为各类有机物的干燥剂，它与水生成 $MgSO_4 \cdot 7H_2O$（48℃以下）。较价廉，吸水量大，故可用于干燥不能用无水氯化钙来干燥的化合物。

(3) 无水硫酸钠　用途和无水硫酸镁相似，价廉，但吸水能力和吸水速度都差一些。与水结合生成 $Na_2SO_4 \cdot 10H_2O$（37℃以下）。当有机物水分较多时，常先用本品处理后再用其他干燥剂处理。

（4）无水碳酸钾　吸水能力一般，与水生成 $K_2CO_3 \cdot 2H_2O$，作用慢，可用于干燥醇、酯、酮、腈类等中性有机物和生物碱等一般的有机碱性物质。但不适用于干燥酸、酚及其他酸性物质。

（5）金属钠　醚、烷烃等有机物用无水氯化钙或硫酸镁等处理后，若仍含有微量的水分时，可加入金属钠（切成薄片或压成丝）除去。不宜用作醇、酯、酸、卤代烃、醛、酮及某些胺等能与碱起反应或易被还原的有机物的干燥剂。

现将各类有机物的常用干燥剂列于表 2-4。

表 2-4　各类有机物的常用干燥剂

液态有机化合物	适用的干燥剂
醚类、烷烃、芳烃	$CaCl_2$、NaP_2O_5
醇类	K_2CO_3、$MgSO_4$、Na_2SO_4、CaO
醛类	$MgSO_4$、Na_2SO_4
酮类	$MgSO_4$、Na_2SO_4、K_2CO_3
酸类	$MgSO_4$、Na_2SO_4
酯类	$MgSO_4$、Na_2SO_4、K_2CO_3
卤代烃	$CaCl_2$、$MgSO_4$、Na_2SO_4、P_2O_5
有机碱类（胺类）	$NaOH$、KOH

2. 液态有机化合物的干燥操作

液态有机化合物的干燥操作一般在干燥的三角烧瓶内进行。把按照条件选定的干燥剂投入液体里，塞紧（用金属钠做干燥剂时则除外，此时塞中应插入一个无水氯化钙管，使氢气放空而水汽不致进入），振荡片刻，静置，使所有的水分全被吸去。如果水分太多，或干燥剂用量太少，致使部分干燥剂溶解于水时，可将干燥剂滤出，用吸管吸出水层，再加入新的干燥剂，放置一定时间，将液体与干燥剂分离，进行蒸馏精制。

二、固体的干燥

从重结晶得到的固体常带水分或有机溶剂，应根据化合物性质选择适当方法进行干燥。

1. 自然晾干

这是最简便、最经济的干燥方法。把要干燥的化合物先在滤纸上面压平，然后在一张滤纸上面薄薄地摊开，用另一张滤纸覆盖起来，在空气中慢慢地晾干。

2. 加热干燥

对于热稳定的固体可以放在烘箱内烘干，加热的温度切忌超过该固体的熔点，以免固体变色和分解，如需要可在真空恒温干燥箱中干燥。

3. 红外线干燥

穿透性强，干燥快。

4. 干燥器干燥　对易吸湿或在较高温度干燥时会分解或变色的可用干燥器干燥，干燥器有普通干燥器和真空干燥器两种（如图 2-43 所示）。

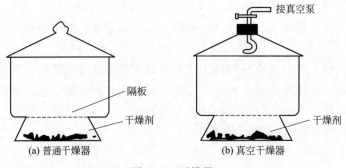

图 2-43　干燥器

第七节　塞子的钻孔和简单玻璃操作

在有机化学实验特别是制备实验中，常要用到不同规格和形状的玻璃管和塞子等配件，才能将各种玻璃仪器正确地装配起来。因此，掌握玻璃管的加工和塞子的选用及钻孔的方法，是进行有机化学实验必不可少的基本操作，学会它才能为顺利地进行有机化学实验打下必要的基础。

一、塞子的选择和钻孔

有机化学实验室常用的塞子有软木塞和橡皮塞两种，软木塞的优点是不易和有机化合物作用，但是易漏气和被酸碱腐蚀。橡皮塞虽然不漏气和不易被酸碱腐蚀，但易被有机物所侵蚀或溶胀。两种塞子各有优缺点，究竟选用哪一种塞子合适要看具体情况而定，一般来说，使用软木塞比较多，因为在有机化学实验中接触的主要是有机化合物。不论使用哪一种塞子，塞子大小的选择和钻孔的操作，都是必须掌握的。

1. 塞子大小的选择

选择一个大小合适的塞子，是使用塞子的起码要求，总的要求是塞子的大小应与仪器的口径相适合，塞子进入瓶颈或管颈的部分不能少于塞子本身高度的 1/2，也不能多于 2/3，否则，就不合用。使用新的软木塞时只要能塞入 1/3～1/2 时就可以了，因为经过压塞机压软后就能塞入 2/3 左右了。

2. 钻孔器的选择

有机化学实验往往需要在塞子内插入导气管、温度计、滴液漏斗等，这时就要在塞子上钻孔。钻孔用的工具叫钻孔器（也叫打孔器），有的钻孔器是靠手力钻孔的。也有把钻孔器固定在简单的机械上，借机械力来钻孔的，这种工具叫打孔机。每套钻孔器有五六支直径不同的钻嘴，以供选择。

若在软木塞上钻孔，就应选用比待插入的玻璃管等的外径稍小或接近的钻嘴。若在橡皮塞上钻孔，则要选用比待插入的玻璃管等的外径稍大一些的钻嘴，因为橡皮塞有弹性，孔道钻成后，会收缩使孔径变小。

总之，塞子孔径的大小，应以能使插入的玻璃管紧密地贴合固定为度。

3. 钻孔的方法

软木塞在钻孔之前，需在压塞机上压紧，防止在钻孔时塞子破裂。如图 2-44 所示把塞子小的一端朝上，平放在桌面上的一块木板上，这块木板的作用是避免当塞子被钻通后，钻坏桌面。钻孔时，左手持紧塞子平稳放在木板上，右手握住钻孔器的柄，在预定的位置，使劲将钻孔器以顺时针的方向向下钻动，钻孔器要垂直于塞子的面，不能左右摆动，更不能倾斜。否则，钻得的孔道是偏斜的。等到钻至约塞子高度的一半时，拔出钻孔器，用铁杆通出钻孔器中的塞芯。拔出钻孔器的方法是将钻孔器边转动边往后拔。然后在塞子大的一端钻孔，要对准塞子小的那端的孔位，照上述同样的操作钻孔，直到钻通为止。拔出钻孔器，捅出钻孔器内的塞芯。

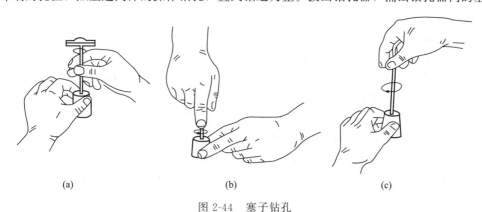

图 2-44　塞子钻孔

为了减少钻孔时的摩擦，特别是给橡皮塞钻孔时，可在钻孔器的刀口上擦些甘油或水。钻孔后，要检查孔道是否合用，如果不费力就能插入玻璃管时，说明孔道过大，玻璃管和塞子之间不够紧密贴合会漏气，不能用。若孔道略小或不光滑时，可用圆锉修整。

二、简单玻璃工操作

1. 玻璃管的洁净

根据实验要求对待加工的玻璃管进行清洁，玻璃管内的灰尘，可用水冲净。如果管内附有油污，应用铬酸洗液浸洗，然后用水冲洗。对于较粗的玻璃管，可用两端捆有线绳的布条通过玻璃管来回拉，擦去管内脏物。制备熔点管等因要求高，玻璃管需用洗涤剂或洗液洗涤，再用自来水、蒸馏水冲洗。不可用火直接烤干，以免炸裂。

2. 灯具的使用方法

（1）煤气灯的使用　煤气灯式样虽多，但构造却是一致的。它由灯管和灯座组成，灯管下部有螺旋，可与灯座相连，灯管下部还有几个圆孔，为空气的入口。旋转灯座管，即可完全关闭或不同程度地开启圆孔，以调节空气的入量。灯座的侧面有煤气的入口，可接上橡皮管把煤气导入灯内。灯座下面有一螺旋针阀，用以调节煤气的进入量（见图 2-45）。当灯管圆孔完全关闭时，点燃进入煤气灯的煤气，此时火焰呈黄色，煤气的燃烧不完全，火焰温度并不高。逐渐加大空气的进入量，煤气的燃烧就逐渐完全，并且火焰分为焰心、还原焰、氧化焰三层。

（2）酒精喷灯的使用　酒精喷灯的构造类似于煤气灯，只不过多了一个贮存酒精的空心灯座和一个燃烧酒精的预热盆（见图 2-36）。使用前，先在预热盆上注入一定量酒精，然后点燃盆内酒精，以加热铜质灯管。待盆内酒精将近烧完时，开启

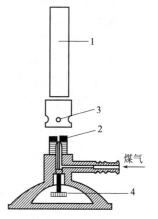

图 2-45　煤气灯的构造
1—灯管；2—煤气出口；
3—空气入口；4—灯座螺丝

开关，这时由于酒精在灼热的灯管内气化，并与来自气孔的空气混合，用火柴在管口点燃，即可得到温度很高的火焰。调节开关螺丝，可以控制火焰的大小。用毕，向右旋紧开关，灯焰熄灭。

应该注意，在开启开关、点燃以前，灯管必须充分灼烧，否则酒精在灯管内无法完全气化，会有液态酒精由管口喷出，形成"火雨"，甚至会引起火灾。不用时，必须关好储罐的开关，以免酒精漏失，造成危险。

3. 玻璃管（棒）的截断

玻璃管的截断操作，一是锉痕，二是折断。锉痕用的工具是小三角钢锉，如果没有小三角钢锉，可用新敲碎的瓷碎片。锉痕的操作是：把玻璃管平放在桌子的边缘上，左手的拇指按住玻璃管要截断的地方，右手握紧小三角钢锉，把小三角钢锉的棱边放在要截断的地方，用力锉出一道凹痕，凹痕约占管周的 1/6，锉痕时只向一个方向即向前或向后锉去，不能来回拉锉。当锉出了凹痕之后，下一步就是把玻璃管折断，两手分别握住凹痕的两边，凹痕向外，两个拇指分别按在凹痕的前面的两侧，用力急速轻轻一压带拉，就在凹痕处折成两段，如图 2-46 所示。为了安全起见常用布包住玻璃管，同时尽可能远离眼睛，以免玻璃碎粒伤人。玻璃管的断口很锋利，容易划破皮肤，又不易插入塞子的孔道中，所以，要把断口在灯焰上烧平滑。

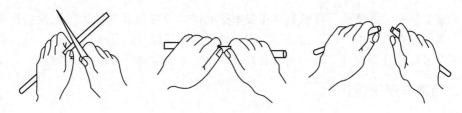

图 2-46　折断玻璃管

4. 玻璃管的弯曲

有机化学实验常常用到曲玻璃管，它是将玻璃管放在火焰中受热至一定温度时，逐渐变软，离开火焰后，在短时间内进行弯曲至所需要的角度而得的。

曲玻璃管弯制的操作如图 2-47 所示，双手持玻璃管，手心向外把需要弯曲的地方放在火焰上预热，然后放进外焰中加热，受热的部分约宽 5 厘米，在火焰中使玻璃管缓慢、均匀而不停地向同一个方向转动，如果两个手用力不均匀，玻璃管就会在火焰中扭歪，造成浪费，当玻璃管受热至足够软化时（玻璃管变黄色），即从火焰中取出，逐渐弯成所需要的角度。为了维持管径的大小，两手持玻璃管在火焰中加热时尽量不要往外拉；其次可在弯成角度之后，在管口轻轻吹气（不能过猛），弯好的玻璃从管的整体来看应尽量在同一平面内。然后放在石棉板上自然冷却，不能立即和冷的物件接触，例如，不能放在实验台的瓷板上，

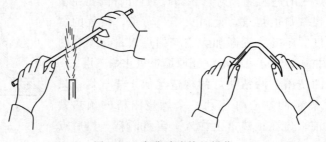

图 2-47　弯曲玻璃管的操作

因为骤冷会使已弯好的玻璃管破裂，造成浪费。检查弯好的玻璃管的外形，如图 2-48(a) 所示的为合用，如图 2-48(b)、图 2-48(c) 所示的则不合用。

5. 熔点管和沸点管的拉制

这两种管子的拉制实质上就是把玻璃管拉细成一定规格的毛细管。拉制的步骤：把一根干净的直径 0.8～1cm 的玻璃管，拉成内径 1～1.5mm 和 3～4mm 的两种毛细管，然后将直径 1～1.5mm 的毛细管截成 15～20cm 长，把此毛细管的两端在小火上封闭，当要使用时，在这根毛细管的中央切断，这就是两根熔点管（见图 2-49）。

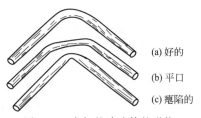

图 2-48 弯好的玻璃管的形状
(a) 好的
(b) 平口
(c) 瘪陷的

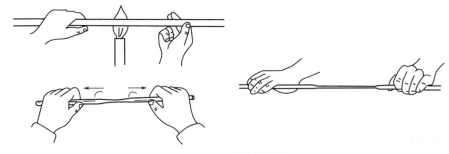

图 2-49 玻璃管的拉制

关于玻璃管拉细的操作是：两肘搁在桌面上，用两手执住玻璃管的两端，掌心相对，加热方法和曲玻璃管的弯制相同，只不过加热程度要强一些，等玻璃管被烧成红黄色时，才从火焰中取出，两肘仍搁在桌面上，两手平稳地沿水平方向往相反方向移动，一直拉开至所需要的规格为止。

沸点管的拉制：将直径 3～4mm 的毛细管截成 7～8cm 长，在小火上封闭其一端，另将直径为 1mm 的毛细管截成 8～9cm 长，封闭其一端，这两根毛细管就可组成沸点管了，可以在沸点测定的实验中使用。

6. 玻璃管插入塞子的方法

先用水或甘油润湿选好的玻璃管的一端（如插入塞子的是温度计时需要润湿的是水银球部分），然后左手拿住塞子右手指捏住玻璃管的那一端（距管口约 4cm），如图 2-50 所示，

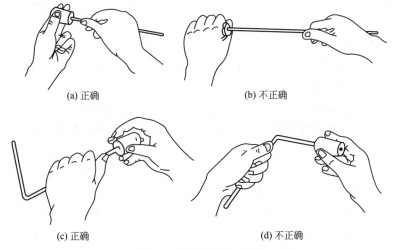

(a) 正确
(b) 不正确
(c) 正确
(d) 不正确

图 2-50 玻璃管插入塞子

稍稍用力转动逐渐插入。必须注意，右手指捏住玻璃管的位置与塞子的距离应经常保持 4cm 左右，不能太远；其次，用力不能过大，以免折断玻璃管刺破手掌，用布包住玻璃管较为安全。插入或者拔出弯曲管时，手指不能捏在弯曲的地方。

实验一　简单玻璃工操作实验
Experiment 1　Simple Glass Processing Technique

一、实验目的

1. 初步掌握制作毛细管、玻璃弯管、玻璃钉等的简单玻璃工操作。
2. 学习塞子的配置与打孔方法。

二、实验用品

橡胶塞、打孔器、玻璃棒、玻璃管、锉刀、煤气灯、石棉网。

三、实验步骤

（一）塞子的配置

每人领取 3 枚橡胶塞，分别为 3 号、4 号和 5 号，选择合适型号的塞子给锥形瓶配塞子，再取一枚 4 号胶塞，在中间打孔，安装一个 30°的弯管。

塞子的大小应与所用玻璃仪器的瓶口大小相适应，塞子进入瓶颈部分不能少于塞子本身的 1/3，也不能多于 2/3，一般以 1/2 为宜。

由于橡胶有弹性，选择的打孔器应比要装入的仪器（如温度计）略粗。打孔时，应将塞子放在实验台上，一边下压一边转动打孔器，要分两次打，先由小头打 1/2，再由另一头打通。将玻璃管或温度计插入塞孔时，应将手握住玻璃管或温度计靠近塞子的部位，慢慢旋入。塞子打孔或装入仪器时，可将玻璃管口蘸少量水或甘油作为润滑剂，以减小阻力。打孔器使用久了容易变钝，打塞子很费力，可用锉刀处理，使打孔器管口变锋利。装塞子时握玻璃管（或温度计）的手要靠近塞子，必要时可用布包住玻璃管，否则玻璃管（或温度计）容易折断，造成割伤事故。

（二）简单玻璃工操作

每两人一组领取一根玻璃管和一根玻璃棒，用干布擦干净表面，用于以下玻璃工操作。

1. 练习拉玻璃管及制作滴管

取约 40cm 长的玻璃管一根，练习拉制玻璃管。在拉制玻璃管时，注意火焰的使用次序、火焰的调节和火焰的使用部位，注意玻璃管的加热面积和两手握玻璃管的方法。

玻璃管的一部分经过拉细后，可改换另一部分拉细，直至一根玻璃管无法加热为止，尽量多练习，玻璃工操作关键在于熟练，只有多动手才能掌握操作的技巧。

在以上操作基础上，制作实验中经常使用的滴管 2 支，要求滴管粗端内径为 5mm 左右，长为 10cm；细端内径为 2~3mm，长为 3~4cm。可以选择一根长度在 20cm 左右的玻璃管，用煤气灯在中间加热烧软，然后拉到所需的细度并冷却后，在中间用小瓷片割一下，然后折成两段即成。最后将拉完的滴管的细端管口在小火的边缘上小心加热，烧熔使之光滑，不要将管口烧熔封死；粗端管口经火焰烧软后在石棉网上轻轻压一下，使外缘稍突出些，但不要使外缘突出太多或封口，冷却后在粗端接上橡皮头即成滴管。

2. 拉制熔点管

选用直径 5~10mm 经洗净干燥过的薄壁玻璃管，拉制成长为 15cm 左右，内径 1mm 的毛细管。将毛细管两端用小火把边缘烧熔封闭，但不要烧过度或烧弯。制成 2 根这样的熔点管，并用纸包好备用。在测熔点时，用小砂轮片或瓷片在熔点管中间轻轻划一下，折断后即可得两根熔点管。

3. 制作玻璃钉和搅拌棒

取直径 3~5mm，长 10~15cm 的玻璃棒，将玻璃棒的一端在火焰上加热均匀，待软化后在石棉网上轻按一下，玻璃棒的另一端在小火焰上烧一下，使断口的边缘变成光滑即成，玻璃钉在过滤时用来挤压晶体，或在测量熔点时用来研细少量晶体。

4. 制作玻璃弯管

制作 90°、75°和 30°的玻璃弯管各 1 支。制成的弯管要求角度正确，不能扭曲，弯角处的玻璃管不能出现凹陷情况，弯好的玻璃管的内径应均匀一致。

四、思考题

1. 为什么在拉制玻璃弯管及毛细管时，玻璃管必须均匀转动加热？
2. 在用大火加热玻璃管或玻璃棒之前，应先用小火加热，在加工完毕后，又需经弱火加热一会再冷却至室温，这是为什么？
3. 在弯制玻璃管时，玻璃管不能烧得过热，在弯成需要的角度时不能在火上直接弯制，为什么？

第三章　有机化学实验基本操作

第一节　有机化合物物理常数测定

实验二　熔点的测定
Experiment 2　Determination of Melting Point

一、实验目的

1. 了解熔点测定的意义。
2. 掌握测定熔点的方法。

二、实验原理

通常晶体物质加热到一定温度时，就从固态变为液态，此时的温度可视为该物质的熔点。严格地讲，物质的熔点是指该物质固液两态在标准气体压力下达到平衡（即固态与液态蒸气压相等）时的温度。纯化合物从开始熔化（始熔）至完全熔化（全熔）时的温度变动范围称为熔程（熔距）。每一种晶体物质都有自己独特的晶形结构和分子间作用力，要熔化它，需要提供一定的热能。所以，每一种晶体物质都有自己特定的熔点。纯化合物晶体熔程很小，一般为 0.5~1℃。但是，当含有少量杂质时，熔点一般会下降，熔程增大。因此，通过测定晶体物质的熔点可以对有机化合物进行定性鉴定或判断其纯度。如果两种固体有机物具有相同或相近的熔点，可以采用混合熔点法来鉴别它们是否为同一化合物。如果两种有机物不同，通常熔点会下降；如果两种有机物相同，则熔点一般不变。

三、仪器试剂

【仪器】提勒管或双浴式熔点管、温度计（200℃）、橡皮塞、熔点毛细管、长玻璃管（70~80cm）、玻璃棒、表面皿、小胶圈、酒精灯、铁架台、显微熔点测定仪。

【试剂】萘、乙酰苯胺、苯甲酸、尿素、液体石蜡、浓硫酸。

四、实验步骤

由于熔点的测定对有机化合物的研究具有很大的价值，因此如何测出准确的熔点是一个重要问题。目前测定熔点的方法以毛细管法最为简便。现介绍如下。

1. 毛细管法测定熔点

(1) 样品的装入

将准备好的毛细管一端放在酒精灯火焰边缘，慢慢转动加热，毛细管因玻璃熔融而封口。操作时转速要均匀，使封口严密且厚薄均匀，要避免毛细管烧弯或熔化成小球。

放少许待测熔点的干燥样品（约 0.1g）于干净的表面皿上，用玻璃棒或不锈钢刮刀将它研成粉末并集成一堆。将熔点管开口端向下插入粉末中，然后把熔点管开口端向上，轻轻地在桌面上敲击，以使粉末落入和填紧管底。或者取一支长 30～40cm 的玻璃管，垂直于干净的表面皿上，将熔点管从玻璃管上端自由落下，可更好地达到上述目的。为了要使管内装入高 2～3mm 紧密结实的样品，一般需如此重复数次。沾于管外的粉末必须拭去，以免沾污加热浴液。要测得准确的熔点，样品一定要研得极细，装得密实，使热量的传导迅速均匀。对于蜡状的样品，为了解决研细及装管的困难，只得选用较大口径（2mm 左右）的熔点管。

(2) 熔点浴

熔点浴的设计最重要的一点是要使受热均匀。下面介绍两种在实验室中最常用的熔点浴。

① 提勒管（Thiele）：又称 b 形管，如图 3-1(a) 所示。管口装有开口软木塞，温度计插入其中，刻度应面向木塞开口，其水银球位于 b 形管上下两叉管口之间，装好样品的熔点管，用橡皮圈套在温度计下端（注意橡皮圈应在导热油液面之上），使样品部分置于水银球侧面中部［见图 3-1(b)］。b 形管中装入加热液体（浴液），高度达上叉管处即可。在图示的部位加热，受热的浴液沿管做上升运动，从而促成了整个 b 形管内浴液呈对流循环，使得温度较均匀。

② 双浴式：如图 3-1(c) 所示，将试管经开口软木塞插入 250mL 平底（或圆底）烧瓶内，直至离瓶底约 1cm 处，试管口也配一个开口软木塞，插入温度计，其水银球应距试管底 0.5cm。瓶内装入烧瓶 2/3 体积的加热液体，试管内也放入一些加热液体，使在插入温度计后，其液面高度与瓶内相同。熔点管粘附于温度计和在 b 形管中相同。

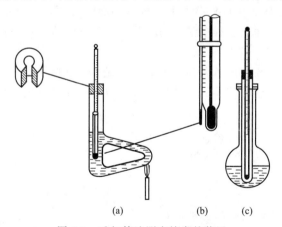

(a)   (b)   (c)

图 3-1　毛细管法测定熔点的装置

在测定熔点时，凡是样品熔点在 220℃ 以下的，可采用浓硫酸作为浴液[1]。但高温时，浓硫酸将分解放出三氧化硫及水。长期不用的熔点浴应先渐渐加热除掉吸入的水分，如加热过快，就有冲出的危险。

当有机物和其他杂质触及硫酸时，会使硫酸变黑，妨碍熔点的观察。此时可加入少许硝酸钾晶体共热后使之脱色。

除浓硫酸之外，亦可采用磷酸（可用于熔点在 300℃ 以下）、液体石蜡或有机硅油等。如将7份浓硫酸和3份硫酸钾或5.5份浓硫酸和4.5份硫酸钾在通风橱中一起加热，直至固体溶解，这样的溶液可应用在220～320℃的范围。若以6份浓硫酸和4份硫酸钾混合，则可使用至365℃。但此类加热液体不适用于测定低熔点的化合物，因为它们在室温下呈半固态或固态。

（3）熔点的测定　　将提勒管垂直夹于铁架上，按前述方法装配完毕，以液体石蜡作为加热液体（见图3-1）。将粘附有熔点管的温度计小心地伸入浴液中，以小火缓缓加热。开始时升温速度可以较快，到距离熔点10～15℃时，调整火焰使每分钟上升1～2℃。愈接近熔点，升温速度应愈慢（掌握升温速度是准确测定熔点的关键）。这一方面是为了保证有充分的时间让热量由管外传至管内，以使固体熔化；另一方面因观察者不能同时观察温度计所示读数和样品的变化情况，只有缓慢加热，才能使此项误差减小。记下样品开始塌落并有液相产生时（初熔）和固体完全消失时（全熔）的温度计读数，即为该化合物的熔程。要注意在初熔前是否有萎缩或软化、放出气体以及其他分解现象。例如一物质在120℃时开始萎缩，在121℃时有液滴出现，在122℃时全部液化，应记录如下：熔点121～122℃，120℃时萎缩。

　　熔点测定至少要有两次重复的数据。每一次测定都必须用新的熔点管另装样品，不能将已测过熔点的熔点管冷却，使其中的样品固化后再进行第二次测定。因为有时某些物质会产生部分分解，有些会转变成具有不同熔点的其他结晶形式。测定易升华物质的熔点时，应将熔点管的开口端烧熔封闭，以免升华。

　　如果要测定未知物的熔点，应对样品进行粗测。加热可以稍快，知道大致的熔点范围后，待浴液温度冷至熔点以下约30℃，再取另一根装样的熔点管做精密的测定。

　　熔点测好后，温度计的读数必须对照温度计校正图进行校正。

　　一定要待熔点浴液冷却后，方可将浓硫酸倒回瓶中。温度计冷却后，用废纸擦去硫酸，否则温度计极易炸裂。

2. 显微熔点测定仪测定熔点

（1）显微熔点测定仪　　用毛细管法测定熔点，操作简便，但样品用量较大，测定时间长，且不能观察出样品在加热过程中晶形的转化及其变化过程。为克服这些缺点，实验室常采用显微熔点测定仪。

　　显微熔点测定仪的主要组成可分为两大部分：显微镜和微量加热台。

　　显微镜可以是专用于这种仪器的特殊显微镜，也可以是普通的显微镜。微量加热台的组成部件如图3-2所示。

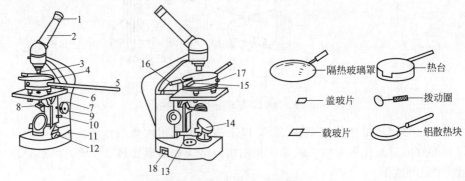

图3-2　显微熔点测定仪

1—目镜；2—棱镜检偏部件；3—物镜；4—热台；5—温度计；6—载热台；
7—镜身；8—起偏振件；9—粗动手轮；10—止紧螺钉；11—底座；12—波段开关；
13—电位器旋钮；14—反光镜；15—拨动圈；16—上隔热玻璃；17—地线柱；18—电压表

显微熔点测定仪的优点：①可测微量样品的熔点；②可测高熔点（熔点可达 350℃）的样品；③通过放大镜可以观察样品在加热过程中变化的全过程，如失去结晶水、多晶体的变化及分解等。

（2）实验操作　先将玻璃载片洗净擦干，放在一个可移动的载片支持器内，将微量样品放在载片上，使其位于加热器中心孔上，用盖玻片将样品盖住，放在圆玻璃盖下，打开光源，调节镜头，使显微镜焦点对准样品，开启加热器，用可变电阻调节加热速度，自显微镜的目镜中仔细观察样品晶形的变化和温度计的上升情况（本仪器目镜视野分为两半，一半可直接看出温度计所示温度，另一半用来观察晶体的变化）。当温度接近样品的熔点（本实验所用样品为苯甲酸，其熔点在 122.4℃，注意它本身易于升华）时，控制温度上升的速度为 1～2℃/min，当样品晶体的棱角开始变圆时，即晶体开始熔化，晶形完全消失即熔化完毕。重复 2 次读数。

测定完毕，停止加热，稍冷，用镊子去掉圆玻璃盖，拿走载片支持器及载玻片，放上铁块加快冷却，待仪器完全冷却后小心拆卸和整理部件，装入仪器箱内。

五、温度计校正

用以上方法测定熔点时，温度计上的熔点读数与真实熔点之间常有一定的偏差。这可能是由温度计的质量引起。例如一般温度计中的毛细孔径不一定是很均匀的，有时刻度也不很准确。其次，温度计有全浸式和半浸式两种。全浸式温度计的刻度是在温度计的汞线全部均匀受热的情况下刻出来的，而在测熔点时仅有部分汞线受热，因而露出的汞线温度较全部受热者要低[2]。另外经长期使用的温度计，玻璃也可能发生体积变形而使刻度不准。为了校正温度计，可选用一标准温度计与之比较。通常也可采用纯粹有机化合物的熔点作为校正的标准。通过此法校正的温度计，上述误差可一并除去。校正时只要选择数种已知熔点的纯粹化合物作为标准，测定它们的熔点，以观察到的熔点作为纵坐标，测得熔点与理论熔点的差数作为横坐标，画成曲线，在任一温度时的读数即可直接从曲线中读出。

用熔点方法校正温度计的标准样品见表 3-1，校正时可以具体选择。

表 3-1　一些有机化合物的熔点

样品名称	熔点	样品名称	熔点
冰-水	0℃	苯甲酸	122.4℃
α-萘胺	50℃	尿素	132.7℃
二苯胺	53℃	二苯基羟基乙酸	151℃
对二氯苯	53℃	水杨酸	159℃
苯甲酸苄酯	71℃	对苯二酚	173～174℃
萘	80.55℃	3,5-二硝基苯甲酸	205℃
间二硝基苯	90.02℃	蒽	216.2～216.4℃
二苯乙二酮	95～96℃	酚酞	262～263℃
乙酰苯胺	114.3℃	蒽醌	286℃（升华）

零点的测定最好用蒸馏水。在一个 15cm×2.5cm 的试管中放置蒸馏水 20mL，将试管浸在冰盐水中至蒸馏水部分结冰。用玻棒搅动使之成冰-水混合物。将试管从冰盐水中移出，然后将温度计插入冰-水中，轻轻搅动混合物，到温度恒定后（2～3min）读数。

六、注解和实验指导

【1】用浓硫酸作为热浴时，应特别小心，不仅要防止灼伤皮肤，还要注意勿使样品或其他有机物触及硫酸。装置样品时，沾在管外的样品必须拭去。否则硫酸的颜色会变成棕黑，

妨碍观察。如已变黑，要酌量添加少许硝酸钠（或硝酸钾）晶体，加热后便可褪色。

【2】这样测出的熔点可能因温度计的误差而不准确。所以，除了要校正温度计刻度之外，还要将温度计外露段所引起的误差进行读数的校正，才能够得到正确的熔点。

例：浴液面在温度计的 30℃ 处测定熔点为 190℃（t_1），则外露段为 190℃ − 30℃ = 160℃，辅助温度计水银球应放在 160℃ × 1/2 + 30 = 110℃ 处。测得 t_2 = 65℃，熔点为 190℃，则 K = 0.000159。按照上式则可求出：

$$\Delta t = 0.000159 \times 160 \times (190-65) = 3.18 \approx 3.2$$

所以，校正后的熔点应为 190 + 3.2 = 193.2℃。

七、思考题

1. 加热的快慢为什么会影响熔点？在什么情况下加热可以快些？而在什么情况下加热要慢些？

2. 是否可以使用第一次测熔点时已经熔化的有机化合物再做第二次测定呢？为什么？

实验三　沸点的测定
Experiment 3　Microscale Determination of Boiling Point

一、实验目的

1. 了解沸点测定的意义。
2. 掌握用常量法及微量法测定沸点的原理和方法。

二、实验原理

当液体受热时的蒸气压增大到与环境施于液面的压力（通常是大气压）相等时，就有大量气泡从液体内部逸出，即液体沸腾，这时的温度称为该环境压力下的沸点。沸点（Boilingpoint，简写为 bp）是液体有机化合物的重要物理常数之一。在使用、分离、纯化和鉴定液体有机物的过程中，沸点是一个重要的参数。

蒸馏是分离和提纯液体有机化合物最常用也最重要的方法之一。蒸馏不仅可把挥发性液体与不挥发性的物质分离，也可分离两种或两种以上沸点相差较大（>30℃）的液体混合物。此外，通过蒸馏还可测定液体化合物的沸点。

在一定压力下，纯净液体化合物都有一定的沸点，沸点距（蒸馏过程中沸点的变动范围）一般为 0.5~1℃，而混合物的沸点距较长，因此蒸馏也可作为鉴定液体有机化合物纯度的一种方法。但也应注意，具有固定沸点的液体，有时不一定是纯化合物，因为某些有机化合物可以与其他物质形成二元或三元共沸混合物[1]。

液体的沸点与外界大气压有关，因此，在记录一个化合物的沸点时，一定要注明测定沸点时外界的大气压力，以便与文献值相比较。由于地区不同，地势高低有差异，实际大气压与标准大气压（100.0kPa）有一定偏差，故所测得的沸点和标准沸点不同，可按经验公式将实测沸点转换成标准状态的沸点。

三、仪器与试剂

【仪器】提勒管、圆底烧瓶、直形冷凝管、接液管、锥形瓶、温度计、蒸馏头、铁架台、酒精灯或其他热源。

【试剂】无水乙醇（AR）或四氯化碳（AR）。

四、实验步骤

1. 常量法测沸点

（1）简单蒸馏装置 实验室的蒸馏装置主要由蒸馏瓶、冷凝管和接收器三部分组成，如图 3-3 所示是最常用的普通蒸馏装置，气化部分是由圆底烧瓶、蒸馏头和温度计组成。选用蒸馏烧瓶的大小，以蒸馏液体占烧瓶容积的 1/3～2/3 为宜。若用非磨口温度计，可借助于温度计磨口螺口接头或橡皮塞固定在蒸馏头的上口。温度计水银球上端应与蒸馏头侧管的下限在同一水平线上。蒸气常通过直形冷凝管冷凝。冷凝水应从夹层的下口进入，上口流出，以保证冷凝夹层中充满水。若蒸馏液体沸点高于 140℃，应改换空气冷凝管[2]。冷凝液通过接液管和接收瓶收集，当用不带支管的接液管时，接液管与接收瓶之间不能紧密塞住，否则成为密闭系统，可导致爆炸。

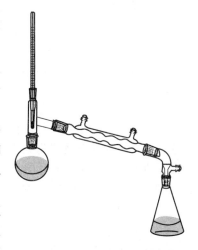

图 3-3 普通蒸馏装置图

（2）蒸馏装置的安装 首先用铁夹夹住蒸馏烧瓶的瓶颈上端（夹子要贴上橡皮或缠上石棉条），根据热源及三脚架的高度，把蒸馏烧瓶固定在铁架台上，装上蒸馏头和温度计；然后装上冷凝管，使冷凝管的中心线和蒸馏烧瓶上蒸馏头支管的中心线成一直线，移动冷凝管，使其与蒸馏头支管紧密相连；再依次接上接液管和接收瓶。安装蒸馏装置的顺序一般先从热源处开始，自下而上，由左向右（也可以由右向左，据实验环境而定）。整个装置要求准确、端正，从侧面观察整套仪器的轴线都要在同一平面内。所有的铁夹和铁架都应整齐地放在仪器背面。

（3）蒸馏操作 把待蒸馏的液体通过漏斗加入蒸馏烧瓶中，然后加入 1～2 粒沸石[3]。按普通蒸馏装置安装，接通冷凝水。开始时小火加热，然后调整火焰，使温度慢慢上升，注意观察液体的气化情况。当蒸气回流的界面升到温度计水银球部位时，温度计汞柱开始急剧上升，此时更应控制温度，使温度计水银球上总附有蒸气冷凝的液滴，以保持气液两相平衡，这时的温度正是馏出液的沸点。蒸馏速度控制在 1～2 滴/秒，记下第一滴馏出液滴入接收瓶时的温度和液体快蒸完时（剩 2～3mL）的温度，前后两次温度范围称为待测液体的沸程。通常将所观察到的沸程视为该物质的沸点。如果不再有馏出液蒸出，就应停止蒸馏，即使杂质量很少，也不能蒸干。否则，容易发生意外事故。

蒸馏完毕，先停火，再停止通水，最后拆卸仪器。拆卸仪器的程序和安装时相反，即顺次取下接收瓶、接液管、冷凝管和蒸馏烧瓶。

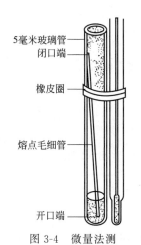

图 3-4 微量法测沸点装置

2. 微量法测定沸点

微量法测定沸点可用图 3-4 所示的装置。取一根直径为 3～4mm，长 7～8cm 一端封闭的玻璃管，作为沸点管的外管，向其中加入 1～2 滴待测定样品，使液柱高 1～1.5cm。再向该外管中放入一根长 8～9cm，直径约 1mm 上端封闭的毛细管（内管，将准备好的毛细管一端放在酒精灯火焰边缘，慢慢转动加热，毛细管因玻璃熔融而封口。操作时转速要均匀，使封口严密且厚薄均匀，要避免毛细管烧弯或熔化成小球），组成沸点管。然后将沸点管用橡皮圈固定于温度计水银球旁，放入提勒管浴液中加热。由于气体膨胀，内管中会有断断续续的小气泡冒出，达到样品的沸点时，将出现一连串的小气泡，此时应停止加热，使浴液温度自行下降，气泡逸出的速度渐渐减慢。在最后一个气泡刚欲缩回至内管中的瞬间，表示毛细管内的蒸气压与外界压力相等，此时的温度即为该液体的沸点。为校正起见，待温度下降几摄氏度后再非常缓慢地加热，记下刚出现气泡时的温度。两次温度计读数差值不应超过 1℃。

3. 测无水乙醇的沸点

分别用常量法和微量法测定无水乙醇的沸点。

五、注释

【1】某些有机化合物与其他物质按一定比例组成混合物，它们的液体组分与饱和蒸气的成分一样，这种混合物称为共沸混合物或恒沸物，恒沸物的沸点低于或高于混合物中任何一个组分的沸点，这种沸点称为共沸点。例如，乙醇-水的共沸物组成为乙醇 95.6％（体积分数）、水 4.4％，共沸点 78.17℃；甲醛-水的共沸物组成是甲醛 22.6％（体积分数）、水 74.4％，共沸点为 107.3℃。共沸混合物不能用蒸馏法分离。

【2】蒸馏液体沸点在 140℃ 以上时，若用水冷凝管冷凝，在冷凝管接头处容易炸裂，故应该用空气冷凝管。蒸馏低沸点、易燃、易吸潮的液体时，在接收管的支管处连一干燥管，再从后者出口处接一根胶管通入水槽或室外。当室温较高时，可将接收管放在冰水浴中冷却。

【3】沸石是一些小的碎瓷片、毛细管或玻璃沸石等多孔性物质。在液体沸腾时，沸石内的空气可以起到气化中心的作用，使液体平稳沸腾，防止液体暴沸。如果忘记加沸石，一定要等液体稍冷后补加，否则可能引起暴沸。

六、思考题

1. 在进行蒸馏操作时应注意什么问题？
2. 蒸馏时，温度计位置过高或过低对沸点的测定有何影响？
3. 蒸馏开始后，如果忘记加沸石，应如何正确处理？

实验四　折射率的测定
Experiment 4　Determination of Refractive Index

一、实验目的

1. 了解测定折射率的原理及阿贝（Abbe）折光仪的基本构造，掌握折光仪的使用方法。
2. 了解测定化合物折射率的意义。

二、实验原理

折射率（Refractive Index）是物质的物理常数，固体、液体和气体都有折射率。折射率常作为检验原料、溶剂、中间体和最终产物的纯度（Purity）及鉴定（Identify）未知样品的依据。

在不同介质中，光的传播速度都不相同。当光线从空气射入另一种介质 B 中时，由于两种介质的密度不同，光的传播速度和方向均会发生改变，这种现象称为折射现象。由折射定律可知，折射率是光线入射角 α 与折射角 β 的正弦之比，即：

$$n=\frac{\sin\alpha}{\sin\beta}$$

一种介质的折射率随光线波长变短而增大，随介质温度的升高而变小。一般来说温度升高 1℃，液体化合物的折射率降低 $3.5\times10^{-4}\sim5.5\times10^{-4}$。为了方便起见，在实际工作中，常把 4×10^{-4} 近似作为温度变化常数。例如，在 25℃ 时甲基叔丁基醚的实测值为 1.3670，可推算其在 30℃ 时折射率的近似值应为：$n_D^{30}=1.3670-5\times4\times10^{-4}=1.3650$。

物质的折射率不但与它的结构和光线有关，而且也受温度、压力等因素的影响。所以折射率的表示，必须注明所用的光线和测定时的温度，常用 n_D^t 表示。通常规定温度为 20℃、光线采用钠光谱的 D 线（叫做钠黄光，波长为 589.3nm）为标准表示折射率。例如，在温度为 20℃ 时，用钠的黄光（用 D 表示）为入射光，测得丙酮折射率为 1.3591，表示为丙酮 $n_D^{20}=1.3591$。

在确定的外界（如温度、压力等）条件下，一定波长的单色光由被测液体有机物 A（光疏媒质）进入棱镜 B（光密媒质）时，由于两种介质的密度不同，光的传播密度和方向均会发生改变，即发生光的折射现象（如图 3-5 所示）。由折射定律可知，其入射角 α 的正弦与折射角 β 的正弦之比是个常数，并且等于棱镜的折射率 $n_{棱镜}$（介质 B）与被测液体有机物的折射率 $n_{被测}$（介质 A）之比。即：

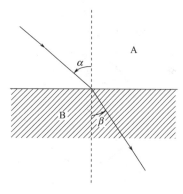

图 3-5　光的折射现象

$$\frac{\sin\alpha}{\sin\beta}=\frac{n_{棱镜}}{n_{被测}}$$

上式中，因为光线由光疏介质进入光密介质，所以其入射角 α 必定大于折射角 β。当入射角 α 增大为 90° 时，$\alpha=\alpha_0=90°$，$\sin\alpha_0=1$，这时折射角达到最大值，称为临界角，以 β_0 表示。显然，在临界角以内的区域都有光线通过是明亮的，而在临界角以外的区域没有光线通过，是暗的。在临界角上正好"半明半暗"（见图 3-6）。阿贝折光仪的目镜上有一个十字交叉线，如果十字交叉线与明暗分界线重合（见图 3-7），就表示光线由被测液体进入棱镜时的入射角正好为 90°。因此，上式可变为

$$\frac{\sin90°}{\sin\beta}=\frac{n_{棱镜}}{n_{被测}}$$

$$n_{被测}\sin90°=n_{棱镜}\sin\beta_0$$

$$n_{被测}=n_{棱镜}\sin\beta_0$$

棱镜的折射率 $n_{棱镜}$ 是常数，由 $n_{被测}=n_{棱镜}\sin\beta_0$ 可知，只要测出临界角 β_0，就可求出被测液体的折射率（$n_{被测}$）。这就是阿贝折光仪的光学原理。

阿贝折光仪优点是构造简单，容易操作；精确度较高[1]，应用范围广；被测样品用量少；可用白炽灯作为光源[2]。在操作阿贝折光仪时，旋转棱镜的转动手轮，找到临界角时的目镜视场（即明暗分界线对准十字交叉线中心），此时，光线的入射角始终为 90°，折射角为临界角 β_0，从阿贝折光仪刻度盘上直接读出折射率即可[3]。

阿贝折光仪的结构和工作原理如下。

它的主要部分包括：目镜视野下方（如图3-8所示）是读数标尺，为绿色，内有标有两行数值的刻度盘，上一行数值是工业上测定溶液浓度的标度（0~95%），下一行数值是折射率数值（1.3000~1.7000）。目镜视野上方，是用来找到临界角时的目镜视野（如图3-6所示为折光仪在临界角时的目镜视野），目镜正下方是由测量棱镜和辅助棱镜组成的棱镜组。光线由反射镜进入表面磨砂可以开启的辅助棱镜，发生漫反射，再以不同入射角射入待测液体层，之后再射到表面光滑的测量棱镜的表面上。此时，除一部分光线发生全反射外，其余光线经测量棱镜折射后进入测量目镜。调节旋钮使目镜呈临界角时的目镜视场，此时，读数镜内的折射率数值即为被测液体的折射率。

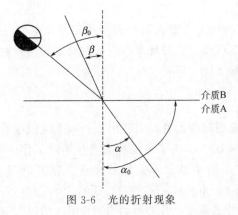

图3-6 光的折射现象

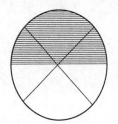

图3-7 折光仪在临界角时的目镜视野图

图3-8 阿贝折光仪读数标尺

三、仪器与试剂

【仪器】阿贝折光仪一台。

【试剂】乙酰乙酸乙酯（AR），乙酸乙酯（AR），乙醇（AR），丙酮（AR），蒸馏水。

四、实验步骤

（一）熟悉阿贝折光仪的基本结构，其结构如图3-9所示。

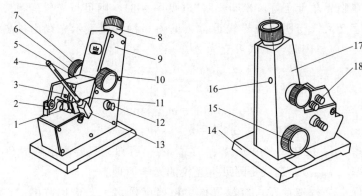

图3-9 阿贝折光仪结构图

1—反射镜；2—转轴；3—遮光板；4—温度计；5—进光棱镜座；6—色散调节手轮；7—色散值刻度圈；
8—目镜；9—盖板；10—手轮；11—折射棱镜座；12—照明刻度盘镜；13—温度计座；
14—底座；15—刻度调节手轮；16—小孔；17—壳体；18—恒温器接头

(二) 阿贝折光仪读数的校正

1. 将折光仪置于靠近窗户的桌子上或普通照明灯前[2]，但不能曝于直接照射的日光中。

2. 把温度计插入温度计插孔，用乳胶管把测量棱镜和辅助棱镜上保温套的进出水口与恒温槽串接起来，装上温度计，恒温温度以折光仪上温度计的读数为准[4]。本实验在室温下测定，不用恒温水浴调节温度。

3. 旋开棱镜锁紧扳手，开启辅助棱镜，用镜头纸蘸少量丙酮或乙醚轻轻擦洗镜面[5]，风干，以免留有其他物质影响测定精确度。待风干后，滴加1~2滴蒸馏水于辅佐棱镜磨砂面上，迅速闭合辅助棱镜，旋紧棱镜锁紧扳手，使蒸馏水均匀地充满视场，切勿有气泡。

4. 调节反射镜，使光进入棱镜组，目镜内视场明亮。调节目镜，使聚焦于十字交叉线的中心。转动棱镜调节旋钮，使刻度盘标尺的示值最小，继续转动棱镜调节旋钮，使刻度盘标尺上的示值逐渐增大，直至观察到视场中出现彩色光带或黑白临界线为止。旋转色散棱镜手轮，使视场中呈现一清晰的明暗临界线。转动棱镜调节旋钮使明暗分界线恰好与十字交叉线的中心重合，如图3-6所示。

5. 刻度盘上的数值即为蒸馏水的折射率。重复2~3次，取其平均值。并记下阿贝折光仪温度计的读数作为被测液体的温度。与蒸馏水的标准值（$n_D^{20}=1.3330$）比较，求得折光仪的校正值。校正值一般应很小，若数值太大时，整个仪器必须重新调校[6]。

(三) 样品折射率的测定

旋开棱镜锁紧扳手，开启辅助棱镜，用擦镜纸擦去蒸馏水，再用擦镜纸蘸少量丙酮或乙醚轻轻擦洗上下镜面，待风干后，滴加1~2滴待测液于辅助棱镜磨砂面上[7]，迅速闭合辅助棱镜，旋紧棱镜锁紧扳手。

调节反射镜，使光进入棱镜组，目镜内视场明亮。调节目镜，使聚焦于十字交叉线的中心。转动棱镜调节旋钮，使刻度盘标尺的示值最小，继续转动棱镜调节旋钮，使刻度盘标尺上的示值逐渐增大，直至观察到视场中出现彩色光带或黑白临界线为止。旋转色散棱镜手轮，使视场中呈现一清晰的明暗临界线。转动棱镜调节旋钮使明暗分界线线恰好与十字交叉线的中心重合[8]，如图3-6所示。

记下刻度盘数值即为待测物质折射率。重复2~3次，取其平均值。并记下阿贝折光仪温度计的读数作为被测液体的温度。

待测物质的折射率＝待测物折射率实验读数值－折光仪的校正值

试验完毕，用擦镜纸蘸少量丙酮或乙醚轻轻擦洗上下镜面，待风干后，关闭辅助棱镜，旋紧棱镜锁紧扳手。擦净折光仪，妥善复原。

五、注解与实验指导

【1】测定纯净液体样品的折射率，可精确到1‰，通常用4位有效数字进行记录。

【2】阿贝折光仪有消色散装置，故可直接使用日光或普通灯光，测定结果与用钠光源结果一样。

【3】阿贝折光仪刻度盘上的读数不是临界角的角度，而是已计算好的折射率，故可直接读出。

【4】通入恒温水约20min，温度才能恒定，若实验时间有限，不附恒温水槽，本步操作可以省略。室温下测得的折射率可根据温度每增加1℃液体有机化合物的折射率减少约4×10^{-4}的数值，换算出所需温度下近似的折射率。

【5】棱镜是阿贝折光仪的关键部位,一定要注意保护。擦棱镜时要单向擦,不要来回擦。滴加液体时,滴管的末端切不可触及棱镜,以免在镜面上造成痕迹。使用一段时间后,必须用中性乙醇和乙酸或二甲苯清洗棱镜,以除去棱镜上的油污。切勿用本仪器测定强酸、强碱或具有腐蚀性的盐类溶液。

【6】可用仪器附带的已知折射率的校正玻璃片对阿贝折光仪进行校正,也可用蒸馏水进行校正。蒸馏水在不同温度下的折射率 n_D^{10} 为 1.3337;n_D^{20} 为 1.3330;n_D^{30} 为 1.3320;n_D^{40} 为 1.3307。

【7】如果测定易挥发性液体样品,可由棱镜侧面的小孔加入。

【8】如果读数镜筒内视场不明亮,应检查小反光镜是否开启。如果在目镜中看不到半明半暗,而是畸形的,这是因为棱镜间未充满液体。如果液体折射率不在 1.3000~1.7000 量程范围内,则阿贝折光仪不能测定,也调不到明暗分界线上。测定折射率时目镜中常见的图像如图 3-10 所示。

图 3-10　测定折射率时目镜中常见的图像

六、思考题

1. 测定有机化合物折射率的意义是什么?
2. 物质的折射率与哪些因素有关?
3. 在阿贝折射仪两棱镜间没有液体或液体已挥发,能否观察到临界折射现象?

实验五　旋光度的测定
Experiment 5　Determination of Optical Rotation

一、实验目的

1. 了解测定旋光度的原理及旋光仪的基本构造,掌握旋光仪的使用方法。
2. 了解测定旋光性物质旋光度的意义。

二、实验原理

手性分子都具有旋光性。通过旋光仪可以测得每一种旋光性物质的旋光度大小及旋光方向。物质的旋光度与其分子结构、测定时的温度、偏振光的波长、盛液管的长度、溶剂的性质及溶液的浓度有关。通过旋光度的测定可以鉴定旋光性物质的纯度及含量。

物质在浓度为 $c(\text{g/mL})$、管长为 $l(\text{dm})$ 的条件下测得的旋光度 α 可以通过下列公式换算成比旋光度 $[\alpha]_D^t$

$$[\alpha]_D^t = \frac{\alpha}{lc}$$

式中 α——被测溶液的旋光度；

l——盛液管的长度，dm；

c——溶液的浓度，g/mL，如果所测的物质为纯液体，则用密度ρ；

$[\alpha]_D^t$——比旋光度，°/[g/(mL·dm)]（通常用°表示）；

t——测定时的温度，℃；

D——钠光的波长，589nm。

从上式可知，当$c=1$g/mL，$l=1$dm，则测得的旋光度在数值上即为比旋光度。因此比旋光度的定义为：在一定温度下，1mL 含 1g 旋光物质的溶液，在 1dm 的盛液管中，光源波长（λ）为 589nm（钠光）时，测得的旋光度。

一般实验室使用的目测旋光仪的基本构造如图 3-11 所示。

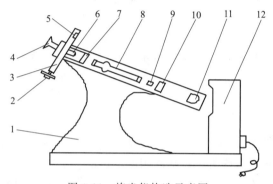

图 3-11 旋光仪构造示意图

1—底座；2—度盘调节手轮；3—刻度盘；4—目镜；5—度盘游标；6—物镜；7—检偏片；
8—测试管；9—石英片；10—起偏片；11—会聚透镜；12—钠光灯光源

当单色光通过由方解石制成的尼科尔棱镜起偏镜时，振动方向与棱镜晶轴平行的光线才能通过，这种在单一方向振动的光线称为偏振光，偏振光振动的平面叫作偏振面。如果在测量光路中不放入装有旋光性物质的盛液管和石英片（或称半阴片），当起偏镜和检偏镜的晶轴平行时，偏振光可直接通过检偏镜，在目镜中可以看到明亮的光线。此时转动检偏镜使其晶轴与起偏镜晶轴相互垂直，则偏振光不通过检偏镜，目镜中看不到光线，视野是全黑的。在测量中，由于人的眼睛对寻找最亮点和最暗（全黑）点并不灵敏，故不可用于仪器的读数点。为了测量的准确性，在起偏镜后面加上一块半阴片以帮助进行比较。半阴片是由石英和玻璃构成的圆形透明片，当偏振光通过石英片时，由于石英有旋光性，把偏振光旋转了一个角度，如图 3-12 所示。

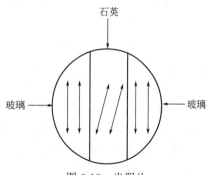

图 3-12 半阴片

因此，通过半阴片的偏振光就变成振动方向不同的两部分，这两部分偏振光到达检偏镜时，通过调节检偏镜的晶轴，可以使三分视场出现以下四种情况，如图 3-13 所示。图 3-13(a) 表示视场左、右的偏振光可以透过，而中间不能透过，图 3-13(c) 表示视场左、右的偏振光不能通过，而中间可以透过；很明显，调节检偏镜必然存在一种介于上述两种情况之间的位置，在三分视场中能够看到左、中、右明暗度相同而分界线消失，如图 3-13(b) 所示，此处为临界处，对变化十分敏感，为读数处。图 3-13(d) 则为不敏感区，光线强亮度高。因此，利用半阴片，通过比较中间与左、右明暗度相同作为调节的标准,将使测定的准确性提高。

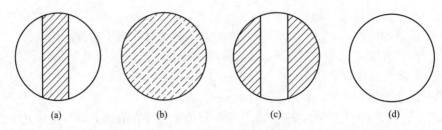

图 3-13　三分视场变化情况

在测定过程中,能使偏振光的偏振面向右旋转(顺时针方向转动检偏镜螺旋)的物质,称为右旋物质,以"+"表示;反之,称为左旋物质,以"-"表示。

三、仪器试剂

【仪器】　WXG4 小型旋光仪 1 台、分析天平 1 台、100mL 容量瓶 2 个。

【试剂】　葡萄糖(AR)、果糖(AR)。

四、实验步骤

1. 配制待测溶液　准确称取 10.00g 葡萄糖、10.00g 果糖,将样品分别在两个 100mL 容量瓶中配成溶液。溶液必须透明,否则需用滤纸过滤[1]。

2. 装待测液　盛液管有 1dm、2dm 和 2.2dm 等几种规格。选用适当的盛液管,先用蒸馏水洗干净,再用少量待测液润洗 2~3 次,然后注满待测液,不留空气泡,旋上已装好金属片和橡皮垫的金属螺帽,以不漏水为限度,但不要旋得太紧。用软布擦干液滴及盛液管两端残液,放好备用[2]。

3. 校正旋光仪零点　开启电源开关,待钠光灯发光稳定(约 5min),将装满蒸馏水的盛液管放入旋光仪中[3],注意光路不可有气泡。旋转视野调节旋钮,直到三分视场界线变得清晰,达到聚焦为止。旋动刻度盘手轮,使三分视场明暗程度完全一致,此处为仪器的零点处(游标尺上的零度线应在刻度盘 0 度左右,否则仪器不可用)。记录刻度盘读数,重复测量 3~5 次,取平均值。如果仪器正常,此数即为零点校正读数[4~6]。

4. 测定旋光度[4]　将装有待测样品的盛液管放入旋光仪内,此时原来明暗完全一致的三分视场的亮度出现差异,再次缓慢旋转检偏镜(由于刻度盘随检偏镜一起转动,故转动刻度盘手轮即可),使三分视场的明暗度再次一致[5],记录刻度盘读数[6]。重复测量 3~5 次,取其平均值,即为测定结果。测量的平均值与零点之间的差值即为该物质的旋光度。然后再以同样步骤测定第二种待测液的旋光度。

5. 测定葡萄糖和果糖的旋光度　按上述操作步骤测定葡萄糖和果糖的旋光度。

五、注解与实验指导

【1】　供试样品溶液不应有混悬微粒,否则应过滤并弃去初滤液。

【2】　装溶液后不能带入气泡,旋螺帽不能过紧。

【3】　每次测定前应用溶剂做空白校正,本实验采用蒸馏水。

【4】　温度与旋光度测定有关,使用钠光灯时,温度每升高 1℃,大多数手性化合物的旋光度下降 0.3%。精确测定时需恒温在 20℃±2℃的条件下。

【5】 旋转检偏镜观察视场亮度相同的范围时应注意,当检偏镜旋转180°时,有两个明暗亮度相同的范围,这两个范围的刻度不同。我们所观察的亮度相同的视场应该是稍转动检偏镜即改变很灵敏的那个范围,而不是亮度看起来一致但转动检偏镜很多而明暗度改变很小的范围。

【6】 读数方法:旋光仪读数法与游标卡尺读数方法完全一样。刻度盘分两个半圆,分别标出0~180°。另有一固定的游标,分为20等份,等于刻度盘19等份。读数时,先看游标的0落在刻度盘上的位置,记下整数;小数部分的读法是:仔细观察游标尺刻度线与主盘刻度线,找出对得最准的一条即为小数部分,如图3-14所示(可通过放大镜观察)。

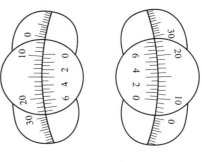

$\alpha = 9.30°$

图 3-14 读数示意图

主盘如果是反时针方向旋转,读数方法同上面相同,只要将主盘的0°看为180°即可。

六、思考题

1. 测定旋光性物质的旋光度有何意义?
2. 比旋光度 $[\alpha]_D^t$ 与旋光度 α 有何不同?
3. 用一根长 2dm 盛液管,在 t℃下测得一未知浓度的蔗糖溶液的 $\alpha = +9.96°$,求该溶液的浓度(已知蔗糖的 $[\alpha]_D^t = +66.4°$)。

第二节 有机化合物的分离与纯化

液体有机化合物的分离与提纯

实验六 常压蒸馏与沸点测定
Experiment 6 Simple Distillation and Boiling Point Determination

一、实验目的

1. 掌握常压蒸馏的原理和操作方法。
2. 了解常压蒸馏的实际应用意义。

二、实验原理

蒸馏就是将液体混合物加热至沸腾,使液体气化,然后,蒸气通过冷凝变为液体,使液体混合物分离的过程,从而达到提纯的目的。蒸馏是分离和提纯液态有机化合物的最常用的重要方法之一。液体混合物之所以能用蒸馏的方法加以分离，是因为组成混合液的各组分具有不同的挥发度。例如，在常压下，苯的沸点为80.1℃，甲苯的沸点为110.6℃。若将苯和甲苯的混合液在蒸馏瓶内加热至沸腾，混合液部分被气化。此时，混合液上方蒸气的组成与液相的组成不同，沸点低的苯在气相中的含量增多，而在液相中含量减少。因而，若部分气化的蒸气全部冷凝，就得到易挥发组分含量比蒸馏瓶内残留液多的冷凝液，从而达到分离的目的。通过蒸馏可以使混合物中各组分得到部分或全部分离。但各组分的沸点必须相差很大，一般在30℃以上才可得到较好的分离效果。

液体在一定温度下具有一定的饱和蒸气压，将液体加热时，它的饱和蒸气压随温度的升高而增大，当液体的饱和蒸气压与外压相等时液体沸腾，这时液体的温度就是该液体在此压力下的沸点。通常所说的沸点是指一个大气压下，即101.325kPa（567mmHg）时液体沸腾的温度。显然沸点与所受外界压力的大小有关，而且与液体组成有关。纯粹的液态物质在大气压下有一定的沸点。如果蒸馏时液体在一定的温度范围内沸腾，此馏出液所对应的沸腾温度范围称为沸程，那就说明物质不纯。因此可借蒸馏的方法来测定物质的沸点和定性检验物质的纯度。但是，某些有机化合物往往能和其他组分形成二元或三元恒沸混合物，它们也有一定的沸点，因此，不能认为沸点一定的物质都是纯物质。

三、仪器试剂

【仪器】 蒸馏烧瓶（50mL）、蒸馏头、直形冷凝管、接引管、温度计（100℃）、水浴锅、铁架台2个、铁夹2个、单孔软木塞3个、橡皮管2根，或磨口蒸馏装置一套、常备仪器、微量沸点测定装置一套。

【试剂】 废酒精或酒精提取物、沸石。

四、实验步骤

蒸馏操作是由仪器安装、加料、加热、收集馏出液四个步骤组成。

1. 仪器安装　蒸馏装置如图3-15所示，一般由温度计、蒸馏瓶、冷凝器与接收器组成。

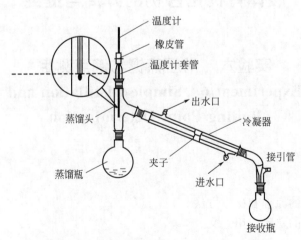

图3-15　蒸馏装置示意图

根据蒸馏液的体积，选择大小合适的蒸馏瓶。一般瓶内的液体量为烧瓶容积的1/3～2/3，加入几粒沸石。安装应先从热源开始，由下而上，然后沿馏出液流向逐一装好。根据热源的高低,把蒸馏瓶用垫有橡皮或石棉布的铁夹固定在铁架上。在蒸馏瓶的上口装上温度计,此时应注意密合而不漏气,温度计的插入深度应使水银球的上端与蒸馏烧瓶支管口的下端在同一水平线上(如图 3-15 所示),以保证在蒸馏时整个水银球能完全处于蒸气中,准确地反映馏出液的沸点。根据蒸馏液沸点的高低,选用长度合适的冷凝管,用铁夹固定在另一铁架上,铁夹应夹在冷凝管的中间偏上部位。调整冷凝管位置,使其与蒸馏瓶支管同轴,然后拧松冷凝管铁夹,将冷凝管沿轴线向斜上方拧动与蒸馏瓶支管紧密相连。各铁夹不能过紧和过松,以夹住后稍用力尚能转动为宜。最后接上接引管和接收容器,接收容器下面需用木块等物垫牢,不可悬空,以免馏出液增多时落下。整套装置的重心必须在同一垂直平面内。在常压蒸馏装置中,接引管后必须有与大气相通之处,不能装成密闭体系,否则加热时由于气体体积的膨胀会造成爆炸事故。

2. 加料 仪器安装好后,应认真检查。然后将 30mL 待蒸馏液通过长颈漏斗(或直接沿着支管的瓶壁)小心加入蒸馏瓶中,漏斗颈口应低于蒸馏瓶支管,要注意不使液体从支管流出。加入几粒沸石或其他助沸物[1],装好温度计。

3. 加热 加热前,应再检查整套装置是否正确,原料、沸石是否加好,冷却水[2]是否通入,一切无误后再开始加热[3]。注意观察蒸馏瓶内液体的沸腾情况,当蒸气上升到温度计水银球部位时,温度计读数会急剧上升至沸点,开始有馏出液流出。此时应调节热源,控制蒸馏速度每秒钟 1~2 滴为宜。蒸馏时,温度计水银球应处于蒸气中,可观察到水银球上始终有被冷凝的液滴存在。此时温度计读数较准确地反映液体与蒸气平衡时的温度,即馏出液的沸点。

4. 收集馏出液 进行蒸馏前,至少要准备两个接收器,因为在达到需要物质的沸点之前,常有沸点较低的液体先蒸出。这部分馏出液称为"前馏分"或"馏头"。前馏分蒸完,温度趋于稳定后,蒸出的就是较纯的物质,这时应更换一个洁净干燥预先称重的接收器。记下这部分液体开始馏出时和最后一滴时的温度读数,即该馏分的沸程(沸点范围)。一般液体中或多或少含有一些高沸点杂质,在所需要的馏分蒸出后,若再继续升高加热温度,温度计读数会显著升高,若维持原来的加热温度,就不会再有液体蒸出,温度会突然下降,这时就要停止蒸馏。即使杂质极少,也不要蒸干,以免蒸馏瓶破裂及发生其他意外事故。

蒸馏完毕,应先停火,然后停止通水,拆下仪器。拆除仪器的程序和装配的程序相反,先取下接收器,然后拆下冷凝器和蒸馏瓶。液体的沸程常可代表它的纯度。纯粹液体的沸程一般不超过 1~2℃。最后称收集液体的质量,计算回收产率。

【微型方法】 若用 5~6mL 液体进行常压蒸馏时可用常压蒸馏的微型装置,如图 3-16 (a) 所示。若液体少于 4mL,可改用微型蒸馏头进行蒸馏和沸点的测定,如图 3-16(b) 所

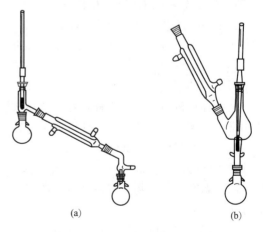

图 3-16 微型蒸馏装置

示。微型蒸馏头集冷凝和接收为一体,液体在烧瓶内气化,在蒸馏头和冷凝管中被冷却,冷凝下来的液体沿壁流下,聚集于蒸馏头的承接阱中。将温度计的水银球与承接阱口齐平,可读出馏出液的沸程。

五、注解和实验指导

【1】 蒸馏前应加入少量沸石以供给沸腾气化时所需要的气化中心，否则可能由于过热而出现暴沸现象。如果加热前忘了加沸石，补加时必须先移去热源，待加热液体冷却至沸点以下后方可加入。如果沸腾中途停止过，则在重新加热前应加入新的沸石，因为起初加入的沸石在加热时逐出了部分空气，在冷却时吸附了液体，因而可能已失效。

【2】 蒸馏所用的冷凝器，一般选用直形或空气冷凝器。冷凝器的长短粗细视蒸馏物的沸点高低而定。沸点愈低，蒸气愈不容易冷凝，需要长而粗的冷凝器。一般冷凝管下端侧管为进水口，上端侧管为出水口。当沸点高于140℃时，应选用空气冷凝器。蒸馏瓶的支管口应进入冷凝器2~3cm。

【3】 蒸馏易挥发和易燃的物质，不能用明火，否则易引起火灾，故要用热浴。

六、思考题

1. 常压蒸馏装置中，为什么冷凝管之前装置不能漏气，而冷凝管之后装置要有与大气相通之处？

2. 蒸馏时，放入止暴剂为什么能防止暴沸？如果加热后才发觉未加入止暴剂时，应该怎样处理才安全？

3. 当加热后有馏液出来时，才发现冷凝管未通水，请问能否马上通水，应怎么办？

实验七　减压蒸馏
Experiment 7　Vacuum Distillation

一、实验目的

1. 学习减压蒸馏的原理及其应用。
2. 认识减压蒸馏的主要仪器设备。
3. 掌握减压蒸馏仪器的安装和减压蒸馏的操作方法。

二、实验原理

某些沸点较高的有机化合物在加热还未到达沸点时往往发生分解或氧化的现象，所以不能用常压蒸馏，使用减压蒸馏便可避免这种现象的发生。因为当蒸馏系统内的压力减少后，其沸点降低。当压力降低到1.3~2.0kPa（10~15mmHg）时，许多有机化合物的沸点可以比其常压下的沸点降低80~100℃。因此，减压蒸馏对于分离或提纯沸点较高或性质比较不稳定的液态有机化合物具有特别重要的意义。所以，减压蒸馏亦是分离提纯液态有机物常用的方法。

一般把压力范围划分为几个等级。

"粗"真空（10~760mmHg），一般可用水泵获得。

"次高"真空（<0.001~1mmHg），可用油泵获得。

"高"真空（<10^{-3}mmHg），可用扩散泵获得。

三、仪器与试剂

【仪器】 蒸馏烧瓶、克氏蒸馏头、毛细管（起泡管）、螺旋夹、直形冷凝管、带支管的接引管、安全瓶、压力计、耐压橡皮管及普通橡皮管、铁支架、蒸馏烧瓶、电炉、水浴锅、水泵、真空油脂、温度计。

【药品】 粗乙酰乙酸乙酯或粗异戊醇。

四、实验步骤

（一）减压蒸馏装置

减压蒸馏装置是由蒸馏瓶、克氏蒸馏头（或用 Y 形管与蒸馏头组成）、直形冷凝管、真空接引管（双股接引管或多股接引管）、接收器、安全瓶、冷却阱、压力计和油泵（或循环水泵）组成的，见图 3-17。

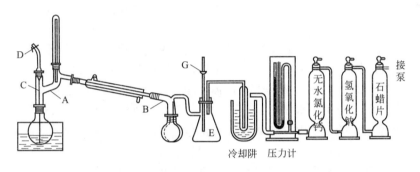

图 3-17 减压蒸馏装置

A—克氏蒸馏头；B—多尾真空承接管；C—毛细管；D—螺旋夹；E—安全瓶；G—活塞

1. **蒸馏部分** 在克氏蒸馏头的直口处插一根毛细管，直至蒸馏瓶底部，距底部距离越短越好，但又要保证毛细管有一定的出气量。毛细管的作用是在抽真空时，将微量气体抽进反应体系中，起到搅拌和供给气化中心的作用，防止液体暴沸。因为在减压条件下沸石已不能起供给气化中心的作用。毛细管口距瓶底 1~2mm。毛细管口要很细，检查毛细管口的方法是，将毛细管插入小试管的乙醚内，在玻璃管口轻轻吹气，若毛细管能冒出一连串的细小气泡，仿如一条细线，即为合用。如果不通气，表示毛细管闭塞了，不能用。在毛细管上端加一节乳胶管并插入一根细铜丝，用螺旋夹夹住，可以调节进气量。进行半微量和微量减压蒸馏时，用电磁搅拌搅动液体可以防止液体暴沸。常量减压蒸馏时，因为被蒸馏液体较多，用此方法不太妥当。

2. **接收器** 蒸馏少量物质或 150℃以上物质时，可用蒸馏烧瓶作为接收器；蒸馏 150℃以下物质时，接收器前应连接冷凝管冷却。如果蒸馏不能中断或要分段接收馏出液时，则要采用多头接液管。

3. **安全瓶** 一般用吸滤瓶作为安全瓶，因其壁厚耐压，安全瓶与减压泵和测压计相连，活塞用来调节压力及放气；还可防止水压下降时，水泵中的水倒吸至蒸馏装置内。

4. **压力计** 实验室通常采用水银压力计来测量系统的压力。开口式水银压力计装汞方便，比较准确，所用玻璃管的长度需超过 760mm。U 形管两臂汞柱高度之差即为大气压力与系统中压力之差。因此，蒸馏系统内的实际压力（真空度）应为大气压力（以毫米汞柱表示）减去这一汞柱之差。封闭式水银压力计的优点是轻巧方便，两臂液面高度之差即为蒸馏系统中的真空度。使用时应避免水或脏物侵入压力计，水银柱中也不得有残留的空气，否则将影响测定的准确性。

5. 减压泵（抽气泵）　在化学实验室通常使用的减压泵有水泵和油泵两种，若不需要很低的压力时可用水泵。如果水泵的构造好，且水压又高时，其抽空效率可以达到1067～3333Pa（8～25mmHg）。水泵所能抽到的最低压力，理论上相当于当时水温下的水蒸气压力。例如，水温在25℃、20℃、10℃时，水蒸气压力分别为3200 Pa、2400 Pa、1203 Pa（24mmHg、18mmHg、9mmHg）。用水泵抽气时，应在水泵前装上安全瓶，以防水压下降时，水流倒吸。停止蒸馏时要先放气，然后关水泵。

若要较低的压力，那就要用油泵了，好的油泵应能抽到133.3 Pa（1mmHg）以下。油泵的好坏取决于其机械结构和油的质量，使用油泵时必须把它保护好。如果蒸馏挥发性较大的有机溶剂时，有机溶剂会被油吸收，结果增加了蒸气压从而降低了抽空效能；如果是酸性蒸气，那就会腐蚀油泵；如果是水蒸气就会使油成乳浊液破坏真空油。因此，使用油泵时必须注意下列几点：

（1）蒸馏系统和油泵之间，必须装有吸收装置。吸收装置的作用是吸收对真空泵有损害的各种气体或蒸气，从而保护减压设备。吸收装置一般由下述几部分组成：①捕集管，用来冷凝水蒸气和一些挥发性物质，捕集管外用冰-盐混合物冷却。②氢氧化钠吸收塔，用来吸收酸性蒸气。③硅胶（或用无水氯化钙）干燥塔，用来吸收经捕集管和氢氧化钠吸收塔后还未除净的残余水蒸气。若蒸气中含有碱性蒸气或有机溶剂蒸气的话，则要增加碱性蒸气吸收塔和有机溶剂蒸气吸收塔等。

（2）蒸馏前必须先用水泵彻底抽去系统中的有机溶剂的蒸气。

（3）如能用水泵抽气则尽量使用水泵。如蒸馏物中含有挥发性杂质，可先用水泵减压抽除，然后改用油泵。

减压系统必须保持密封不漏气，所有的橡皮塞的大小和孔道都要合适，橡皮管要用厚壁的真空用的橡皮管。磨口玻塞涂上真空脂。

（二）减压蒸馏操作

1. 按图 3-17 安装好仪器（注意安装顺序），检查蒸馏系统是否漏气。方法是旋紧毛细管上的螺旋夹，打开安全瓶上的二通活塞[1]，旋开水银压力计的活塞，然后开泵抽气（如用水泵，这时应开至最大流量）。逐渐关闭安全瓶上的二通活塞，从压力计上观察系统所能达到的压力，若压力变动不大，应检查装置中各部分的塞子和橡皮管的连接是否紧密，必要时可用熔融的石蜡密封，磨口仪器可在磨口接头的上部涂少量真空油脂进行密封（密封应在解除真空后才能进行）。检查完毕后，缓慢打开安全瓶的活塞，使系统与大气相通，压力计缓慢复原，关闭油泵停止抽气。

2. 将粗乙酰乙酸乙酯装入克氏蒸馏瓶中，以不超过其容积的 1/2 为宜。若被蒸馏物质中含有低沸点物质时，在进行减压蒸馏前，应先进行常压蒸馏，尽可能除去低沸点物质。

3. 按 1 所述操作方法，开泵减压，小心调节安全瓶上的二通活塞达到实验所需真空度。调节毛细管上的螺旋夹，使液体中有连续平稳的小气泡通过。

4. 当调节到所需真空度时，将蒸馏烧瓶浸入水浴或油浴中，通入冷凝水，开始加热蒸馏[2]。加热时，蒸馏烧瓶的圆球部分至少应有 2/3 浸入热浴中。待液体开始沸腾时，调节热源的温度,根据表 3-2 数据收集产品,控制馏出的速度为每秒 1~2 滴。

表 3-2 乙酰乙酸乙酯沸点与压力的关系

压力/mmHg	760	80	60	40	30	20	18	14	12
沸点/℃	181	100	97	92	88	82	78	74	71

5. 蒸馏完毕时,应先移去火源,取下热浴装置,待稍冷后,稍松毛细管上的螺旋夹,缓慢打开安全瓶上的活塞解除真空,待系统内外压力平衡后方可关闭减压泵。

【微型方法】

1. 仪器装置 微型减压蒸馏装置由圆底烧瓶、微型蒸馏头、温度计及减压蒸馏毛细管组成,如图 3-18 所示。也可以用电磁搅拌代替减压蒸馏毛细管达到防止暴沸的目的。

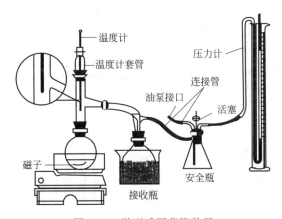

图 3-18 微型减压蒸馏装置

2. 操作步骤 与常规方法相同。

五、注解与实验指导

【1】 一定要缓慢地旋开安全瓶上的活塞,使压力计中的汞柱缓缓地恢复原状,否则,汞柱急速上升,有冲破压力计的危险。

【2】 不能用火直接加热,应按照实际情况选用各种热浴,本实验用油浴。

六、思考题

1. 减压蒸馏的原理是什么?在什么情况下可用减压蒸馏?
2. 减压蒸馏装置应注意什么问题?操作中应注意哪些事项?
3. 在进行减压蒸馏时,为什么必须用热浴加热而不能用明火加热?

实验八 水蒸气蒸馏
Experiment 8　Steam Distillation

一、实验目的

1. 学习水蒸气蒸馏的原理及其应用。

2. 掌握水蒸气蒸馏的装置及其操作方法。

二、实验原理

一定温度下，在互不混溶的挥发性物质的混合物中，每一种挥发性物质都有各自的蒸气压，其大小和该物质单独存在时一样，与其他挥发性物质是否存在无关。这就是说混合物中的每一组分是单独蒸发的。这一性质与互溶液体的溶液完全相反。

由道尔顿（Dalton）分压定律可知，进行水蒸气蒸馏，当向不溶于水的有机物中通入水蒸气（或对不溶于水的有机物与水一起加热）时，混合物液面上的蒸气压应为各组分蒸气压之和。即：$p = p_水 + p_A$，式中，p 为总蒸气压，$p_水$ 为水的蒸气压，p_A 为与水不相溶物或难溶物质的蒸气压。当总蒸气压（p）与大气压力相等时，则液体沸腾。显然，混合物的沸点低于任何一个组分的沸点。即有机物可在比其沸点低得多的温度，而且在低于100℃的温度下随蒸气一起蒸馏出来，这样的操作叫作水蒸气蒸馏（Water Vapour Distillation）。

伴随水蒸气蒸馏出的有机物和水，两者的质量（m_A 和 $m_水$）比等于两者的分压（p_A 和 $p_水$）分别和两者的分子量（M_A 和 $M_水$）乘积之比，因此，在馏出液中有机物同水的质量比可按下式计算：

$$\frac{m_A}{m_水} = \frac{M_A \times p_A}{18 \times p_水}$$

例如在制备苯胺时（苯胺的 bp 为 184.4℃），将水蒸气通入含苯胺的反应混合物中，当温度达到 98.4℃ 时，苯胺的蒸气压为 5652.5Pa，水的蒸气压为 95427.5Pa，两者总和接近大气压力，于是，混合物沸腾，苯胺就随水蒸气一起被蒸馏出来。

$p_水 = 95427.5\ Pa$，$p_{苯胺} = 5652.5Pa$，$M_水 = 18$，$M_{苯胺} = 93$，代入上式，

$$\frac{m_{苯胺}}{m_水} = \frac{5625.5 \times 93}{95427.5 \times 18} = 0.31$$

得到馏出液中苯胺的含量 $\frac{0.31}{1+0.31} \times 100\% = 23.7\%$。

在实验室中，通常使用两种水蒸气蒸馏方法。其一，加热水蒸气发生器中的水，产生水蒸气，再通入盛有有机物的烧瓶内（如图 3-19 所示），此方法叫外蒸气法；其二，把有机物和水装入同一烧瓶中加热，就地产生水蒸气，此方法叫内蒸气法。本实验使用外蒸气法。

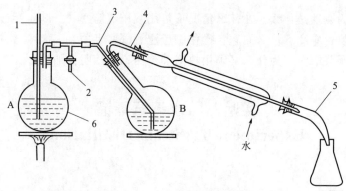

图 3-19 水蒸气蒸馏装置
1—安全管；2—螺旋夹；3—水蒸气导入管；4—馏出液导出管；5—接液管；6—水蒸气发生器

水蒸气蒸馏是用来分离和提纯液态或固态有机化合物的一种方法，常用在下列几种情况：

① 某些沸点高的有机化合物，常压蒸馏虽可与副产品分离，但其易被破坏；

② 混合物中含有大量树脂状杂质或不挥发性杂质，采用蒸馏、萃取等方法都难于分离的；

③ 从较多固体反应物中分离出被吸附的液体。

被提纯物质必须具备以下几个条件：

① 不溶或难溶于水；

② 共沸腾下与水不发生化学反应；

③ 100℃左右时，必须具有一定的蒸气压（666.5～1333Pa、5～10mmHg）。

三、仪器与试剂

【仪器】 圆底烧瓶（500mL）、长颈圆底烧瓶（250mL）、直形冷凝管、接液管、T形管、螺旋夹、长玻璃管、分液漏斗、玻璃弯管2支、电热套、折光仪等。

【试剂】 粗松节油、无水氯化钙。

四、实验步骤

（一）水蒸气蒸馏装置

图 3-19 是实验室常用的水蒸气蒸馏装置。包括水蒸气发生器、蒸馏部分、冷凝部分和接收器四个部分。

如图 3-19 所示，取一个 500mL 圆底烧瓶 A 作为水蒸气发生器（也可用金属瓶作为水蒸气发生器），固定在铁架台上，瓶口配一双孔软木塞，一孔插入长 60～80cm 的玻璃管作为安全管[1]，管下端接近烧瓶底部，另一孔插入蒸气导出管。导出管与一个 T 形管相连，T 形管的支管套上一短橡皮管，橡皮管上用螺旋夹夹住，T 形管的另一端与蒸馏部分的导管相连。这段水蒸气导管应尽可能短些，以减少水蒸气的冷凝。T 形管用来除去水蒸气中冷凝下来的水。有时在操作发生不正常的情况时，可使水蒸气发生器与大气相通。

蒸馏部分通常采用 250mL 长颈圆底烧瓶，被蒸馏的液体分量不能超过其容积的 1/3，斜放与桌面成 45°[2]，这样可以避免由于蒸馏时液体跳动十分剧烈而引起液体从导出管冲出，以至污染馏出液。

在作为蒸馏部分（盛有欲分离的物质）的长颈圆底烧瓶上，配双孔软木塞。一孔插入内径约 9mm 的水蒸气导入管[3]，使它正对烧瓶底中央，距瓶底 8～10mm，另一孔插入内径约 8mm 的导出管，其末端连接一直形冷凝管[4]。通过水蒸气发生器安全管中水面的高低，可以观察到整个水蒸气蒸馏系统是否畅通，若水面上升很高，则说明有某一部分阻塞住了，这时应立即旋开螺旋夹，移去热源，拆下装置进行检查（多数是水蒸气导入管下端被树脂状物质或者焦油状物质堵塞）和处理。否则，就有可能发生塞子冲出、液体飞溅的危险。

为了减少由于反复移换容器而引起的产物损失，常直接利用原来的反应器（即非长颈圆底烧瓶），按图 3-20 所示的装置进行水蒸气蒸馏。如产物不多，改用图 3-21 微量装置进行水蒸气蒸馏。

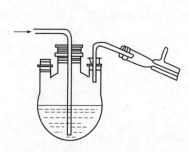

图 3-20 利用原反应容器进行水蒸气蒸馏

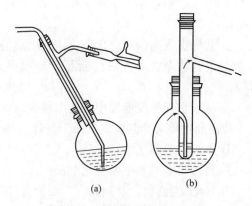

图 3-21 微量水蒸气蒸馏装置

(二) 水蒸气蒸馏

在水蒸气发生器 A 中加入约占容器 2/3 的热水，在蒸馏烧瓶 B 中加入 30mL 粗松节油和 50mL 水，检查整个装置不漏气后，旋开 T 形管的螺旋夹，加热至沸腾。当有大量水蒸气产生从 T 形管的支管冲出时，立即旋紧螺旋夹，水蒸气便进入蒸馏部分，开始蒸馏。在蒸馏过程中，如由于水蒸气的冷凝而使烧瓶内液体量增加，以至超过烧瓶容积的 2/3 时，或者水蒸气蒸馏速度不快时，则将蒸馏部分隔石棉网加热，要注意瓶内崩跳现象，如果崩跳剧烈，则不应加热[5]。控制蒸馏速度为每秒钟 2～3 滴，使蒸气能全部在冷凝管中冷凝下来。蒸馏过程中应随时注意安全管水位是否正常，如发现水位迅速升高，则表示系统内发生了堵塞，应立即打开螺旋夹，停止加热，找出原因排除故障后再继续蒸馏。

在蒸馏过程中，必须经常检查安全管中的水位是否正常，有无倒吸现象，蒸馏部分混合物溅飞是否厉害。一旦发生不正常，应立即旋开螺旋夹，移去热源，找原因排故障，等故障排除后，方可继续蒸馏。

当馏出液无明显油珠、澄清透明时，便可停止蒸馏，这时必须先旋开螺旋夹，然后移开热源，以免发生倒吸现象。

最后将馏出液倒入分液漏斗中，静置待分层。收集上层松节油于干净的锥形瓶中，并放入 1～2g 烘干的无水氯化钙干燥，振荡至油层透明，过滤除去氯化钙，即可得精制的松节油，量取产品体积，计算回收率。拆卸并清洗仪器。

【微型方法】 在微量有机实验中，少量物质的水蒸气蒸馏也是经常要进行的。它的装置与常量物质的水蒸气蒸馏不同，微量水蒸气蒸馏装置，在操作中尽量简化接收装置，以使产品少受损失，或使待蒸馏物质与水共沸蒸出，免去水蒸气发生装置。图 3-21(a) 为进行少量物质水蒸气蒸馏时装置，将圆底烧瓶中的水小心加热至沸，生成的蒸气通过下面的管子进入试管，因为试管位于水蒸气中，所以在蒸馏过程中，试管内部的液体体积并不增加，这是此装置的特点。

在如图 3-21(b) 装置中，大试管内加入 5mL 苯胺，烧瓶中加入 150mL 水，2 粒沸石。加热烧瓶，直至馏出液由浑浊变澄清[6]。

五、注解与实验指导

【1】 通过水蒸气发生器安全管中水面的高低，可以观察到整个水蒸气蒸馏系统是否畅通，若水面上升很高，则说明某一部分堵塞住了，这时应立即旋开螺旋夹，移去热源，拆下装置进行检查（一般多数是水蒸气导入管下管被树脂状物质或焦油状物堵塞）和处理。否则

就有可能发生塞子冲出、液体飞溅的危险。

【2】 长颈圆底烧瓶以 30°～45°向烧瓶 A 倾斜，这样可以避免 B 内液体因崩跳而冲入冷凝管内，造成馏出液污染。

【3】 水蒸气导入管的弯制：取一适当长度的玻璃管，在玻璃管一端的适当位置上（过长则无法插入长颈圆底烧瓶中，过短则接触液体不深或未能接触液体）先弯成 135°，套上软木塞，再于上端适当位置上弯成 100°左右。注意两端的方向要一致，不要弯拉成扭曲状，而且上端（与导出管相连接处）要短一些。

【4】 如果随水蒸气蒸馏出的物质有较高的熔点，在冷凝后易析出固体，则应调小冷凝水的流速，使馏出物冷凝后保持液态。假若已有固体析出，并堵塞冷凝管时，可暂且终止冷凝水的流通，甚至暂时放去夹套内的冷凝水，使凝固的物质熔融后随水流入接收器内。

【5】 若由于水蒸气的冷凝而使烧瓶内液体量增加，以致超过容积的 2/3 时，或者蒸馏速度不快时，可在烧瓶下置石棉网，小火加热。但要注意不能使烧瓶内产生崩跳现象，蒸馏速度控制在每秒 2～3 滴为宜。

【6】 水蒸气蒸馏前可向反应物中加入少量氯化钠，以加速苯胺从反应混合物中蒸出。

六、思考题

1. 进行水蒸气蒸馏时，蒸气导入管的末端为什么要插入接近于容器的底部？
2. 水蒸气蒸馏过程中，经常要检查什么事项？若安全管中水位上升很高，说明什么问题，如何处理才能解决呢？
3. 用水蒸气蒸馏纯化有机物必须兼备那些条件？

实验九 分 馏
Experiment 9 Fractional Distillation

一、实验目的

1. 了解分馏的原理及其应用。
2. 学习实验室中常用的简单分馏操作。

二、实验原理

蒸馏可以把沸点相差 30℃ 以上的组分分离开来，而对两种或两种以上能互溶的液体混合物来说，如果它们的沸点比较接近，用一次简单蒸馏则难以分离。这时可用分馏柱进行分离，即分馏。在工业上和实验室中分馏已广泛用于混合物的分离和产物的纯化。

分馏实际上相当于多次蒸馏，是液体多次气化与冷凝的过程。当沸腾的混合物蒸气通过分馏柱上升的时候，最上部分蒸气被空气部分冷凝，沸点较高的组分易被冷凝成液体，冷凝液中含有较多高沸点的组分；而上升的蒸气含低沸点的组分含量就相对较多。冷凝液在下降过程中与上升的混合蒸气接触，发生热交换，蒸气中高沸点部分被冷凝，而低沸点组分仍呈蒸气状态上升。在下降的冷凝液中的低沸点组分受热气化，以蒸气状态上升，高沸点组分仍呈液态状态下降。如此经过多次的热交换，多次的冷凝与气化，使得低沸点组分不断上升到最后被蒸馏出来，高沸点组分则被不断流回到容器中，从而将沸点不同的组分分离。

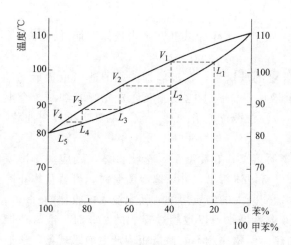

图 3-22 苯-甲苯体系的温度-组成曲线

通过苯-甲苯溶液的沸点-组成曲线图能很好地理解分馏原理。它是用实验测定各温度时气-液平衡状态下的气相和液相的组成，然后以横坐标表示组成，纵坐标表示温度而制成。图 3-22 是在 101.325 kPa 压力下，苯-甲苯溶液的沸点-组成图。L 曲线表示在该比例时混合物液体的沸点；V 曲线为沸腾时各组分的含量。可见，由 20%苯和 80%甲苯（L_1）组成的液体在 102℃时沸腾，和此液相平衡的蒸气组成约为苯 40% 和甲苯 60%（V_1）。将此蒸气冷凝，也就是说经过一次蒸馏，馏出液中含苯 40%、甲苯 60%（L_2）。与 L_2 成平衡的蒸气组成约含 65%和甲苯 35%（V_2）。这样以此类推，至第四次平衡后，蒸气中所含苯的摩尔分数超过了 90%。但是，若仅通过四次简单蒸馏是不可能把苯和甲苯的混合物很好分离。这是因为上面的分析是根据相图在平衡情况下做出的。设想第一滴混合液蒸发为蒸气后，剩余混合液中高沸点组成将增加，沸点逐渐上升，不断形成新的平衡。按沸点上升在相图上切割气液两曲线的虚线将逐渐向右移动，馏出液中高沸点的组成也将不断增加。因此，如要把混合液用简单蒸馏分离，就要按沸点将馏出液分成很多部分，每一部分又要经过多次简单蒸馏和切割。总之蒸馏和切割的次数多得惊人。因此，用简单蒸馏将沸点接近的液体混合物分离实际上是行不通的。

如果使用分馏柱进行分馏，那么当烧瓶内混合物沸腾后，蒸气进入分馏柱被冷凝成液体，此液体中低沸点成分较多，沸点也较低。烧瓶中液体继续沸腾，新的蒸气上升至分馏柱中与已冷凝的液体进行热交换，使它重新沸腾（新蒸气本身则部分被冷凝），产生了一次新的液体和蒸气的平衡，蒸气中低沸点的成分又有增加。这样，上升的蒸气在分馏柱中不断地冷凝、蒸发。进行了一次又一次平衡，每一次平衡后，蒸气中低沸点成分就增加一点。相当于进行多次简单蒸馏后，低沸点成分不断增加。最后从分馏柱头上流出的液体已是纯的或接近纯的低沸点组分，从而达到分离的目的。

三、仪器与试剂

【仪器】 简单分馏装置一套，如图 3-23 所示。

【试剂】 丙酮和 1,2-二氯乙烷混合物，体积比为 6∶4。

四、实验步骤

将 40mL 6∶4 的丙酮和 1,2-二氯乙烷混合物加入 100mL 圆底烧瓶中，加几粒沸石，安装好分馏装置[1]。用水浴慢慢加热，液体沸腾后，蒸气慢慢升入分馏柱中。控制好温度，使蒸气缓慢上升到柱顶。当冷凝管中有蒸馏液流出时，记录温度计所示温度。控制好馏出速度，1~2 滴/秒[2]。当柱顶温度维持在 56℃时，约收集 10mL 馏出液。随着温度上升，分别收集 57~60℃、60~70℃、70~80℃、80~83℃的馏分。测量所收集的各馏分的体积并用下列方法测出各馏分中丙酮（或 1,2-二氯乙烷）的含量。用折光仪分别测定以上各馏分的相应折射率，并与事先绘制的丙酮、1,2-二氯乙烷组成与折射率关系曲线（见图 3-24）对照，得到各馏分所含丙酮（或 1,2-二氯乙烷）的含量。

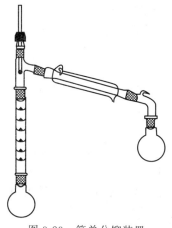

图 3-23　简单分馏装置

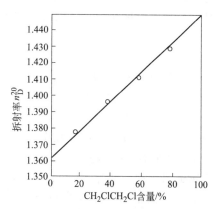

图 3-24　丙酮-1,2-二氯乙烷折射率与组成关系曲线

五、注解与实验指导

【1】 在分馏过程中，应注意防止回流液体在柱内聚集（称为泛液），否则会减少液体和蒸气接触面积，或使上升的蒸气将液体冲入冷凝管中，达不到分馏的目的。为了避免这种情况发生，需在分馏柱外包一定厚度的保温材料，减少柱内热量的散发，以保证柱内具有恒定的温度梯度，防止蒸气在柱内冷凝不均。

【2】 加热速度对分馏影响较大，分馏一定要缓慢进行，控制好恒定的蒸馏速度（1～2 滴/秒），可以得到较好的分馏效果。

六、思考题

1. 如何用分馏和蒸馏曲线比较分馏与蒸馏的分离效率？
2. 分馏时若加热过快，分离能力会显著下降。为什么？

实验十　萃　取
Experiment 10　Extraction

一、实验目的

1. 掌握萃取的基本操作技术。
2. 了解液-液、液-固萃取的原理。

二、实验原理

萃取（Extraction）是提取（Extraction）、分离（Separation）或纯化（Purification）有机化合物的常用操作之一。按萃取两相的不同，萃取可分为液-液、固-液萃取。

（一）液-液萃取（Liquid-liquid Extraction）

液-液萃取是利用同一物质在两种互不相溶（或微溶）的溶剂中具有不同溶解度的性质，

将其从一种溶剂转移到另一种溶剂中,从而达到分离或提纯的一种方法。

分配定律(Distribution Law)是液-液萃取方法的主要理论依据。在一定温度下,同一种物质(M)在两种互不相溶的溶剂(A,B)中遵循如下分配原理:

$$K = \frac{c_A}{c_B}$$

式中　c_A——溶质在原溶液中的浓度;
　　　c_B——溶质在萃取剂中的浓度;
　　　K——分配常数。

用一定量的溶剂一次或分几次从水中萃取有机物,萃取效率(Extraction Efficiency)不同。设 V_0 为水溶液的体积(mL),V 为每次所用萃取剂的体积(mL),m_0 为溶解于水中的有机物的量(g),m_1,…,m_n 分别为萃取一次至 n 次后留在水中的有机物的量(g),K 为分配常数。根据 K 的定义进行以下推导:

一次萃取　　$K = \dfrac{c_0}{c_1} = \dfrac{m_1/V_0}{(m_0-m_1)/V}$　　　$m_1 = m_0 \dfrac{KV_0}{KV_0+V}$

二次萃取　　$K = \dfrac{m_2/V_0}{(m_1-m_2)/V}$　　　$m_2 = m_1 \dfrac{KV_0}{KV_0+V} = m_0 \left(\dfrac{KV_0}{KV_0+V}\right)^2$

n 次萃取　　　　　　　　$m_n = m_0 \left(\dfrac{KV_0}{KV_0+V}\right)^n$

式中,$KV_0/(KV_0+V) < 1$,$[KV_0/(KV_0+V)]^n$ 随 n 值增大而减小,说明当把用一定量的溶剂分成几份多次萃取时比用全部量的溶剂一次萃取残留在水中的有机物少得多,即"少量多次"萃取效率高。

例:在 100mL 水中溶有 5.0g 有机物,用 50mL 乙醚萃取,分别计算用 50mL 一次萃取和分两次萃取的量是多少?(设分配系数为水:乙醚=1:3)

按上列推导式,50mL 乙醚一次萃取后,有机物在水中剩余量为

$$m_1 = 5.0 \times \frac{\frac{1}{3} \times 100}{\frac{1}{3} \times 100 + 50} = 2.0g$$

如果用 50mL 乙醚以每次 25mL 萃取两次后,有机物在水中剩余量为

$$m_2 = 5.0 \times \left(\frac{\frac{1}{3} \times 100}{\frac{1}{3} \times 100 + 50}\right)^2 = 1.6g$$

但是,连续萃取的次数不是无限度的,当萃取剂总量保持不变时,萃取次数 n 增加,V 就会减少;当 $n>5$ 时,n 和 V 这两个因素的影响就几乎相互抵消了,再增加 n 时 m/m_{n+1} 的变化不大。因此一般以萃取三次为宜。

萃取剂(Extractant)要求与原溶剂不相混溶,对被提取物质的溶解度大,纯度高,沸点低,毒性小,价格低等。常用的萃取剂有乙醚(Ether)、苯(Benzene)、四氯化碳(Carbon Tetrachloride)、石油醚(Petroleum Ether)、氯仿(Chloroform)、二氯甲烷(Dichloromethane)和乙酸乙酯(Ethyl Acetate)等。

(二) 固-液萃取(Solid-liquid Extraction)

固体物质的萃取是利用固体物质在液体溶剂中的溶解度不同来达到分离提取的目的。若

待提取物对某种溶剂的溶解度大，可采用浸出法（Leaching Method）；若待提取物的溶解度小，则采用加热提取法（Heating Extraction）。

加热提取方法常采用索氏提取器［Soxhelt 提取器，见图 3-25(a)］和普通回流装置［见图 3-25(b)］。索氏提取器运用回流（Reflux）及虹吸（Siphon）原理，使固体物质每次均为纯溶剂所萃取，效率较高。萃取前先将固体物质研细，以增加液体浸渍的面积，将固体物质用滤纸包成圆柱状（其直径稍小于提取管的内直径，且高度不能高于虹吸管），置于提取管中。提取管的下端通过磨口与装有溶剂的烧瓶连接，上端接上冷凝管。加热溶剂至沸腾，蒸气通过玻璃管上升，被冷凝管冷凝成液体，滴入提取管中，浸渍滤纸包成圆柱状的固体物，当液面超过虹吸管的最高处时，即发生虹吸流回烧瓶，如此反复，萃取出溶于溶剂的部分物质随液体流到烧瓶内，达到提取分离的目的。

在普通回流装置中，用溶剂将固体物质浸渍（Impregnation）。煮沸液体，溶剂蒸气上升至冷凝管被冷却后回流到烧瓶中［见图 3-25(b)］。

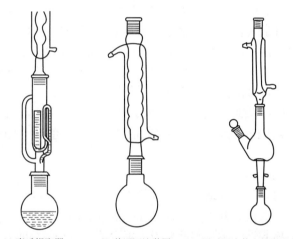

(a) 索氏提取器　　(b) 普通回流装置　　(c) 用于固液萃取的微型蒸馏装置

图 3-25　液-固萃取装置

当固体样品量少时，可采用微型蒸馏的装置，见图 3-25(c)。固体物研细后置于微型蒸馏头的承接阱中，在阱中加满萃取剂，烧瓶中也加入适量的萃取剂，加热后烧瓶中溶剂受热蒸发后又被冷凝滴入承接阱中，承接阱中的溶剂随即溢出进入烧瓶中，如此反复，使固体物中的可溶性成分进入溶剂而被萃取。

三、仪器与试剂

【仪器】　分液漏斗（125mL）、点滴板、回流冷凝管、蒸馏烧瓶（100mL）、蒸发皿、滤纸、索氏提取器（125mL）、离心试管（10mL）、滴管、圆底烧瓶（10mL）、微型蒸馏头、冷凝管。

【试剂】　苯酚（Phenol）水溶液（50g/L）、乙酸乙酯、$FeCl_3$ 溶液（10g/L）、70％乙醇、槐花米。

四、实验步骤

（一）液-液萃取

【常规方法】

1. 分液漏斗的使用

(1) 萃取振荡　取 125mL 分液漏斗一个，洗净，在下部活塞涂好凡士林后，把水放入分液漏中检漏。确认不漏水后，关好活塞，把被萃取溶液倒入分液漏斗中，然后加入萃取剂（一般为被萃取溶液的 1/3）；塞紧塞子，取下漏斗，右手握住漏斗口颈，并用掌心顶住塞子（或食指压紧塞子），左手握在漏斗活塞处，用拇指压紧活塞，食指和中指分叉在活塞背面如图 3-26 所示，把漏斗放平，前后小心振荡或圆周运动，以使两液体充分接触。

(2) 倾斜放气　斜持漏斗使下端朝上，开启下端活塞放气，以免内部压力过大，玻璃塞被顶开造成漏液[1]。再振摇、放气，重复操作 3~4 次。

(3) 静置分层　将漏斗直立静置于铁架台的铁圈上，待溶液清晰分层后，打开上端活塞，然后再慢慢开启下端活塞，下层液体由下口放出，上层液体由上口倒出。

2. 用乙酸乙酯从苯酚水溶液中萃取苯酚

(1) 取 50g/L 苯酚水溶液 20mL 加入分液漏斗中，再加 10mL 乙酸乙酯，盖好塞子，用上述操作方法振摇分液漏斗 3~5min，使两液体充分接触。然后放气、静置，待溶液清晰分层后（如出现乳化现象，可加入饱和氯化钠水溶液破乳），旋转活塞将下层水溶液经漏斗下口完全地放入一烧杯中，上层乙酸乙酯从漏斗上口倒入一锥形瓶中。再将分离后烧杯中的水溶液倒入分液漏斗中，用 5mL 乙酸乙酯如上法进行第二次萃取，弃去水层，分离出乙酸乙酯层，且并入锥形瓶中，即得苯酚乙酸乙酯液。

(2) 取未经萃取的 50g/L 苯酚水溶液和第一次、第二次萃取后下层水溶液各 2 滴于点滴板上，各加入 10g/L $FeCl_3$ 溶液 1~2 滴，比较各颜色的深浅，从颜色不同说明什么问题[2]？

【微型方法】

1. 离心试管和滴管的使用

将待分离液体和萃取剂转移至合适的离心试管中，通过挤压毛细滴管橡胶滴头充分鼓泡搅动，或将离心试管加塞后振荡，开塞放气使其充分混合后加塞静置分层，然后用滴管将其中一层吸出，转移至另一离心试管中。如滴管吸入混合液，可待液体重新分层后再将两层液体分别滴入不同的离心试管中，如图 3-27 所示。

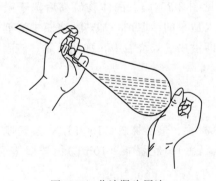

图 3-26　分液漏斗用法

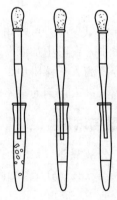

图 3-27　微型萃取方法

2. 用乙酸乙酯从苯酚水溶液中萃取苯酚

在 10mL 的离心试管中加入 50g/L 苯酚水溶液 2mL，并加入萃取剂乙酸乙酯 1mL，在离心试管上加一塞子，振荡，放出气体，静置，待分层后用毛细滴管吸出上层乙酸乙酯相，下层再用 1mL 乙酸乙酯进行第二次萃取，用毛细滴管吸出上层，合并两次萃取的乙酸乙酯，即得苯酚乙酸乙酯液。

（二）液-固萃取

【常规方法】 用70%乙醇提取中药槐花米中的芸香苷。

方法1：用索氏提取器装置

称槐花米2.5g，放入滤纸筒并封装好，然后将滤纸筒放入索氏提取器中，如图3-25(a)所示。圆底烧瓶内加入适量（约2/3体积）70%乙醇，沸石2～3颗，接上冷凝管，置水浴（或电热套）上加热回流。待虹吸多次，提取物已大部分抽提完后，撤去热源，置冷。把提取液转移到蒸馏瓶中，进行蒸馏浓缩，待蒸馏至小体积时（2～3mL），停止加热，冷却后即有黄色晶体析出。将晶体减压过滤，蒸馏水洗涤1～2次，抽干，干燥后即得黄色芸香苷粉末。

方法2：用回流装置

称槐花米2.5g，置于100mL圆底烧瓶中，加入70%乙醇40mL，将烧瓶按图3-25(b)所示接上回流冷凝管，置水浴上加热回流20min，趁热过滤。残渣再加70%乙醇15mL，同上法再加热回流10min，趁热过滤。合并两次滤液，用普通蒸馏法浓缩，并回收乙醇。待烧瓶内溶液蒸馏至2～3mL时，撤去火源，冷却后即有黄色晶体析出。抽滤，结晶用蒸馏水洗涤1～2次，抽干，干燥后即得黄色芸香苷粉末。

【微型方法】 称取0.3g槐花米，研细后，小心地从微型蒸馏头的馏液出口放入蒸馏头中馏液的承接阱处，并同时加入70%乙醇1.5mL。然后将蒸馏头插入装有4mL 70%乙醇的10mL烧瓶上，蒸馏头上颈再连一冷凝管［见图3-25(c)］。水浴加热回流约30min。撤去火源，冷却后蒸出乙醇，至残液约1mL。冷却即有黄色晶体析出。抽滤，水洗沉淀1～2次，抽干，干燥后得黄色芸香苷粉末。

五、注解与实验指导

【1】 由于大多数萃取剂沸点较低，在萃取振荡的操作中会产生一定的蒸气压，再加上漏斗内原有溶液的蒸气压和空气的压力，其总压力大大超过大气压，足以顶开漏斗塞子而发生喷液现象，因而在振荡几次后一定要放气。

【2】 经一次萃取后，取下层水溶液2滴于点滴板上，加10g/L $FeCl_3$ 溶液1～2滴，如呈蓝紫色较深，可再萃取一次，如呈蓝紫色很浅，或无蓝紫色，即不用再萃取。

六、思考题

1. 影响液液萃取效率的因素有哪些？如何选择萃取剂？
2. 若用乙醚、氯仿、丁醇、苯等溶剂萃取水中的有机物，它们将在上层还是下层？应从分液漏斗何处放入另一容器中？

固体有机化合物的分离与提纯

实验十一　重结晶与过滤
Experiment 11　Recrystallization and Filtration

一、实验目的

1. 学习重结晶法提纯固态有机化合物的原理和方法。

2. 掌握重结晶的正确操作方法——溶解、脱色、过滤、结晶、干燥等。

二、实验原理

许多固态有机化合物的精制常需要重结晶提纯，重结晶提纯法的原理是利用混合物中各组分在某种溶剂中的溶解度不同，而使它们相互分离。

1. 重结晶的主要步骤

（1）将粗产品溶解于沸腾或近沸腾的适宜溶剂中，制成饱和溶液。

（2）若溶液含有色杂质，可加活性炭煮沸。

（3）将热溶液趁热过滤以除去不溶物质及活性炭。

（4）将滤液冷却，结晶析出。

（5）抽气过滤分离母液，分出晶体或杂质。

（6）洗涤结晶，除去附着的母液。

（7）干燥结晶，测定熔点。如果发现其纯度不符合要求时，可重复上述操作直至熔点不再改变。

2. 溶剂的选择

在重结晶中选择适宜的溶剂是非常重要的，否则，达不到纯化的目的。作为适宜的溶剂，要符合下面几个条件。

（1）与被提纯的有机化合物不起化学反应。

（2）被提纯的有机化合物应在热溶剂中易溶，而在冷溶剂中几乎不溶。

（3）如果杂质在热溶剂中不溶，则趁热过滤除去杂质；若杂质在冷溶剂中易溶时，则留在溶剂中，待结晶后再分离。

（4）对要提纯的有机化合物能生成较整齐的晶体。

（5）溶剂的沸点，不宜太低，也不宜太高。若过低时，溶解度改变不大，难分离，且操作也难；过高时，附着于晶体表面的溶剂不易除去。

（6）价廉易得。

常用的溶剂有水、乙醇、丙酮、石油醚、四氯化碳、苯和乙酸乙酯等。

在选择溶剂时应根据"相似相溶"的一般原理。溶质往往易溶于结构与其相似的溶剂中。如果难于找到一种合用的溶剂时，则可采用混合溶剂，混合溶剂一般由两种能以任何比例互溶的溶剂组成，其中一种对被提纯物质的溶解度较大，而另一种对被提纯物质的溶解度较小。一般常用的混合溶剂有乙醇与水、乙醇与丙酮、乙醇与石油醚、苯与石油醚等。

3. 固体物质的溶解

使用易燃溶剂时，必须按照安全操作规程进行，不可粗心大意！

有机溶剂往往易燃或具有一定的毒性，也有两者兼具的，操作时要熄灭邻近的一切明火，最好在通风橱内操作。常用三角烧瓶或圆底烧瓶做容器，因为它的瓶口较窄，溶剂不易挥发，又便于摇动促进固体物质溶解。

溶解操作是将待重结晶的粗产物放入窄口容器中，加入比计算量略少的溶剂，然后逐渐添加至恰好溶解，最后再多加 20%～100% 的溶剂将溶液稀释，否则趁热过滤时容易析出结晶。若用量为未知数，可先加入少量溶剂，煮沸若仍未全溶，则渐渐加至恰好溶解，每次加入溶剂均要煮沸后做出判断。

4. 杂质的除去

溶液如有不溶性物质时，应趁热过滤。热水漏斗见图 3-28，它是把玻璃漏斗套在一个金属制的热水漏斗套里，套的两壁间充水，如果溶剂是水时，可加热热水漏斗的侧管。如果溶剂是可燃性的务必熄灭火焰。过滤时要用少量溶剂润湿滤纸，避免滤纸在过滤时因吸附溶剂而使结晶析出。如有颜色时，则要脱色，待溶液冷却后加入活性炭脱色。活性炭的用量根据杂质颜色的深浅而定，一般用量为固体质量的 1%～5%，煮沸 5～10min，不断搅拌，如一次脱色不好，可再加少量的（1%～2%）活性炭，重复操作。

5. 晶体的析出

将趁热过滤收集的热滤液静置，让它慢慢地冷却下来，溶质将会从溶液中析出。在某些情况下，则需要更长的时间才能析出晶体，此时不要急冷滤液，因为这样形成的结晶会很细。但也不要使形成的晶体过大，否则在晶体中会夹杂母液，造成干燥困难，当看到有大晶体正在形成时，摇动使之形成均匀的小晶体。

如果溶液冷却后仍不结晶，可向溶液中投入"晶种"，或用玻璃棒摩擦器壁诱导晶体形成。

6. 结晶的收集和洗涤

把结晶从母液中分离出来，通常用抽气过滤（或称减压过滤），简称抽滤，装置见图3-29，包括漏斗、抽滤瓶和水泵三部分。使用瓷质的布氏漏斗，漏斗上配有橡皮塞，装在玻璃质的抽滤瓶上，抽滤瓶的支管上套入一根橡皮管，利用它与抽气装置联系起来。所用的滤纸应比漏斗底部的直径略小，过滤前应先用溶剂润湿滤纸，轻轻抽气，务必使滤纸紧紧贴在漏斗上，继续抽气，把要过滤的混合物倒入布氏漏斗中，使固体物质均匀地分布在整个滤纸面上，用少量滤液将沾附在容器壁上的结晶洗出，抽气到几乎没有母液滤出时，用玻璃瓶塞或玻璃钉将结晶压干，尽量除去母液，滤得的固体称作滤饼。为了除去结晶表面的母液，应进行洗涤滤饼的工作。洗涤前将连接抽滤瓶的橡皮管拔开，关闭抽气泵，把少量溶剂均匀地洒在滤饼上，使全部结晶刚好被溶剂盖住，重新接上橡皮管，开启抽气泵把溶剂抽出，重复操作两次，就可把滤饼洗净。

用重结晶法纯化后的晶体，其表面还吸附有少量溶剂，应根据所用溶剂及结晶的性质选择恰当的方法进行干燥。

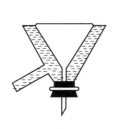

图 3-28 热水漏斗

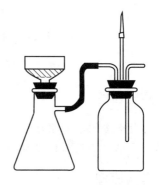

图 3-29 抽滤装置

三、仪器和试剂

【仪器】 烧瓶、锥形瓶、布氏漏斗、热水漏斗、抽滤瓶、安全瓶、水泵、滤纸、铁架台、石棉网、酒精灯、表面皿。

【试剂】 粗乙酰苯胺、活性炭。

四、实验步骤

称取 2g 粗乙酰苯胺，放在 250mL 的锥形瓶中，加入适量纯水，小火加热至沸腾[1]，直至乙酰苯胺溶解，若不溶解，可适量添加少量热水，搅拌并加热至接近沸腾使乙酰苯胺溶解，稍冷后，加入适量（约 0.5g）活性炭于溶液中，煮沸 5～10min，趁热用热水漏斗和折叠式滤纸过滤或快速抽滤，用另一锥形瓶收集滤液。在过滤过程中，热水漏斗和溶液均用小火加热保温以免冷却[2]。滤液放置冷却后，有乙酰苯胺结晶析出，减压过滤，抽干后，用玻璃钉或玻璃瓶塞压挤晶体，继续抽滤，尽量除去母液，然后进行晶体的洗涤工作。即先把橡皮管从抽滤瓶上拔出，关闭抽气泵，把少量蒸馏水（作为溶剂）均匀地洒在滤饼上，浸没晶体，用玻璃棒小心地均匀地搅动晶体，接上橡皮管，抽滤至干，如此重复洗涤两次，晶体已基本上洗净。取出晶体，放在表面皿上晾干，或在 100℃ 以下烘干，称重，计算回收率。

乙酰苯胺在水中的溶解度为 5.5g/100mL（100℃），0.53g/100mL（25℃）。

五、注解与实验指导

【1】 加热时火不能太大，以免水分蒸发过多。

【2】 在趁热过滤过程中对热溶液适时进行小火加热，以防结晶析出。

六、思考题

1. 重结晶一般包括哪几个步骤？各步骤的主要目的如何？
2. 重结晶时，溶剂的用量为什么不能过量太多，也不能过少？正确的用量应该如何？
3. 用活性炭脱色为什么要待固体物质完全溶解后才加入？为什么不能在溶液沸腾时加入？
4. 停止抽滤前，如不先拔除橡皮管就关停水泵，会有什么问题？

实验十二　升　华
Experiment 12　Sublimation

一、实验目的

1. 了解升华法的基本原理和适用范围。
2. 学会升华法的基本装置及操作方法。

二、实验原理

升华（Sublimation）是指物质自固态不经过液态而直接气化为蒸气，然后蒸气冷却又直接冷凝为固态物质的过程。升华是纯化固体有机化合物的一种方法。固体化合物的蒸气压和固体化合物表面所受压力相等时的温度，称为该物质的升华点（Sublimation Point）。

通过物质三相平衡图（Three-Phase Equilibrium Graph），我们可以控制升华的条件，

图 3-30 中,曲线 ST 表示固相与气相平衡时固体的蒸气压曲线。TW 表示液相与气相平衡时液体的蒸气压曲线。TV 表示固相、液相两相平衡时的温度和压力,它指出了压力对熔点的影响。三曲线相交点为三相点(Triple Point),在此点上,固、液、气三相可同时并存。

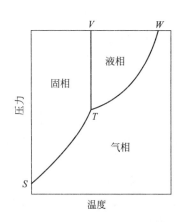

图 3-30　物质三相平衡图

樟脑、蒽醌、固态硫等在三相点以下蒸气压较高,固态物质可以在固、气两相的三相点温度以下进行升华。若升高温度,固体不经过液态直接转变成气相;若降低温度,气相也不经过液态直接转变成固相。萘等在三相点时的平衡蒸气压较低的固态物质使用一般升华方法不能得到满意的结果,若加热至熔点以上,使其具有较高物质三相平衡图的蒸气压,同时通过空气或惰性气体,以降低萘的分压、加速蒸发,还可以避免过热现象。

利用升华可以除去不挥发性杂质或分离挥发度不同的固态物质,并可得到较高纯度的产物。一般说来,结构上对称性较高的物质具有较高的熔点,且在熔点温度时具有较高的蒸气压(高于 2.66kPa),易于用升华来提纯。此外,常压下其蒸气压不大或受热易分解的物质,常用减压升华的方法进行提纯。由于操作时间较长,产物损失较大,通常实验室中仅用升华来提纯少量(1~2g 以下)的固态物质。

用升华法提纯固体,必须满足以下两个必要条件。
(1) 被纯化的固体要有较高的蒸气压。
(2) 固体中杂质的蒸气压应与被纯化固体的蒸气压有明显的差异。

三、仪器与试剂

【仪器】　玻璃漏斗、瓷蒸发皿、表面皿、石棉网、烧杯、泥三角、滤纸、酒精灯、铁架台、脱脂棉。

【试剂】　硫黄、萘。

四、实验步骤

【常规方法】

1. 常压升华　图 3-31(a) 是常压下常用的简易升华装置。将待升华的样品研碎[1]后放

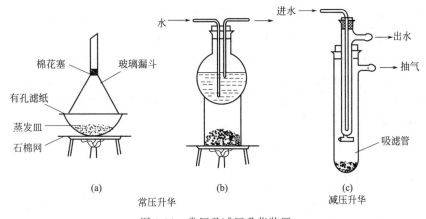

图 3-31　常压及减压升华装置

入瓷蒸发皿中,上面盖一张刺有许多小孔[2]的滤纸,取一个直径略小于蒸发皿的大小的玻璃漏斗倒置在滤纸上面作为冷凝面[3],漏斗颈用脱脂棉轻塞,防止蒸气逸出。下面用石棉网或砂浴缓慢加热[4,5],待升华的样品的蒸气通过滤纸孔上升,冷却后凝结在滤纸上或漏斗的冷凝面上。必要时,漏斗壁上可以用湿滤纸冷却。升华结束时,先移去热源,稍冷后,小心拿下漏斗,轻轻揭开滤纸,将凝结在滤纸正反两面的晶体刮到干净的表面皿上。较大量物质的升华可用图 3-31(b) 所示的装置。把待升华的样品放入烧杯内,用通水冷却的圆底烧瓶作为冷凝面,使待升华的蒸气在烧瓶底部凝结成晶体并附着在瓶底上。

2. 减压升华　图 3-31(c) 是减压升华的装置。把欲升华的物质(升华前要充分干燥)放在抽滤管内,抽滤管上装有指形冷凝管,内通冷却水,通常用油浴加热,并视具体情况用油泵或水泵抽气减压,使升华的物质冷凝于指形冷凝管的外壁上。升华结束后应慢慢使体系接通大气,以免空气突然冲入而把冷凝指上的晶体吹落,取出冷凝指时也要小心轻拿。

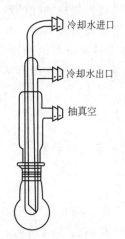

图 3-32　微量减压升华装置

3. 硫黄的提纯　将 1g 研碎后的硫黄放入瓷蒸发皿中,上面盖一张刺有许多小孔的滤纸,取一个直径略小于蒸发皿的大小合适的玻璃漏斗倒置在滤纸上面作为冷凝面,漏斗颈用脱脂棉轻塞,防止蒸气逸出。下面热水浴加热,硫黄就挥发产生无色的硫黄蒸气,并通过滤纸孔上升,冷却后凝结在滤纸上和漏斗的冷凝面上。升华结束时,先移去热源,稍冷后,小心拿下漏斗,轻轻揭开滤纸,将凝结在滤纸上和玻璃漏斗内壁上细小的硫黄颗粒刮到干净的表面皿上。称重,计算产率。

【微型方法】

在圆底烧瓶中加入少许细硫黄,再把干燥的真空冷凝指插接到烧瓶上,接通真空冷凝指的冷凝水,并用针筒连接真空冷凝指的抽气管。水浴加热,用针筒抽气使体系减压升华(见图 3-32),此时在冷凝柱上开始出现升华的结晶硫黄。待烧瓶底部黄色全部消失后,撤去水浴,小心拔出真空冷凝指,用不锈钢小铲把晶体刮下称重,计算产率。

五、注解与实验指导

【1】 升华发生在物质的表面,待升华的样品应该研得很细。

【2】 刺孔向上,以避免升华的物质再落到蒸发皿内。

【3】 升华面到冷却面的距离必须尽可能短,以获得快的升华速度。

【4】 蒸发皿与石棉网之间间隔几毫米。

【5】 提高升华温度可以使升华加快,但会使产物晶体变小,产物纯度下降。注意在任何情况下,升华温度均应低于物质的熔点。

六、思考题

1. 升华操作时,为什么要缓缓加热?如升温过高有什么坏处?
2. 升华操作时,为什么要尽可能使加热温度保持在被升华物质的熔点以下?
3. 什么是升华?凡是固体有机物是否都可以用升华方法提纯?升华方法有何优点?

色谱分离技术

实验十三 柱色谱
Experiment 13 Column Chromatography

一、实验目的

1. 了解色谱法的基本原理及柱色谱的一般操作方法。
2. 学习用色谱分离法分离色素混合物。

二、实验原理

色谱法（Chromatography）又称层析法，是分离混合物各组分或纯化物质的实验手段之一。色谱法集分离、纯化、分析于一体，有简便、快速、设备简单的优点，是医药、卫生、化工等领域中不可缺少的实验手段。随着科学技术的迅速发展，先后出现了全自动气相色谱仪、高效液相色谱仪等，使色谱法这一分离、分析技术的灵敏度及自动化程度有了极大的提高。

色谱法分类方法如下所示。

① 按固定相、流动相的物理状态可分为：液-固色谱法、气-固色谱法、气-液色谱法、液-液色谱法。

② 按操作形式不同可分为：柱色谱法（Column Chromatography）、薄层色谱法（Thin Layer Chromatography，TLC）和纸色谱法（Paper Chromatography）等。

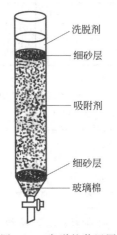

图 3-33 色谱柱装置图

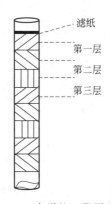

图 3-34 色谱柱一段原理图

③ 按分离原理可分为：吸附色谱法、分配色谱法、离子交换色谱法等。实际上，往往是几种原理同时存在于某一种色谱操作中。色谱原理有"吸附色谱原理"、"分配色谱原理"。吸附色谱是根据物质在吸附柱上吸附能力大小不同、在洗脱剂中溶解能力大小不同，达到分离物质目的的一种方法。色谱柱装置图如图 3-33 所示，例如混合物中有 A 物质、B 物质，物质的量分别为 n_A、n_B。假设 A 物质易解吸而被吸附较难；B 物质易被吸附而难解吸。A

物质通过吸附溶解交换，被吸附量∶解吸量＝1∶9；B物质被吸附量∶解吸量＝9∶1。将吸附柱人为分为第一层，第二层，第三层，…，第 n 层，如图3-34所示。

任何层中交换如此进行：A物质90%被溶解，随流动相到达下一层，仍有10%留在原层；而B物质10%被溶解，随流动相到达下一层，仍有90%留在原层。

首先混合物在第一层，均被吸附，用框表示：

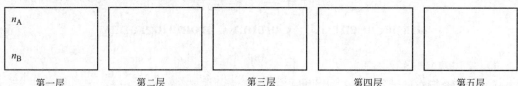

流动相即洗脱剂加入，首先在第一层进行吸附-溶解（解吸）交换，交换后溶于溶液的物质随流动相进入第二层，仍被吸附的物质留在原第一层。A、B物质在第一层、第二层分布情况用框表示：

流动相（洗脱剂）继续进入第一层，然后流经第二层，并在每层进行吸附-溶解交换。第一层吸附的A、B物质经交换后，仍被吸附的量有 $0.01n_A$、$0.81n_B$；被解吸的A、B物质的量有 $0.09n_A$、$0.09n_B$ 随流动相到达第二层。

第二层：A、B物质量分别为两部分，从第一层流下来的量和保留下来的量。在第一层流动相把物质解吸附到第二层的同时，原来在第二层的物质同时进行吸附-溶解交换进入第三层。结果有 $0.09n_A$、$0.09n_B$ 仍被吸附在第二层，有 $0.81n_A$、$0.01n_B$ 随流动相进入第三层。第一层到第三层A、B物质分布情况用框表示：

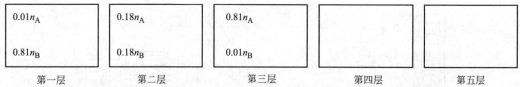

流动相继续经第一层、第二层、第三层流动，吸附-溶解交换继续逐次在第一层，同时在第二层、第三层进行。经交换后第一层至第四层A、B物质分布情况用框表示：

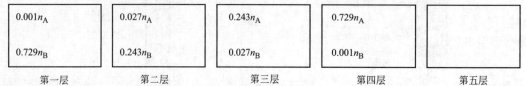

流动相再经第一层、第二层、第三层、第四层流动，吸附-溶解交换继续同时在第一层、第二层、第三层、第四层进行，经交换后第一层至第五层A、B物质分布情况用框表示：

从上面 A、B 物质分布图可看出：A 物质绝大部分（94.77%）到达第四、第五层；B 物质绝大部分（94.77%）还滞留在第一、第二层。第三层 A、B 物质均很少。即 A、B 物质基本达到分离。随着吸附-溶解交换次数增多，A 物质、B 物质会分离得更彻底。

1. 吸附剂的选择

进行色谱分离时，应选择合适的吸附剂（固定相），常用的吸附剂有：硅胶 G、氧化镁、氧化铝、活性炭等。一般要求吸附剂有如下特点：①有大的表面积和一定的吸附能力；②颗粒均匀，不与被分离物质发生化学作用；③对被分离的物质中各组分吸附能力不同。目前常用的吸附剂吸附极性化合物能力的顺序为：纸＜纤维素＜淀粉＜糖类＜硅酸镁＜硫酸钙＜硅酸＜硅胶＜氧化镁＜氧化铝＜活性炭。

氧化铝吸附剂有碱性、酸性、中性三种。碱性氧化铝（pH 9～10）用于分离碳氢化合物、对碱稳定的中性色素、甾类化合物、生物碱的分离；中性氧化铝（pH 7.5）应用最广，用于分离生物碱、挥发油、萜类化合物、甾体化合物及在酸、碱中不稳定的苷类、酯、内酯等；酸性氧化铝（pH 4～5）用于分离氨基酸及对酸稳定的中性物质。

氧化铝的活性分为Ⅰ～Ⅴ级，Ⅰ级吸附能力太强，Ⅴ级吸附能力太弱，很少应用，一般用Ⅱ～Ⅲ级。

硅胶也是常用的吸附剂，是多孔性的硅氧环（—Si—O—Si—）交链结构，骨架表面有很多 —Si—OH，—OH 能吸附极性分子，常用于有机酸、氨基酸、萜类、甾体类化合物的分离。

吸附剂的吸附能力（活性）与含水量有关，含水量越大，吸附剂的活性越小。故常用加热"活化"来降低含水量，加大活性。如氧化铝放在高温炉（350～400℃）烘烤 3 h，得无水氧化铝，然后加入不同量的水分，即得不同活性的氧化铝；硅胶在 105～110℃烘箱中恒温 0.5～1h，可达到活化目的。

2. 洗脱剂（流动相）的选择

吸附剂选择原则是根据被分离物质各组分的极性大小和在洗脱剂中溶解度的大小进行选择。即洗脱剂对被分离各种组分溶解能力不同，容易溶于洗脱剂中不太易于吸附吸附剂的组分，优先随洗脱剂被洗出来；不易溶于洗脱剂而易被吸附剂吸附的组分，被洗脱的速度慢，从而达到分离物质的目的。各组分在洗脱剂中的溶解能力，基本上是"相似相溶"，即洗脱极性大的组分，选择极性大的洗脱剂（如水、乙醇、氨等）；极性小的组分宜选用极性小的洗脱剂（如石油醚、乙醚等）。常用洗脱剂按极性大小顺序可排列如下。

石油醚（低沸点＞高沸点）＜环己烷＜四氯化碳＜三氯甲烷＜乙醚＜甲乙酮＜二氧六环＜乙酸乙酯＜正丁醇＜乙醇＜甲醇＜水＜吡啶＜乙酸。

另外，被分离物质与洗脱剂不发生化学反应，洗脱剂要求纯度合格，沸点不能太高（一般为 40～80℃之间）。

实际上单纯一种洗脱剂有时不能很好分离各组分，故常用几种吸附剂按不同比例混合，配成最合适的洗脱剂。

3. 操作方法

柱色谱（如图 3-33 所示）操作方法分为：装柱、加样、洗脱、收集、鉴定五个步骤。

(1) 装柱

装色谱柱有干法装柱和湿法装柱两种方法。

干法装柱：将干燥吸附剂，经漏斗均匀地成一细流慢慢装入柱中，时时轻敲打玻璃管，使柱填得均匀，有适当的紧密度，然后加入溶剂，使吸附剂全部润湿。此法简便，缺点是易产生气泡。

湿法装柱：将低极性洗脱剂与一定量的吸附剂调成液态，快速倒入装有一定溶剂的柱中，将柱下的活塞打开，使溶剂慢慢流出，吸附剂渐渐沉于柱底。在此过程中要注意防止气泡的产生。

吸附剂用量，一般为被分离物质的量的 30~50 倍。如果被分离组分性质较接近，吸附剂用量要更大些，甚至达到 100 倍。柱高与柱直径比约为 7.5∶1。

(2) 加样

样品为液体，可直接加样；样品为固体，可选择合适溶剂溶解为液体再加样。加样时，要沿管壁慢慢加入至柱顶部，勿使样品搅动吸附剂表面。放开下部活塞，样品会慢慢进入吸附剂中，待样品刚全部进入吸附剂中，关闭活塞。剪一个比柱直径略小的滤纸放入，再加入干净的石英砂或无水硫酸钠等把吸附剂压实，再小心加入流动相（洗脱剂）。此时样品集中在柱顶端一小范围的区带。

(3) 洗脱

在柱顶用一滴液漏斗，不断加入洗脱剂，使洗脱剂永远保持有适当的量，防止洗脱剂表面流干。调节活塞开关大小，使流动相流速适当。流速过快，组分在柱中吸附-溶解未能平衡，影响分离效果；流速太慢则会延长整个操作时间。

(4) 收集

各组分如果均有颜色，分离情况则可直接观察；直接收集各种不同颜色的组分即可。但多数情况是各组分无颜色。一般采用多次、小份收集方法；然后对每份收集液进行定性检查；根据检查结果，合并组分相同的收集液，蒸去洗脱剂，留待进行进一步的结构分析。

(5) 鉴定

对各种组分进行结构分析。在此不作介绍。

三、仪器与试剂

【仪器】 常备仪器、15~20cm 长的酸式滴定管一支、滴液漏斗、装有橡皮塞的玻棒。

【试剂】 硅胶 G（柱色谱用）、含 0.5％甲基橙 0.5％亚甲基蓝混合液、干净石英砂（或无水硫酸钠）、95％乙醇。

四、实验步骤

1. 装柱：在 15~20cm 长的酸式滴定管中，装入少量脱脂棉，轻轻压紧，防止吸附剂阻塞开关。将干燥硅胶 G 经漏斗成一细流流入柱中，不要中断，用装有橡皮塞的玻棒轻轻敲打柱子下端，使硅胶 G 填充均匀，紧密适度。当硅胶不再沉降时，加入适量的干净石英砂 2mm（防止加液时冲起硅胶）。然后从滴液漏斗沿柱壁注入 95％乙醇，使硅胶 G 全部润湿，同时打开下端活塞，并用锥形瓶收集乙醇。上部硅胶平实后，至下口流速为 1~2 滴每秒为宜。再放出多余的洗脱剂至液面 1mm 左右。

2. 装样

用滴管将含 0.5％甲基橙和 0.5％亚甲基蓝的混合液沿壁注入，装入柱顶部，待混合液刚好全部进入固定相中，打开滴液漏斗，流入流动相（95％乙醇）。流动相进入速度应适当，即在固定相中有 2cm 左右流动相即可。控制下口流速为 1~2 滴每秒。

3. 洗脱

不断加入 95% 乙醇，甲基橙易溶于乙醇中而不易吸附在固定相中，随流动相往下洗脱较快，而亚甲基蓝易被吸附，洗脱速度慢。十几分钟后可见柱子中橙红色甲基橙处于柱子下端，而蓝色的亚甲基蓝在柱子上端。甲基橙、亚甲基蓝达到较好分离。

4. 收集

根据洗脱液颜色，分别收集乙醇（无色，回收）、甲基橙（橙色）、亚甲基蓝。

五、思考题

1. 在柱色谱操作中，要使样品分离效果好应注意什么？
2. 为什么不同的样品要用不同的洗脱剂？

实验十四　薄层色谱
Experiment 14　Thin Layer Chromatography

一、实验目的

1. 了解薄层色谱的基本原理及操作技术。
2. 学会用薄层色谱法分离混合物。

二、实验原理

薄层色谱法（TLC）是将适宜的固定相涂布于玻璃板、塑料或铝基片上，成一均匀薄层（0.25~1mm 厚）。待点样、展开后，根据比移值（R_f）与适宜的对照物按同法所得的色谱图的比移值（R_f）进行对比，用以进行药品的鉴别、杂质检查或含量测定的方法。薄层色谱法是快速分离和定性分析少量物质的一种很重要的实验技术，也用于跟踪反应进程。

R_f 是指在同样实验条件下（吸附剂、流动相、薄层厚度及均匀度等相同），化合物移动的距离与展开剂移动的距离（从原点到溶剂前沿距离）之比值（R_f 值），即：

$$R_f = \frac{样品原点中心到斑点中心的距离}{样品原点中心到溶剂前沿的距离}$$

计算各斑点 R_f 值，如图 3-35 所示。d 为点样点到溶剂前沿的距离，d_1 为点样点到斑点 1 的距离，d_2 为点样点到斑点 2 的距离。利用薄层色谱进行分离、鉴定工作，有灵敏、快速、准确、简单等优点，常常在有机合成实验中作为跟踪有机反应及判断有机反应完成程度的手段。它还特别适用于挥发性小或在高温下易发生变化而不能用气相色谱分离的物质，还可采用如浓硫酸之类的腐蚀性的显色剂。

薄层色谱能否成功，与样品、吸附剂、展开剂及薄层厚度等多个因素有关。

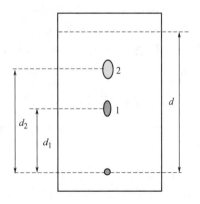

图 3-35　R_f 值计算示意图

1. 吸附剂的选择

吸附剂与柱色谱相同,不同之处是要求更细(一般约 200 目)。颗粒太大,展开速度太快,分离效果不好;颗粒太细,展开速度太慢,易出现拖尾、斑点不集中等现象。欲使吸附剂与玻璃板粘接牢,常加入少量黏合剂[如羧甲基纤维素钠(简称 CMC-钠)、煅石膏 $2CuSO_4 \cdot H_2O$、淀粉等]。加有黏合剂的薄层板叫硬板,未加黏合剂的薄层板叫软板。

常用的吸附层有硅胶和氧化铝两类。其中不加任何黏合剂的以 H 表示,如硅胶 H、氧化铝 H;加煅石膏的用 G 表示,如硅胶 G、氧化铝 G;加有荧光剂的用 F 表示,如硅胶 HF_{254}、氧化铝 HF_{254}。加入荧光剂是为了显色的方便。一般的色谱板选用 GF_{254} 型号的硅胶或氧化铝进行制备。薄层色谱用的氧化铝也有酸性、中性、碱性之分,也分五个活性等级,选择原则同柱色谱。

2. 薄层板的制备

薄层板制备的好坏直接影响分离效果,要求尽量均匀、厚度一致,否则展开时展开剂前沿不整齐,R_f 值不易重复。制板方法是:将调和均匀的具有适当黏度的吸附剂糊状物铺在干净的玻璃板上(玻璃板的洁净十分关键),再在平台上轻轻振动,使吸附剂均匀流布。铺好后的板在室温下自然晾干(晾干速度比较关键,关系铺板是否会开裂)后置烘箱中加热活化。

不同吸附剂吸水量不同,加水量及活化温度、活化时间也不同。铺板的加水量及薄板活化时间见表 3-3,活化后的薄层板放干燥器中备用。

表 3-3 铺板的加水量及活化时间

薄层板类型	吸附剂:水的量	活化温度/℃	活化时间/h	活度
氧化铝 G	1:2	250	4	Ⅱ
氧化铝-淀粉	1:2	150	4	Ⅲ—Ⅴ
硅胶 G	1:2 或 1:3	105	0.5	
硅胶-CMC-Na	1:2(0.7%CMC-Na 液)	110	0.5	
硅胶-淀粉	1:2	110	0.5	
硅藻土	1:2	105	0.5	

3. 展开剂的选择

薄层色谱展开剂选择与柱色谱洗脱剂的选择相同,极性大的化合物需用极性大的展开剂,极性小的化合物需用极性小的展开剂。一般情况下,先选用单一展开剂如乙酸乙酯、氯仿、乙醇等,如发现样品组分的 R_f 值较大,可改用或加入适量极性小的展开剂如石油醚等。反之,若样品的 R_f 值较小,则可加入适量极性较大的展开剂展开,在实际工作中,常用两种或三种溶剂的混合物作为展开剂,这样更有利于调配展开剂的极性,改善分离效果。通常希望 R_f 值在 0.2~0.8 范围内,最理想的 R_f 值是 0.4~0.6 之间。

三、仪器与试剂

【仪器】 层析缸、毛细管、研钵、滤纸、牛角匙、载玻片(2.5cm×7.5cm),碘蒸气缸、电吹风。

【试剂】 0.5%荧光黄乙醇液、0.5%甲基橙乙醇液、0.5%荧光黄乙醇液与 0.5%甲基橙乙醇液两种化合物的混合液、18%醋酸溶液(展开剂)。甲醇、阿司匹林片、非那西汀片、2%咖啡因甲醇溶液、APC 片(样品)、乙酸乙酯(展开剂)、碘蒸汽缸、电吹风。

四、实验步骤

(一) 荧光黄、甲基橙分离

1. 制板

取 2~3mL 含 CMC 0.5%（均匀、透明）水溶液，加 1g 硅胶 G 置于研钵中（黏合剂与硅胶的配比大约为 2.5mL 每 g），迅速研磨成糊状（一分钟内完成），用牛角匙取一勺均匀铺在洁净干燥的一块载玻片上，手持载玻片一端在平台上轻轻拍打，使成均匀薄层。薄板要求表面平坦、光滑、无水层、无气泡及边角饱满。一次可制得 5~6 块薄板。薄板制好后在室温下晾干，然后于干燥箱中烘干备用。

2. 点样

在距离薄板一端约 0.5cm 处用铅笔画一直线，作为起点线。并在横线靠中间部位均匀划上三点，标记 1、2、3，各点之间隔开 0.5~1.0cm，以免展开时斑点互相干扰。分别用三根管口平整、内径小于 0.1mm 的毛细管吸取 0.5%荧光黄乙醇液、0.5%甲基橙乙醇液、混合物乙醇液，点在板的起点线的标点上。点样时不能在板的表面造成洞穴，点样直径不超过 2~3mm，再用电吹风把样品的溶剂吹干。

3. 展开

将 18%醋酸倒入展开缸中，加盖饱和 5min，使缸内充满展开剂的蒸气。然后迅速将薄层板点样点一端浸入展开剂中，但样品不能浸泡在展开剂内。封盖，展开剂沿薄层板向上展开，如图 3-36 所示。当展开剂到达板顶端约 1cm 处时，取出薄层板，立刻用铅笔画出溶剂前沿线。

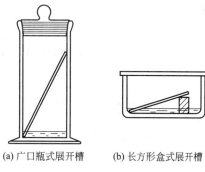

图 3-36　薄层色谱展开装置

4. 显示图谱，计算 R_f 值

因样品本身有不同颜色，故可以不经显色，直接测量 R_f 值。用铅笔轻轻画出斑点轮廓，确定斑点中心和起点线到溶剂前沿的距离，计算各组分的 R_f 值，保留两位小数。

5. 通过 R_f 值的计算比较，确定混合物中分离的各点的归属。

(二) APC 薄层分析

APC 是常用的止痛药，主要成分为乙酰水杨酸（阿司匹林，A）、非那西丁（P）、咖啡因（C）。本实验对 APC 进行薄层色谱分析。

1. 制板 [同（一）]

2. "APC" 样品液制备

取 1/4 片 "APC" 置于净纸中，用玻璃棒压碎成粉末，倒入试管中，加 1mL 甲醇，充分搅拌，静止，让不溶物沉淀下来，得上层清液作为样品液。

用同样方法配制阿司匹林片、1/2 片非那西汀片、咖啡因乙醇液，此三种作为标准液（APC 液需临时配制）。

3. 点样

取三块薄层板，按实验（一）方法点样，每片分别点上一个标准液和一个样品液。点样完后，再用电吹风把样品的甲醇溶剂吹干。

4. 展开

按（一）操作，以乙酸乙酯作为展开剂，进行展开。

5. 显色及计算 R_f 值

当展开剂到达离顶端约 1cm 时，取出薄层板，用铅笔划出溶剂前沿线，用冷风仔细吹干溶剂（否则碘缸显色会有很多色带）。把干燥的薄层板置于碘蒸气中，不可使板直接接触碘晶体，盖紧碘蒸气缸。记下斑点出现时间（有的 2min 出现斑点，有的需 30min 才出现斑点）。斑点显示出来后，取出薄层板，立刻盖好碘蒸气缸，以防有毒的碘蒸气跑出污染实验室，并快速用铅笔画出斑点轮廓，分别测量各斑点的 R_f 值。通过 R_f 值的计算对 APC 的成分进行鉴定。

五、思考题

1. 薄层色谱法与柱色谱法相比有何优点？
2. 展开时为何不能使样品点浸泡在展开剂中？板上有洞穴时展开有何影响？

实验十五　纸　色　谱
Experiment 15　Paper Chromatography

一、实验目的

1. 了解纸色谱的基本原理。
2. 学习用纸色谱分离氨基酸的操作技术。

二、实验原理

纸色谱是一种分配色谱，以滤纸作为载体，是色谱法的一种。滤纸是由纤维素组成，纤维素上有多个—OH，能吸附水（一般纤维能吸附 20％～25％水分），作为固定相，采用与水不相混溶的有机溶剂作为流动相。当样品点在滤纸一端，放在一密闭容器中，让流动相通过毛细管作用从滤纸一端经过点样点流向另一端，样品中溶质在固定相水、流动相有机溶剂中进行分配，因样品中不同溶质在两相中分配系数不同，容易溶于流动相中而难溶于水中的组分，随流动相往前移动速度快些，而易溶于固定相难溶于流动相的组分，随流动相向前移动速度慢些，从而达到将不同组分分离的目的。也可用测定 R_f 值的方法对不同组分进行鉴定。

纸色谱常用作多官能团或极性较大的化合物，如糖类、酯类、生物碱、氨基酸等化合物的分离。它因为设备简单、试剂用量少、便于保存，而为实验室常用方法。

纸色谱的操作方法分为滤纸和展开剂的选择、点样、展开、显色和结果处理（测量 R_f 值）五个部分。

1. 滤纸的选择与处理

（1）滤纸要求质地均匀、平整、边沿整齐、无折痕、有一定力学强度；

（2）滤纸纸质要求纯度高、无杂质，无明显荧光斑点，以免与色谱斑点相混淆；

（3）滤纸纤维松紧要适宜，过紧则展开太慢，过松则斑点扩散。实验室用的滤纸可适用于一般的纸色谱分析。严格的研究工作中则需慎重选择色谱用纸，并进行净化处理。例如分离酸性、碱性物质时，为保持恒定的酸碱度，可将滤纸浸泡在一定 pH 值的缓冲液中，进行预处理后再用。

2. 展开剂的选择

选择展开剂，要考虑被分离物质在两相中的溶解度，还要考虑展开剂的极性。即选择被分离物质在固定相（水）和流动相（有机溶剂）中溶解度不同，不同组分在两相中分配系数不同。展开剂一般是多种溶剂混合而成的混合溶剂，使用前先用水饱和。例如常用的展开剂是用水饱和的正丁醇、正戊醇、酚等，有时也加入一定比例的甲醇、乙醇，可增大极性化合物的比移值 R_f，同时增大水在正丁醇中的溶解度，增大展开剂的极性。

3. 样品处理

用于色谱分析的样品，要求初步提纯，如氨基酸的测定不能含大量盐类、蛋白质，否则互相干扰，分离不清。固体样品应尽可能避免用水作为溶剂，因为水作为溶剂斑点易扩散。一般选用乙醇、丙酮、氯仿等作为溶剂。最好是选用与展开剂极性相近的溶剂。

4. 点样

用内径约 0.5mm 的毛细管或微量注射器吸取试样溶液，轻轻接触滤纸，控制样点直径在 2~3mm，如样点直径过大，则会分离不清或出现拖尾，并用吹风机吹干溶剂。

5. 展开

纸色谱必须在密闭的层析缸中展开。在层析缸中加入适量的展开剂，将点好样的滤纸放入缸中。展开剂水平面应在点样线以下，绝不允许浸泡样品线。

按展开方法，纸色谱分为上行展开法（见图 3-37）、下行展开法（见图 3-38）、水平展开法（见图 3-39）。本实验采用上行法或水平法。

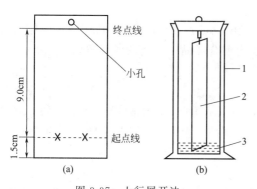

图 3-37 上行展开法
1—层析筒；2—滤纸条；3—展开剂

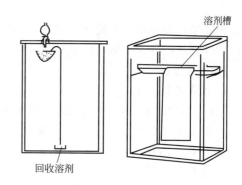

图 3-38 下行展开法

当展开剂移动到离纸边沿 1~2cm 时，取出滤纸，用铅笔小心画出溶剂前沿，然后冷风吹干。有色样品斑点可直接观察，并用铅笔画出斑点范围；呈荧光的样品，则在紫外灯光下观察斑点并用铅笔画出斑点范围；无色也无荧光性质的样品，则往往加入显色剂使之显色，再用铅笔画出斑点范围。

三、仪器与试剂

【仪器】 条形滤纸（2cm×8cm）、层析缸、毛细管、电吹风、剪刀、直尺、铅笔。

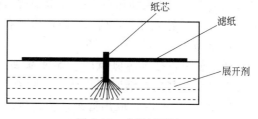

图 3-39 水平展开法

【试剂】 标准液（1％白氨酸乙醇溶液、1％丙氨酸乙醇溶液），样品混合液（含白氨酸、丙氨酸的乙醇溶液）、1％茚三酮乙醇溶液、展开剂（正丁醇：冰乙酸：水＝4：1：5，在分液漏斗中充分混合，静止分层，取上层作为展开剂）。

四、实验步骤

【上行法】

1. 准备滤纸

取一张 2cm×8cm 的条形滤纸，平放在一张洁净纸上，用铅笔在离底部约 0.5cm 处画一直线，该直线称为起点线。线上均匀地点三个点，分别用铅笔写上"白"、"丙"、"混"字样作为点样原点。在此过程中手不能接触滤纸中部。在此操作过程前最好把手洗干净、吹干。

2. 点样

分别用三支毛细管吸取两种标准液和一种混合液，迅速点在相应的标定点上，点样的直径 2~3mm，最大不要超过 5mm，用冷风吹干。

3. 展开

向层析缸里加入适量的展开剂，将滤纸悬挂其中（用别针固定），采用上行法进行展开。当溶剂前沿上升到距离顶端 0.5cm 左右时，取出滤纸（注意手不要拿到有溶剂的地方），立即用铅笔描出溶剂前沿。再用电吹风吹干滤纸上的溶剂。

4. 显色

待滤纸烘干后，用喷雾器将显色剂 1％茚三酮乙醇溶液均匀地喷洒到滤纸上，或用小滴管涂茚三酮到滤纸上。然后用热风吹干滤纸，直到斑点显色为止。

5. 结果处理

用铅笔轻轻画出斑点轮廓，确定斑点中心，量出原点到斑点的距离和原点到溶剂前沿的距离，计算各组分 R_f 值。通过 R_f 值的对比，确定混合样品中分离的各点归属。

【水平法】

1. 准备滤纸

取一张直径为 125mm 的圆形滤纸，平放在一张洁净纸上，用圆规画出直径约 2cm 的圆，在圆周上用铅笔点三个点，分别用铅笔写上"白"、"丙"、"混"字样作为点样原点，在圆心上开一小孔。

2. 点样

用三支毛细管吸取两种标准液和一种混合液，迅速点在相应的标定点上，点样的直径 2~3mm，最大不要超过 5mm，立即用冷风吹干。

3. 饱和

在培养皿中加入约 5mL 展开剂，将点好样的滤纸平放在培养皿上，灯芯朝上，滤纸上再盖上培养皿，让流动相蒸气充分饱和滤纸 5~10min。另取边长为 2.5cm 滤纸，用剪刀剪 3~5 个小口，卷成灯芯，插入圆形滤纸小孔中。

4. 展开

纸芯朝下，把纸芯剪齿的一端浸入展开剂中，立即盖好培养皿，可见到流动相沿灯芯向上移动，并向滤纸四周移动，移动结果成一近似圆形，如图 3-40。当流动相前沿离滤纸边沿 1~2cm 时，取出滤纸，拔掉纸芯，用铅笔画出溶剂前沿位置，用电吹风吹干滤纸（也可用酒精灯隔石棉网烘干）。

5. 显色

待滤纸烘干后，喷洒显色剂 1% 茚三酮乙醇溶液，再次烘干，使斑点显色（也可开始在展开剂中加入显色剂使之显色），如图 3-40 所示，用铅笔轻轻画出斑点轮廓，确定斑点中心，量出原点到斑点中心的距离和原点到溶剂前沿距离，计算 R_f 值。

五、思考题

1. 手拿滤纸时，应注意什么？为什么？
2. 原点标记能否用钢笔或圆珠笔？为什么？
3. 点样品时所用毛细管为什么要专管专用？

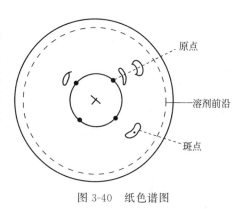

图 3-40 纸色谱图

实验十六 高效液相色谱法
Experiment 16 High Performance Liquid Chromatography

一、实验目的

1. 了解高效液相色谱仪的基本结构、工作原理与操作技术。
2. 了解高效液相色谱分离样品的基本原理。
3. 掌握用外标法测定药物含量的实验步骤和计算方法。

二、实验原理

高效液相色谱法（High Performance Liquid Chromatography，HPLC）又称高压液相色谱、高速液相色谱、高分离度液相色谱、近代柱色谱等。高效液相色谱是色谱法的一个重要分支，以液体为流动相，采用高压输液系统，将具有不同极性的单一溶剂或不同比例的混合溶剂、缓冲液等流动相泵入装有固定相的色谱柱，在柱内各成分被分离后，进入检测器进行检测，由记录仪、积分仪或数据处理系统记录色谱信号或进行数据处理而得分析结果，从而实现对试样的分析。该方法已成为化学、医学、工业、农学、商检和法检等学科领域中重要的分离分析技术。

高效液相色谱仪主要包括以下部件：高压输液泵、色谱柱、进样器、检测器、馏分收集器以及数据获取与处理系统等部分。不同的配置可以有不同的模块（如手动进样、自动进样器和不同的检测器等），仪器如图 3-41 所示。

高效液相色谱法按固定相不同可分为液-液色谱法和液-固色谱法；按色谱原理不同可分为分配色谱法和吸附色谱法等。

目前，化学键合相色谱应用最为广泛，它是在液-液色谱法的基础上发展起来的。将固定液的官能团键在载体上，形成的固定相作为化学键合相，它具有不易流失的特点，一般认为有分配和吸附两种功能，常以分配为主。C18（ODS）为最常用的化学键合相。

根据固定相和流动相的极性不同，液-液色谱法又可分为正相色谱法和反相色谱法。当流动相的极性小于固定相的极性时称为正相色谱法，主要用于极性物质的分离分析；当流动相的

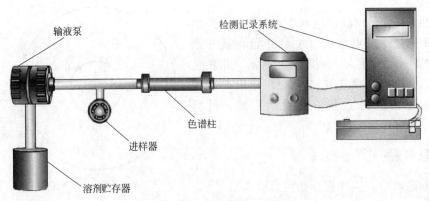

图 3-41　高效液相色谱工作流程

极性大于固定相的极性时称为反相色谱法，主要用于非极性物质或中等极性物质的分离分析。

高效液相定量分析中常采用的两种方法是内标法和外标法。内标法是一种间接或相对的校准方法。在分析测定样品含量中某组分含量时，加入一种内标物以校准和消除由于操作条件的波动而对分析结果产生的影响，以提高分析结果的准确度。而外标法是用待测组分的纯品作为对照物质，以对照物质和样品中待测组分的响应信号对比进行定量的方法。外标法可分为工作曲线法和外标一点法等。工作曲线法是用对照物配制成一系列浓度的对照品溶液确定工作曲线，求出斜率和截距。在完全相同的条件下，准确进样与对照品溶液相同体积的样品溶液，根据待测品组分的信号，从标准曲线上查出其浓度，或用回归方程计算。工作曲线法也可用外标二点法替代。外标一点法是用一种浓度的对照样品溶液对比测定样品溶液中 i 组分的含量。将对照品溶液与样品溶液在相同条件下多次进样，测得峰面积的平均值，用下式计算样品中 i 组分的含量：

$$m_{样} = A_{样} \frac{m_{对}}{A_{对}}$$

式中，$m_{样}$ 与 $A_{样}$ 分别代表在样品溶液进样体积中所含 i 组分的质量和相应的峰面积。$m_{对}$ 及 $A_{对}$ 分别代表在对照品溶液进样体积中含纯品 i 组分的质量及相应的峰面积。外标法简便，不需要校正因子，不论样品中其他组分是否出峰，均可对待测样品定量。

左旋多巴是常用的抗帕金森病的药物，左旋多巴在水中微溶，在乙醇、氯仿或乙醚中不溶，在稀酸中易溶。

三、仪器与试剂

【仪器】　高效液相色谱仪（岛津-10A 高效液相色谱仪）、电子天平。

【试剂】　左旋多巴对照品、左旋多巴原料药、色谱级甲醇、分析纯醋酸、无水乙醇。

四、实验步骤

1. 色谱条件

色谱柱：ODS 柱[1]　（15cm×4.6mm，5μm）

流动相[2]：0.1mol/L HAc-甲醇（9∶1）

流速：1.0mL/min

检测波长：UV 280nm

2. 对照品溶液的配制　精密称取左旋多巴对照品约 20mg，置于 100mL 容量瓶中，加 0.1mol/L HAc 适量（50～60mL），振摇使溶解，并稀释到刻度，摇匀即可。

3. 样品溶液的配制　精密称取左旋多巴原料药约 20mg，置于 100mL 容量瓶中，加 0.1mol/L HAc 适量（50～60mL），振摇使溶解，并稀释到刻度，摇匀即可。

4. 进样分析[3]　用微量注射器吸取对照品溶液，进样 20μL，记录色谱图，重复三次；以同样方法分析样品溶液。

5. 记录格式

样品	对照品溶液			样品溶液		
	A_i	A_s	A_i/A_s	A_i	A_s	A_i/A_s
1						
2						
3						
平均值						

A_i：样品溶液中左旋多巴峰的积分面积；

A_s：对照品溶液色谱图中左旋多巴峰的积分面积。

6. 结果计算

采用外标法定量

$$w_{左旋多巴} = A_{样}/A_{对} \times (m_{样}/m_{对}) \times 100\%$$

式中，A 为色谱图中左旋多巴的积分面积；m 为质量。

五、注解与试验指导

【1】 ODS 柱（Octadecylsilane）即十八烷基硅烷键合硅胶填料，是一种常用的反相色谱柱。

【2】 HPLC 所用流动相必须预先脱气，否则容易在系统内逸出气泡，影响泵的工作。气泡还会影响柱的分离效率，影响检测器的灵敏度、基线稳定性，甚至无法检测（噪音增大、基线不稳、突然跳动）。此外，溶解在流动相中的氧还可能与样品、流动相甚至固定相反应。溶解气体还会引起溶剂 pH 的变化，给分离或分析结果带来误差。常用的脱气方法有加热煮沸、抽真空、超声、通氮气等。

【3】 对照品溶液和样品溶液在进样前必须经 0.45μm 的微孔滤膜过滤。

六、思考题

1. 外标法有何优点？

2. 配制溶液时为什么要使其浓度与对照品溶液浓度接近？

第四章 有机化合物的性质

实验十七 烃、卤代烃、醇和酚的化学性质
Experiment 17　Chemical Property of hydrocarbon、Alkyl Halides、Alcohols and Phenols

一、实验目的

1. 熟悉烃、卤代烃的化学性质。
2. 掌握醇、酚的主要化学性质及其鉴别方法。
3. 掌握饱和烃与非饱和烃的鉴别方法。
4. 掌握不同类型卤代烯烃的鉴别方法。

二、实验原理

饱和链状烃分子的各原子彼此以牢固的 σ 键结合，稳定性大，与强酸、强碱、强氧化剂不作用，但在日光照射下可发生卤代反应。不饱和烃分子中含有碳碳双键，性质活泼，能与卤素等亲电试剂发生亲电加成反应，也易被氧化剂如 $KMnO_4$ 等氧化。有侧链的芳烃如甲苯，侧链与芳环相互影响，性质发生变化。例如甲烷与 $KMnO_4$ 不反应，而甲苯中侧链甲基却能被氧化为羧基；甲苯与卤素作用因条件不同而不同，有 $FeCl_3$ 催化剂存在时，在环上发生亲电取代；有阳光照射时侧链发生自由基取代。

卤代烃的官能团是卤原子。卤代烃易发生亲核取代，如与 $AgNO_3$ 的醇溶液作用生成硝酸酯。卤代烯烃因结构不同，卤原子活性大小不同，与 $AgNO_3$ 的醇溶液反应，烯丙基型反应很快，孤立型卤代烃其次，而卤乙烯型很难反应。

醇的官能团是羟基（—OH），与水相似，能与金属钠等活泼金属作用放出氢气。但醇与水相比，醇反应比较缓和，而水反应非常剧烈，说明醇酸性小于水。但醇钠的碱性大于氢氧化钠。多元醇有其特性，羟基相邻的多元醇如甘油能与新制的浅蓝色氢氧化铜发生沉淀反应，生成深蓝色的配合物溶液。

酚有弱酸性，但酸性比碳酸弱。酚在室温时在水中溶解度不大，加入碱如氢氧化钠后生成易溶于水的酚钠。酚及有烯醇结构的物质遇三氯化铁产生颜色，不同的酚产生的颜色不同。

三、仪器与试剂

【仪器】　常用仪器、水浴锅、软木塞、蒸发皿。
【试剂】　液体石蜡、松节油、3％溴的四氯化碳溶液、0.05％ $KMnO_4$ 溶液、20％

H_2SO_4 溶液、甲苯、氯苯、1-氯丁烷、苄氯、2％$AgNO_3$ 溶液、无水乙醇、95％乙醇、小铁钉、甘油、乙二醇、金属钠、酚酞、5％$CuSO_4$ 溶液、5％NaOH 溶液、苯酚乳状液、2％苯酚溶液、5％H_2SO_4 溶液、1％$FeCl_3$ 溶液、2％间苯二酚溶液、饱和溴水溶液。

四、实验步骤

1. 脂肪烃性质

(1) 溴代反应

取 2 支干燥试管，分别加入 10 滴液体石蜡[1]、10 滴松节油[2]，然后每支试管加入 5 滴 3％溴的四氯化碳溶液，振摇试管，观察哪支试管褪色，哪支试管不褪色。

(2) 将振摇后不褪色的试管用软木塞塞紧后放置于阳光下照射（若无阳光可放置在日光灯下），20min 后观察颜色是否消失或减弱？

(3) 与 $KMnO_4$ 作用　取 2 支试管分别加 10 滴液体石蜡、10 滴松节油。然后每支试管各加入 5 滴 0.05％$KMnO_4$、5 滴 20％H_2SO_4，振摇试管。观察哪支试管褪色，哪支试管不褪色。

2. 芳香烃性质

(1) 溴代反应

取 2 支试管各加入 10 滴甲苯，2 滴 3％的溴的四氯化碳液，用软木塞塞紧后，将一支置于阳光下，另一支置于黑暗处。15min 后观察比较，哪支试管褪色？哪支试管不褪色？

(2) 往不褪色的试管中加入一颗小铁钉，塞紧后继续放置于暗处，30min 后取出观察，颜色是否消失或变浅？

3. 卤代烃活性比较

取 3 支试管，分别加入 4 滴氯苯、4 滴 1-氯丁烷、4 滴苄氯。然后每支试管加入 10 滴 2％$AgNO_3$ 乙醇液，观察有无浑浊出现及出现浑浊的先后次序。如无浑浊则置沸水浴中 5min 后再观察比较。

4. 醇钠的生成及水解

(1) 取 1 支干燥的试管，加入 1mL 无水乙醇、一小块（米粒大小）用滤纸擦干的金属钠，观察有无气体冒出？

(2) 待反应完后，将试管中的反应液倒一半到蒸发皿中，使多余乙醇完全挥发干（必要时可将蒸发皿置水浴中加热），观看残留的固体乙醇钠，在蒸发皿中加几滴水、一滴酚酞，有何现象？

5. 多元醇与氢氧化铜作用

取 3 支试管各加入 6 滴 5％$CuSO_4$、12 滴 5％NaOH 液，生成浅蓝色沉淀。然后分别加入 2 滴甘油、2 滴乙二醇、2 滴 95％乙醇，振摇试管，比较三支试管颜色变化，沉淀是否消失？

6. 酚的弱酸性

取 1 支试管加入 1mL 苯酚乳状液，逐滴加入 5％NaOH，直至浑浊消失。然后逐滴加入 5％H_2SO_4，有何现象发生？

7. 酚与 $FeCl_3$ 作用

取 2 支试管，分别加入 5 滴 2％的苯酚液、5 滴 2％的间苯二酚，然后各加入 1 滴 $FeCl_3$ 液，有何现象？

8. 酚与溴水作用

取 1 支试管,加入 1mL 2‰苯酚液,逐滴加入饱和溴水,有何现象?

五、注解和实验指导

【1】 液体石蜡是饱和烷烃。
【2】 松节油分子中含有碳碳双键,代表烯烃。

六、思考题

1. 液体石蜡与溴水混合,为什么在阳光下反应而在暗处不反应?
2. 金属钠与无水乙醇反应,如果金属钠没反应完,剩余金属钠如何处理?

实验十八　醛和酮的性质
Experiment 18　Property of Aldehyde and Ketone

一、实验目的

1. 熟悉醛和酮的化学性质。
2. 掌握醛和酮的鉴别方法。

二、实验原理

醛和酮都含有羰基,统称为羰基化合物。因含有相同的官能团,所以醛和酮在性质上有许多相似之处,如均能发生亲核加成反应;受羰基影响,α-H 都比较活泼,容易发生卤代、缩合反应。

具有 $H_3C-\overset{O}{\underset{\|}{C}}-$ 结构的醛和酮都能发生碘仿反应。但是,由于醛和酮在结构上的差异(醛的羰基直接与氢相连),醛和酮在反应中又表现出不同的特点。如醛能与 Schiff 试剂发生颜色反应;能被弱氧化剂(如 Tollens 试剂和 Fehling 试剂)氧化,而酮则不能。

三、仪器与试剂

【仪器】 试管、100mL 及 250mL 烧杯各 1 个、玻璃棒 1 根、酒精灯 1 盏、药匙 1 把。

【试剂】 2,4-二硝基苯肼溶液、Fehling 试剂 A、Fehling 试剂 B、1.0mol/L 苯甲醛的乙醇溶液、0.25mol/L NaOH 溶液、Schiff 试剂、丙酮(CP)、乙醛(CP)、乙醇(CP)、甲醛(CP)、6.0mol/L 苯甲醛乙醇溶液、0.65mol/L $AgNO_3$ 溶液、饱和亚硝酰铁氰化钠 $\{Na_2[Fe(CN)_5NO]\}$ 溶液、2.5mol/L 氨水、浓氨水、饱和 $NaHSO_3$ 溶液、1.0mol/L 丙酮溶液、体积分数为 95％的乙醇、异丙醇。

四、实验步骤

1. 与羰基试剂作用

在 3 支试管中,各加入 2,4-二硝基苯肼试剂[1]1mL,再分别加入 5 滴体积分数为 5％的甲醛、乙醛、丙酮的水溶液。振荡试管，观察结果。

2. 亲核加成反应

(1) 与 $NaHSO_3$ 作用　在两支试管中各加入 2mL 饱和 $NaHSO_3$ 溶液[2]，再分别加入乙醛和丙酮，观察反应现象。在另两支试管中，各加入 2mL 饱和 $NaHSO_3$ 溶液，再分别加入 1mL 纯丙酮、1.0mol/L 丙酮溶液 1mL，振荡，用冷水冷却试管。比较两支试管有什么不同，并说明原因。

(2) 醛与 Schiff 试剂（品红亚硫酸）作用[3]　在两支试管中各加入品红亚硫酸试剂 1mL，再分别加入甲醛、丙酮各 2~3 滴，观察颜色变化。

3. 醛的氧化反应

(1) 与 Fehling 试剂的作用　在大试管中将 3mL Fehling 试剂[4] A 和 3mL Fehling 试剂 B 混合均匀，再平均分装到 3 支小试管中，然后分别加入 10 滴 6.0mol/L 乙醇溶液、乙醛、丙酮。振荡后，把试管放在沸水浴中，加热 3~5min。注意观察颜色变化以及是否有红色沉淀生成。

(2) 与 Tollens 试剂的作用[5]　向洁净的试管[6]中加入 0.65mol/L 硝酸银溶液 4mL，再加入 1 滴 0.25mol/L 氢氧化钠溶液，有灰白色沉淀生成；然后一边摇动试管，一边滴加 2.5mol/L 氨水，直到起初生成的沉淀恰好溶解为止。把配好的 Tollens 试剂分装到 3 支洁净的小试管中，再分别加入 2~3 滴体积分数为 5% 的甲醛、乙醛、丙酮的水溶液。振荡后，把试管放在试管架上。几分钟后，如果没有变化，把试管放在 50~60℃ 的水浴中，温热几分钟，再观察有无银镜生成。

4. 碘仿反应

取 5 支试管，在 3 支试管中，分别加入 5 滴体积分数为 5% 的甲醛、乙醛、丙酮的水溶液，在第四支试管中，加入 5 滴体积分数为 95% 的乙醇，在第五支试管中，加入 5 滴纯异丙醇。然后在这 5 支试管中，各加 1mL 碘溶液[7]，再各滴加 0.25mol/L 氢氧化钠溶液至红色消失为止。注意试管中有无沉淀析出。是否能嗅到碘仿的气味？如果出现白色乳浊液，可把试管放到 50~60℃ 水浴中，温热几分钟，再观察结果。

5. 与亚硝酰铁氰化钠作用[8]

取丙酮 1 滴于试管中，加入新配制的饱和亚硝酰铁氰化钠溶液 6~8 滴，混匀后将试管倾斜，小心地沿管壁逐滴加入浓氨水 20 滴，注意观察两液体交界面上显示的紫红色环。

五、注释

【1】 2,4-二硝基苯肼的配制见附录九。

【2】 饱和亚硫酸氢钠溶液的配制见附录九。

【3】 Schiff 试剂的配制见附录九。

【4】 Fehling 试剂 A 和 Fehling 试剂 B 的配制见附录九。

【5】 Tollens 试剂的配制见附录九。

【6】 做银镜反应所用的试管必须十分洁净。可用热的铬酸洗液或硝酸洗涤，再用蒸馏水冲洗干净。

【7】 碘溶液的配制：把 25g 碘化钾溶于 100mL 蒸馏水中，再加入 12.5g 碘，搅拌，使碘溶解。

【8】 丙酮在氨水存在下与亚硝酰铁氰化钠作用可生成鲜红色物质，临床上常借此检验糖尿病患者尿中丙酮的存在。

六、思考题

1. 鉴别醛和酮有哪些简便的方法？
2. 丙酮与亚硫酸氢钠饱和溶液反应时为什么要加入纯丙酮才能生成沉淀？
3. 甲醛和乙醛哪一个更容易氧化？
4. 甲醛与碘试剂是否发生反应，生成什么？
5. 哪一种丁醇能起碘仿反应？

实验十九　羧酸、取代羧酸、羧酸衍生物的化学性质
Experiment 19　Chemical Property of Carboxylic Acids、Substituted Carboxylic Acids、Carboxylic Acid Derivatives

一、实验目的

1. 熟悉羧酸及其衍生物的性质，掌握羧酸及其衍生物的特征反应和鉴别方法。
2. 熟悉取代羧酸的性质，掌握酮式烯醇式互变异构现象。

二、实验原理

根据烃基的类型，羧酸分为脂肪羧酸、芳香羧酸、饱和羧酸、不饱和羧酸等；根据羧基的数目，分为一元羧酸、二元羧酸和多元羧酸。如果烃基上的氢被一些原子或基团所取代，就形成了取代羧酸。

羧酸具有酸的通性，可与氢氧化钠和碳酸氢钠等发生成盐反应，这是判断这类化合物最重要的依据。羧酸中除甲酸和少数二元酸（例如草酸等）外其他均为弱酸。羧酸能发生脱羧反应，但各种羧酸的脱羧条件有所不同。例如草酸与丙二酸加热易脱羧，放出 CO_2；羧酸与醇可发生酯化反应，酯多具水果香味；甲酸分子中含有醛基，故能还原 Tollens 试剂和 Fehling 试剂。

羧酸衍生物能够发生亲核取代反应和还原反应。

取代羧酸中重要的有羟基酸和酮酸。羟基酸中的羟基比醇分子中的羟基更易被氧化，例如，乳酸能被 Tollens 试剂氧化成丙酮酸；在碱性高锰酸钾溶液中，则因 $KMnO_4$ 被乳酸还原而使紫色褪色。乙酰乙酸乙酯是酮型和烯醇型两种互变异构体的平衡混合物，这两种异构体借分子中氢原子的移位而互相转变，所以它既具有酮的性质（例如，与 2,4-二硝基苯肼反应生成 2,4-二硝基苯腙），又具有烯醇的性质（例如能使溴水褪色，能与 $FeCl_3$ 溶液作用呈紫色）。

三、仪器与试剂

【仪器】　试管、150mm 大试管、铁夹、铁架台、试管夹、带软木塞的导气管、250mL 烧杯、pH 试纸、玻璃棒、电热套、酒精灯、胶头滴管。

【试剂】　1.0mol/L 甲酸溶液、1.0mol/L 草酸溶液、1.0mol/L 乙酸溶液、甲酸（CP）、冰醋酸（CP）、固体草酸、乳酸、饱和溴水、0.6mol/L $FeCl_3$ 溶液、体积分数为 10％的乙酰乙酸乙酯、10％的盐酸、Fehling 试剂 A、Fehling 试剂 B、浓氨水、氯化钙溶

液、3.0mol/L $KMnO_4$ 溶液、丙酮、乙醛、苯甲醛、甲醛、饱和 $NaHCO_3$ 溶液、乙酸乙酯、浓硫酸、乙酸酐、乙酰氯、乙酰胺、无水乙醇、6.0mol/L NaOH 溶液、3.0mol/L H_2SO_4 溶液、2,4-二硝基苯肼溶液、0.65mol/L $AgNO_3$ 溶液、异戊醇（CP）、蒸馏水、石灰水。

四、实验步骤

1. 羧酸的酸性

用干净细玻璃棒分别蘸取 1.0mol/L 甲酸、1.0mol/L 乙酸和 1.0mol/L 草酸于 pH 试纸上，观察颜色变化并比较 pH 值大小。

2. 成盐反应

取 0.2g 苯甲酸晶体放入盛有 1mL 水的试管中，加入 6.0mol/L 氢氧化钠溶液数滴，振荡并观察现象。接着再加入 10% 的盐酸，振荡并观察所发生的变化。

3. 加热分解反应

将甲酸、冰醋酸各 1mL 及草酸[1]1g 分别放入 3 支带有导气管的试管中，导气管分别插入 3 支盛有 1~2mL 石灰水的试管中（导管要插入石灰水中）。加热样品，当有连续气泡发生时观察现象。

4. 甲酸的还原性

（1）取 1 支洁净的试管，取 2mL 硝酸银溶液，逐滴加入浓氨水，至沉淀恰好溶解。加入 1mL 甲酸，摇匀，沸水浴中加热几分钟，观察是否有银镜现象。

（2）取一支试管加入 2mL Fehling 试剂 A，2mL Fehling 试剂 B，摇匀。加入 1mL 甲酸，摇匀，沸水浴加热几分钟，观察是否有砖红色的沉淀产生。

（3）取 1 支试管，加入 2 滴高锰酸钾溶液，然后逐滴加入甲酸并振荡，观察颜色的变化。

5. 草酸的反应

（1）取 1 支试管，加入 2 滴高锰酸钾溶液，然后逐滴加入草酸并振荡，观察颜色的变化。

（2）取 1 支试管，加入 2mL 草酸，滴加几滴氯化钙溶液，观察是否有沉淀产生。

6. 羧酸衍生物的水解反应

（1）酰氯与水的作用　向盛有 1mL 蒸馏水的试管中加 3 滴乙酰氯，略微摇动。乙酰氯与水剧烈作用，并放出热。让试管冷却，加入 1~2 滴 0.65mol/L 硝酸银溶液，观察有什么变化。

（2）酐与水的作用　向盛有 1mL 蒸馏水的试管里加 3 滴乙酸酐。乙酸酐不溶于水，呈珠粒状沉于管底。把试管略微加热，乙酐与水作用，可以嗅到醋酸的气味。

（3）酯的水解　向 3 支试管里各加 1mL 10% 乙酸乙酯和 1mL 水。然后在一个试管中加 3mol/L 硫酸 1mL，在另一个试管中加 6mol/L 氢氧化钠溶液 1mL。把 3 支试管同时放入 70~80℃ 的水浴中，一边摇动，一边观察，比较 3 支试管中酯层消失的速率。

（4）酰胺的水解

① 碱性水解　在试管中加 0.5g 乙酰胺和 6mol/L 氢氧化钠 3mL，煮沸，嗅一嗅有没有氨的气味。（为什么？）

② 酸性水解　在试管中加 0.5g 乙酰胺和 3mol/L 硫酸 3mL，煮沸，嗅一嗅有没有醋酸的气味。（为什么？）

7. 羧酸及其衍生物与醇的反应

(1) **羧酸与醇的酯化反应** 取 1 支干燥试管，加入 10 滴异戊醇和 10 滴冰醋酸，混合均匀后再加入 5 滴浓硫酸，振荡试管，并置于 60～70℃水浴中加热 10～15min。然后取出试管，放入冷水中冷却，并向试管中加 2mL 水，注意观察酯层漂起，并有梨香味逸出。

(2) **羧酸衍生物与醇的反应**

① 酰氯与醇的作用：在试管中加 1mL 无水乙醇，一边摇动一边慢慢地滴加 1mL 乙酰氯[2]；待试管冷却后，慢慢地加入 2mL 饱和碳酸钠溶液，同时轻微地振荡。静置后，试管中液体分为两层（上、下层各是什么？），并能嗅到乙酸乙酯的香味。

② 酐与醇的作用：在试管中加入 2mL 无水乙醇和 1mL 乙酸酐，混合后加 1 滴浓硫酸，振荡。这时反应混合物逐渐发热，以至沸腾。待冷却，慢慢地加入 2mL 饱和碳酸钠溶液，同时轻微地振荡，试管中的液体分为两层（上、下层各是什么？），并能嗅到乙酸乙酯的香味。

8. 取代羧酸的性质

(1) **取代酸的氧化反应** 取 1 支试管加入 3mol/L $KMnO_4$ 溶液 0.5mL 和 6mol/L NaOH 溶液 0.2mL，混匀后再加入 0.5～1mL 乳酸，振荡之，观察现象。

(2) **乙酰乙酸乙酯[3]的酮型-烯醇型互变异构** 取 1 支试管加入 1mL 体积分数为 10％的乙酰乙酸乙酯及 4～5 滴 2,4-二硝基苯肼，观察有什么现象发生？另取 1 支试管加入 1mL 体积分数为 10％的乙酰乙酸乙酯及 0.6mol/L $FeCl_3$ 溶液 1 滴，注意溶液显色（为什么？）。向此溶液中加入溴水数滴，则颜色消退（为什么？）。放置片刻后，颜色又出现（为什么？）。以上各种现象说明什么问题？

五、注解与实验指导

【1】 草酸含 2 分子结晶水，加热至 100℃时释放出结晶水，继续加热则发生脱羧反应，加热到 150℃时则开始升华。为避免升华的草酸在试管口凝结而不发生热分解，因此将试管倾斜放置。

【2】 乙酰氯与醇反应十分剧烈，并有爆破声，滴加时必须小心，以免液体从试管中冲出。

【3】 乙酰乙酸乙酯是互变异构（或动态异构）现象的一个典型例子，它们是酮式和烯醇式平衡的混合物，在室温时含 92.5％的酮式和 7.5％的烯醇式。

$$CH_3COCH_2COOCH_2CH_3 \rightleftharpoons CH_3\overset{OH}{\underset{|}{C}}=CHCOOC_2H_5$$

酮式92.5%　　　　　　烯醇式7.5%

六、思考题

1. 为什么酯化反应要加浓硫酸？为什么碱性介质能加速酯的水解反应？
2. 为什么当乙酰氯、乙酐、冰醋酸与醇反应后，要加饱和碳酸钠溶液才能使反应混合物分层？
3. 怎样鉴别下列各组化合物：
   (1) 乙酰乙酸乙酯、邻羟基苯甲酸；
   (2) 甲酸、乙酸、草酸。

实验二十　胺类化合物的性质
Experiment 20　Property of Amines Compounds

一、实验目的

1. 熟悉胺类化合物的性质。
2. 掌握胺类化合物的鉴别方法。

二、实验原理

胺中氮原子上有一对孤对电子，易与质子结合而具有碱性。其碱性强弱是由诱导效应、空间效应及溶剂化效应等多种因素共同决定的。芳香胺和含 6 个碳以上的脂肪胺一般难溶于水或在水中的溶解度很小，但与无机酸反应后生成可溶于水的铵盐。由于铵盐是弱碱形成的盐，遇强碱即游离出原来的胺，因此常用这一性质对胺类物质进行分离提纯。

Hinsberg 反应是胺的磺酰化反应，该反应在碱性条件下进行。①伯胺反应生成的磺酰胺氮上有一个氢，受磺酰基影响，具有弱酸性，可溶于碱成盐；②仲胺反应生成的磺酰胺氮上无氢，不溶于碱；③叔胺一般认为不发生反应。

伯胺、仲胺也可与其他酰化剂发生酰化反应。

胺可与亚硝酸反应，不同的胺与亚硝酸反应所生成的产物不同。①脂肪伯胺与亚硝酸反应形成脂肪族重氮盐，该重氮盐非常不稳定，分解放出氮气；芳香伯胺与亚硝酸在低温下生成稳定的芳香重氮盐，芳香重氮盐能与活泼的芳香化合物发生偶联反应，如重氮苯盐与 β-萘酚反应得到橙色沉淀，利用这一现象能鉴别芳香伯胺。②脂肪仲胺和芳香仲胺与亚硝酸反应均能生成稳定的 N-亚硝基化合物。N-亚硝基化合物一般为黄色油状物，利用这一反应现象可鉴别仲胺。③脂肪叔胺氮上没有氢，氮上不发生亚硝化作用；芳香叔胺可在环上发生亲电取代反应生成对芳香亚硝基化合物或邻芳香亚硝基化合物，对亚硝基芳香化合物一般具有颜色，借此可鉴别芳香叔胺。

胺很容易氧化，特别是芳香胺，大多数氧化剂使胺氧化成焦油状复杂物质。

尿素简称脲（Urea），是碳酸的二元酰胺，具有弱碱性。固体尿素加热至熔点以上（140℃左右），两分子尿素失去一分子氨生成缩二脲。在缩二脲的碱性溶液中，滴加硫酸铜溶液而生成紫色物质，这一颜色反应即为缩二脲反应。分子中含有两个或两个以上酰胺键的化合物，均能发生缩二脲反应。

三、仪器与试剂

【仪器】　试管 12 支、250mL 烧杯 1 个、玻璃棒 1 根、酒精灯 1 盏、100℃温度计 1 支、pH 试纸。

【试剂】　甲胺（CP）、二甲胺（CP）、苯胺（CP）、苄胺（CP）、N-甲基苯胺（CP）、尿素（CP）、N,N-二甲基苯胺（CP）、苯磺酰氯（CP）、β 萘酚（CP）、乙酸酐（CP）、浓盐酸、6mol/L 盐酸溶液、2.5mol/L 氢氧化钠溶液、2mol/L 亚硝酸钠溶液、0.05mol/L 硫酸铜溶液、0.05mol/L 高锰酸钾溶液。

四、实验操作

1. 溶解度与碱性试验

取 4 支试管，分别加入甲胺、二甲胺、苄胺和苯胺各 10 滴，再分别加入 3mL 水，振荡后观察溶解情况。若不溶可稍加热，再观察溶解情况。若仍不溶，可逐滴加入浓盐酸使其溶解，再逐滴加入 2.5mol/L 氢氧化钠溶液，观察现象。

2. 胺的酰化反应

（1）Hinsberg 反应　取 3 支试管，配好塞子，在试管中分别加入 10 滴苯胺、N-甲基苯胺、N,N-二甲基苯胺，再各加入 2.5mol/L 氢氧化钠溶液 2.5mL 和 10 滴苯磺酰氯，塞好塞子，用力摇振 3～5min。用手触摸试管底部，哪支试管发热，为什么？取下塞子，在水浴中温热至苯磺酰氯气味消失[1]。冷却后用 pH 试纸检验 3 支试管内溶液是否呈碱性，若不为碱性，加 2.5mol/L 氢氧化钠调至碱性。观察苯胺、N-甲基苯胺和 N,N-二甲基苯胺各有什么现象？

① 有沉淀析出，用水稀释并振摇后沉淀不溶解，是哪一类胺？

② 最初不析出沉淀或经稀释后沉淀溶解，小心加入 6mol/L 盐酸至溶液呈酸性[2]。此时若生成沉淀，是哪一类胺？

③ 试验时无反应发生，溶液仍有油状物，是哪一类胺？

（2）乙酰化反应　取 3 支试管，分别加入苯胺、N-甲基苯胺、N,N-二甲基苯胺各 5 滴，再分别加入 5 滴乙酸酐，充分振摇后置沸水浴中加热 2min，放冷后加入 10 滴 2.5mol/L NaOH 溶液调至碱性。观察结果，反应现象说明什么问题？

3. 胺与亚硝酸反应[3]

（1）脂肪胺与亚硝酸反应　取 2 支试管，分别加入 1mL 甲胺和二甲胺，然后加浓盐酸调至 pH=5，置冰浴中冷却至 0℃，再分别加入 2mol/L 亚硝酸钠溶液 2mL，振摇后观察试管内溶液变化情况。实验现象说明了什么？

（2）芳香胺与亚硝酸反应　取 3 支试管，分别加入苯胺、N-甲基苯胺、N,N-二甲基苯胺各 5 滴，再分别加入蒸馏水及浓盐酸各 5 滴，在冰水浴上冷却至 0℃。逐滴加入 5 滴 2mol/L 亚硝酸钠溶液，并随时振摇。放置数分钟，于生成黄色物质的试管中各加入 2.5mol/L 氢氧化钠 5 滴至碱性。观察有何现象发生，实验现象说明什么问题？

（3）重氮化和偶联反应[4]　取 3 支试管，第一支加入 4 滴苯胺、1mL 蒸馏水、5 滴浓盐酸；第二支加入 2mol/L 亚硝酸钠溶液 1mL；第三支加入 β-萘酚固体 0.1g，并加入 2.5mol/L 氢氧化钠溶液 2mL，摇匀。在冰水浴中将 3 支试管内溶液冷却至 0℃。将第二支试管中的亚硝酸钠溶液吸出 6 滴加入到第一支试管中，并随时振摇，再将冷却后的第三支试管中的 β-萘酚钠盐溶液加入其中，观察是否有橙色沉淀产生。

4. 氧化反应[5]

取 1 支试管加入 3 滴苯胺、1 滴 2.5mol/L 氢氧化钠溶液和 4 滴 0.05mol/L 高锰酸钾溶液，振摇，观察是否有颜色变化。若没有反应现象，在热水浴上温热 2～3min 再进行观察。

5. 苯胺的溴代反应

取 1 支试管加入 2 滴苯胺和 5 滴蒸馏水混匀，再逐滴加入 3 滴饱和溴水，观察试管中反应现象。这个实验的现象说明了什么？

6. 缩二脲反应

取 1 支干燥试管，加入约 0.5g 尿素。在酒精灯上加热熔化，观察是否有气体放出，在试管口贴一小块湿润 pH 试纸检验其酸碱性。继续加热至试管内物质凝固，待冷却后加入 1~2mL 蒸馏水，用玻璃棒搅拌，使固体尽可能溶解。将上层液倾入另一试管中，加入 3~4 滴 2.5mol/L 氢氧化钠溶液及 1~2 滴 0.05mol/L 硫酸铜溶液，观察颜色有何变化。

7. 未知物的鉴别

有 4 瓶无标签试剂，已知其中有苯胺、苯甲胺、N-甲基苯胺、N,N-二甲基苯胺。试设计一可行方案将四种胺鉴别出来，再按此方案进行试验。

五、注解和实验指导

【1】 苯磺酰氯水解不完全时与叔胺混在一起沉于试管底部。酸化时，叔胺虽已溶解，但苯磺酰氯仍以油状物存在，故往往会得出错误结论。因此，在酸化之前，应在水浴上加热，使苯磺酰氯水解完全。判断水解是否完全的方法如下：①在 70℃ 左右的温水浴中叔胺全部浮于溶液上层，下部没有油状物；②取另一试管不加叔胺，做空白对照。

【2】 注意加盐酸时需冷却并不断振摇，否则开始析出油状物，冷却后凝结成一块固体。

【3】 亚硝酸不稳定，常用亚硝酸钠与盐酸或硫酸反应得到。亚硝酸钠与盐酸比为 1∶2.5，其中 1mol 盐酸与亚硝酸钠反应，1mol 盐酸在反应中消耗，0.5mol 盐酸维持重氮盐保存所需的酸性环境。另外注意：亚硝基化合物，特别是亚硝基胺的毒性很强，是一种强的致癌物质。

【4】 重氮盐的生成是重氮化反应的关键。重氮盐是无色结晶，溶于水、不溶于乙醚，在 0℃ 可以保存，加热时水解为酚类。一般重氮盐在干燥时很不稳定，容易引起爆炸，因此一般不把重氮盐分离出来。

【5】 苯胺的氧化产物复杂，产物可能有氧化偶氮苯、对苯醌或苯胺黑等。

六、思考题

1. 如何除去三乙胺中少量的乙胺及二乙胺？
2. 如何用简单的化学方法区别丙胺、甲乙胺和三甲胺？
3. 有一含氮化合物，向其水溶液中加几滴碱性硫酸铜，溶液呈紫色。能否说明该化合物一定为缩二脲？

实验二十一 糖类化合物的性质
Experiment 21　Property of Saccharide Compounds

一、实验目的

1. 熟悉糖类的化学性质。
2. 掌握糖类的化学鉴别方法。

二、实验原理

单糖和具有半缩醛羟基的二糖可与碱性弱氧化剂（Tollens 试剂、Fehling 试剂、

Benedict 试剂）发生氧化还原反应，它们是还原性糖。无半缩醛羟基的二糖和多糖不能通过开链结构互变，不能与碱性弱氧化剂反应，它们是非还原性糖。还原性糖可与过量的苯肼反应，生成具有一定结晶形态的糖脎，C2 以下构型相同的糖可形成相同的脎，C2 以下构型不同的糖则形成不同的脎。成脎反应也可以作为糖类鉴别的方法之一。

糖类的重要鉴别方法是 Molish 反应和 Seliwanoff 反应。糖类、苷类及其他含糖物质与 α-萘酚和浓硫酸呈紫红色的环的反应称为 Molish 反应，该反应可用于糖类和非糖物质的鉴别。四个碳以上的醛糖加入间苯二酚和 6mol/L 盐酸能产生红色物质的反应称为 Seliwanoff 反应，该反应可用于酮糖和醛糖的鉴别。如己酮糖加入间苯二酚和浓盐酸，加热后迅速产生红色，而同样条件下己醛糖的反应速度要慢得多。

非还原性糖在酸存在下，加热水解后产生还原性的单糖。淀粉的水解是逐步发生的，先水解成紫糊精，再水解成红糊精、无色糊精、麦芽糖，最终水解成葡萄糖。用碘液可以检查这种水解过程。完全水解后，可用 Benedict 试剂加以证实。

三、仪器与试剂

【仪器】 试管 20 支、烧杯 2 个、酒精灯 1 盏或电热套 1 套、点滴板 1 块、显微镜 1 台。

【试剂】 0.1mol/L 葡萄糖、0.1mol/L 果糖、0.1mol/L 麦芽糖、0.1mol/L 乳糖、0.1mol/L 蔗糖、0.2g/L 淀粉、盐酸苯肼、醋酸钠溶液、3mol/L 硫酸、1mol/L 碳酸钠、碘液、浓硫酸、浓盐酸、Benedict 试剂、Molish 试剂、Seliwanoff 试剂、pH 试纸。

四、实验步骤

1. 糖的还原性

取试管 6 支，各加入 Benedict 试剂[1] 1mL，再分别加入 0.1mol/L 葡萄糖、0.1mol/L 果糖、0.1mol/L 麦芽糖、0.1mol/L 乳糖、0.1mol/L 蔗糖[2]、0.2g/L 淀粉各 5 滴，在沸水浴中加热 2~3min，冷却后观察结果。

2. 糖脎的生成

取试管 4 支，各加入新配制的盐酸苯肼-醋酸钠溶液[3] 1mL，再分别加入 0.1mol/L 葡萄糖、0.1mol/L 果糖、0.1mol/L 乳糖、0.1mol/L 蔗糖各 5 滴，在沸水浴中加热约 30min，取出试管自行冷却（为什么?），观察结果[4]。取少量晶体在显微镜下观察几种结晶的形状。

3. 糖的颜色反应

（1）Molish 反应　取试管 4 支，分别加入 0.1mol/L 葡萄糖、0.1mol/L 果糖、0.1mol/L 蔗糖、0.2g/L 淀粉溶液各 1mL，再分别加入新配制的 Molish 试剂（α-萘酚的乙醇溶液）各 3 滴，摇匀后将试管倾斜，沿管壁徐徐加入浓硫酸约 1mL。将试管直立静止，观察紫红色环，若不出现紫红色环，可在水浴上温热 1~2min 后再行观察。

（2）Seliwanoff 反应　取试管 4 支，分别加入 Seliwanoff 试剂（间苯二酚的盐酸溶液）各 1mL，再加入 0.1mol/L 葡萄糖、0.1mol/L 果糖、0.1mol/L 蔗糖、0.1mol/L 麦芽糖溶液各 5 滴？摇匀后同时放入沸水浴中加热，仔细观察比较各试管中溶液出现红色的先后顺序。

4. 糖的水解

（1）蔗糖的水解　取 1 支试管，加入 0.1mol/L 蔗糖溶液 1mL，再加入 3mol/L 的硫酸 3 滴，沸水浴中加热约 10min，冷却后，用 1mol/L 碳酸钠调至碱性（pH 试纸检查）。加入

Bebedict 试剂 1mL，在沸水浴中加热 3min，冷却后观察结果。

(2) 淀粉的水解　取 2 支试管，分别加入 0.2g/L 淀粉 2mL，其中一支试管中加碘液 1 滴，摇匀后观察颜色。将试管在沸水浴中加热，观察有何变化？再冷却后，又有什么变化？

向另一支试管中加入浓盐酸 5 滴，在沸水浴中加热约 15min，加热时每隔 2min 用吸管吸出 2 滴放在点滴板上，加碘液 1 滴，仔细观察颜色变化。待反应液不与碘液发生颜色变化时，再加热 2～3min，冷却后用 1mol/L 碳酸钠溶液调至碱性，加入 Benedict 试剂 1mL，沸水浴中加热 3min，冷却后观察结果。

5. 未知物的鉴别

有 5 瓶溶液，无标签。但已知是淀粉、蔗糖、果糖、葡萄糖、麦芽糖，首先设计一可行的鉴别方案，然后用化学试剂进行鉴别。

五、注解与实验指导

【1】 Benedict 试剂是经过改良的 Fehling 试剂，主要是用柠檬酸钠和碳酸钠混合溶液代替了酒石酸钾钠和氢氧化钠混合溶液。Benedict 试剂稳定，灵敏度高，可检出 0.005mol/L 的葡萄糖。

【2】 所用蔗糖必须纯净，不能含有还原性的糖。

【3】 苯肼难溶于水。盐酸苯肼加入醋酸钠溶液可发生复分解反应，生成苯肼醋酸钠，溶解度增大，同时醋酸钠可调节 pH 在 4～6 范围内，有利于糖脎的生成。

【4】 若在煮沸过程中溶液浓缩，可能难出现结晶，此时应加入少量水稀释后才出现结晶。

六、思考题

1. 蔗糖水解得到葡萄糖和果糖，如果用此水解溶液来制取糖脎，两种单糖的糖脎是否一样？为什么？
2. 为什么说蔗糖是葡萄糖苷，同时也是果糖苷？在化学性质上与麦芽糖有何区别？

实验二十二　氨基酸和蛋白质的化学性质
Experiment 22　Chemical Property of Amino Acides and Proteins

一、实验目的

1. 熟悉氨基酸和蛋白质的化学性质。
2. 掌握氨基酸和蛋白质的鉴别方法。

二、实验原理

氨基酸（Amino Acid）是一类既含有氨基又含有羧基的两性化合物。不同来源的蛋白质（Protein）在酸、碱或酶的催化下可完全水解而得到各种不同的 α-氨基酸的混合物，即 α-氨基酸是组成蛋白质的基本单位。氨基酸分子是一偶极离子（Dipolar Molecule），具有内盐的性质、一般以晶体形式存在，且熔点较高，一般在 200℃ 以上。作为两性化合物，氨基酸易溶于强酸、强碱等极性溶剂，但大多难溶于有机溶剂。氨基酸与水合茚三酮溶液共热，经一系列反应，最终可生成蓝紫色化合物（罗曼紫），此反应为 α-氨基酸所共有，灵敏度非常高，即使稀释至 1：500000 的 α-氨基酸水溶液亦有此显色反应，可根据生成化合物的颜色深浅程度以及释放出 CO_2 的体积定量测定氨基酸，但含亚氨基的脯氨酸是个例外，它与水合茚三酮反应呈黄色。

氨基酸中含有伯氨基（脯氨酸除外），可与亚硝酸反应生成 α-羟基酸并放出氮气。

$$H_2N-CH-COOH + HNO_2 \longrightarrow HO-CH-COOH + N_2\uparrow + H_2O$$
$$||$$
$$RR$$

蛋白质是含氮的复杂生物高分子，是由 20 余种 L 构型的 α-氨基酸通过肽键相连而成的多聚物，并且具有稳定的构象。常见的显色反应有茚三酮反应和缩二脲反应，可用于蛋白质的定性和定量。另外，若蛋白质中含有带苯环的氨基酸如酪氨酸和色氨酸残基，当它们与硝酸反应时，苯环被硝化而显黄色。

一些物理或化学因素（如电解质、有机溶剂等）能改变蛋白质在水中的溶解度，产生沉淀。可利用这些物理或化学因素来分离、提纯蛋白质。

某些物理因素（如加热、紫外线照射、超声波等）和化学因素（酸、碱、有机溶剂等）可破坏蛋白质的特定结构，进而改变它们的性质，这种现象称为蛋白质的变性。变性后的蛋白质溶解度降低，产生沉淀。

1. 呈色反应

蛋白质中的某些氨基酸的特殊基团可以与特定的化学试剂作用呈现出各种颜色，这种呈色反应可以作为蛋白质或氨基酸的定性。

（1）茚三酮反应　茚三酮反应是蛋白质中的 α-氨基酸与茚三酮水合物在溶液中共热生成蓝紫色化合物罗曼紫（Ruhemann's Purple）的反应。

$$2\,\underset{\text{茚三酮}}{\text{（OH, OH, 二酮）}} + H_2N-\underset{R}{CH}-COOH \longrightarrow \underset{\text{罗曼紫结构}}{\text{（产物）}}$$

（2）米伦反应　米伦（Millon）反应也是蛋白质颜色反应之一。该反应是米伦试剂与含酚羟基蛋白质的颜色反应，可用于鉴别蛋白质中酪氨酸的存在。

（3）蛋白黄反应　蛋白质分子中若含有苯环，则遇浓硝酸加热变黄，此反应称为蛋白质的蛋白黄反应，用于鉴别蛋白质中苯环的存在。除以上各颜色反应外还有缩二脲反应、亚硝酰铁氰化钠反应等。表 4-1 为常用的蛋白质的颜色反应。

表 4-1　蛋白质的颜色反应

反应名称	试剂成分	颜色	鉴别基团
缩二脲反应	强碱、稀硫酸铜溶液	紫色或紫红色	多个肽键
茚三酮反应	稀茚三酮溶液	蓝紫色	氨基
蛋白黄反应	浓硝酸	深黄色或橙红色	苯环
米伦反应	汞或亚汞的硝酸盐、亚硝酸盐	红色	酚羟基
亚硝酰铁氰化钠反应	亚硝酰铁氰化钠溶液	红色	巯基

2. 沉淀反应

蛋白质分子末端具有游离的 $\alpha\text{-NH}_3^+$ 和 $\alpha\text{-COO}^-$，因此，蛋白质和氨基酸一样，也具有两性解离和等电点的性质。在等电状态下，蛋白质颗粒容易聚集而析出沉淀；在非等电状态时，蛋白质分子表面总带有一定的同性电荷，由于电荷之间的相互排斥作用阻止蛋白质分子凝聚。蛋白质是高分子化合物，具有溶胶的一些性质，蛋白质分子表面带有许多极性基团，可与水结合，并使水分子在其表面定向排列形成一层水化膜，这使蛋白质颗粒均匀分散在水中难以聚集沉淀。以上两因素维持着蛋白质溶液的稳定，破坏这两种因素则可使蛋白质沉淀。

(1) 中性盐沉淀蛋白质　将高浓度的中性盐加入蛋白质溶液中，盐离子的水化能力强而夺去蛋白质的水分，破坏了蛋白质分子表面的水化膜，产生沉淀，即发生盐析。利用各种蛋白质沉淀所需中性盐浓度不同，可将蛋白质分阶段沉淀，此操作过程被称为分段盐析 (Fractional Saltingout)。

(2) 有机溶剂沉淀蛋白质　利用乙醇、丙酮和甲醇等一些极性较大的有机溶剂与水之间具有亲和力，破坏蛋白质表面的水化膜而使蛋白质沉淀。

(3) 重金属离子沉淀蛋白质　某些重金属离子如 Ag^+、Hg^{2+}、Cu^{2+} 和 Pb^{2+} 等（用 M^+ 表示）可与带负电荷的蛋白质颗粒结合，形成不溶性盐而沉淀。反应式为

$$P\begin{matrix}NH_2\\COO^-\end{matrix} + M^+ \longrightarrow P\begin{matrix}NH_2\\COOM\end{matrix}\downarrow$$

(4) 有机酸沉淀蛋白质　苦味酸、鞣酸、钨酸、三氯乙酸、磺基水杨酸等（用 X^- 表示）可与带正电荷的蛋白质颗粒结合，形成不溶性盐而沉淀。反应式为

$$P\begin{matrix}NH_3^+\\COOH\end{matrix} + X^- \longrightarrow P\begin{matrix}NH_3\cdot X\\COOM\end{matrix}\downarrow$$

三、仪器与试剂

【仪器】　试管、试管夹、离心管、离心机、玻璃棒。

【试剂】　丙氨酸溶液 (2g/L)、茚三酮溶液 (5g/L)、盐酸 (100g/L)、盐酸 (10g/L)、亚硝酸钠溶液 (50g/L)、浓硝酸、氢氧化钠溶液 (50g/L)、氢氧化钠溶液 (10g/L)、硫酸铜溶液 (30g/L)、氯化汞溶液 (30g/L)、醋酸铅溶液 (30g/L)、硝酸银溶液 (30g/L)、硫酸铵粉末、饱和硫酸铵溶液、95%乙醇、三氯乙酸 (100g/L)、苦味酸、清蛋白、蒸馏水、蛋白质溶液。

四、实验步骤

(一) 氨基酸的性质

1. 氨基酸的茚三酮鉴别反应　在一支试管中加入 2g/L 丙氨酸溶液 10 滴，然后加入 5g/L 茚三酮溶液 3 滴，在沸水浴中加热 5~10min，观察颜色变化，并解释之。

2. 氨基酸的亚硝酸实验[1]　在一支试管中加入约 0.1g 丙氨酸和 100g/L 盐酸 5mL，小心地加入 15mL 50g/L 亚硝酸钠溶液至试管中，充分摇匀并观察气泡冒出的速率。

(二) 蛋白质性质

1. 蛋白质的显色反应

(1) 缩二脲反应[2]　在试管中加入 5 滴清蛋白质溶液和 5 滴 50g/L 氢氧化钠溶液，再

加入 30g/L 硫酸铜溶液 2 滴，共热。观察试管中溶液颜色变化，并解释之。

（2）茚三酮反应　在一试管中加入蛋白质溶液 10 滴，然后加入 5g/L 茚三酮溶液 3 滴，置沸水浴中加热 5~10min，观察颜色变化，并解释之。

（3）蛋白质反应　取试管 1 支，加入清蛋白溶液 5 滴，然后加入浓硝酸 2 滴，注意在蛋白质溶液中会产生白色沉淀。将试管放在沸水中加热。此时有何现象？请予以解释。

（4）米伦反应[3]　取试管 2 支，分别加入 0.9g/L 苯酚溶液 3 滴和清蛋白溶液 3 滴，然后各加米伦试剂 3 滴。此时，2 支试管中有何现象？再将 2 支试管置沸水浴中加热，注意观察有何变化。

（5）蛋白质的两性反应　在两支试管中各加入蛋白质溶液 2mL，其中一支作对照，在另一支试管中逐滴加入 1％HCl 溶液，每加 1 滴并轻轻摇动试管，观察有无沉淀或浑浊发生。当沉淀出现后，继续滴加 1％HCl，产生什么现象？改用 NaOH，在同一试管中逐滴加入 1％NaOH 溶液，观察有无沉淀出现，继续滴加 NaOH 出现什么现象？

2. 蛋白质的盐析[4]

在 1 支离心管中加入蛋白质溶液[5]和饱和硫酸铵溶液各 2mL。混合后静置 10min，球蛋白沉淀析出。离心后，将上层清液用毛细吸管小心吸出，并移至另一离心管中，慢慢分次加入硫酸铵粉末。注意，每加一次，都要用玻璃棒充分搅拌，直到粉末不再溶解为止。静置 10min 后，即可见清蛋白沉淀析出，离心后，弃去上层清液。向上述 2 支有沉淀的离心管中加入 2mL 蒸馏水，并用玻璃棒搅拌，沉淀能否复溶？

3. 蛋白质沉淀反应

（1）乙醇沉淀蛋白质　取 1 支试管，加入蛋白质溶液 5 滴，沿试管壁加入 95％乙醇 10 滴。静置数分钟，观察溶液中是否出现浑浊。

（2）用有机酸沉淀蛋白质　取试管 2 支，各加入蛋白质溶液 5 滴，然后各加 1 滴 100g/L 盐酸将其酸化（该沉淀反应最好在弱酸条件下进行），分别加 100g/L 三氯乙酸、苦味酸各 2 滴，观察沉淀生成（如没有沉淀，可再滴加相应的酸）。

（3）重金属离子沉淀蛋白质　在 4 支试管中各加入蛋白质溶液 5 滴，然后再分别加入 3 滴 30g/L 氯化汞溶液[6]、30g/L 硝酸银溶液、3％醋酸铅溶液、30g/L 硫酸铜溶液，观察各试管有何现象发生。

（4）加热沉淀蛋白质[7]　在 1 支试管中加入蛋白质溶液 2mL，置沸水浴中加热 5min，观察蛋白质凝固现象。

五、注解与实验指导

【1】　亚硝酸不稳定，故实验中采用亚硝酸钠与盐酸作用而生成亚硝酸。

【2】　蛋白质分子中有许多肽键，与铜盐在碱性条件下出现紫红色，即发生缩二脲反应。此反应中硫酸铜不能过量，否则有氢氧化铜产生，干扰颜色的观察。

【3】　米伦试剂是汞或亚汞的硝酸盐和亚硝酸盐，能与酚类化合物产生颜色反应。

【4】　在蛋白质溶液中加中性盐至一定浓度时，蛋白质即沉淀析出，这种现象称为盐析。用一种盐进行盐析时，不同蛋白质所需该盐的浓度不同，利用这点可以进行分段盐析来分离不同的蛋白质。蛋白质的盐析只是破坏了蛋白质在水溶液中的稳定因素，蛋白质的内部结构未发生变化，基本保持原来的性质，加水稀释后，降低了盐的浓度，稳定因素得以恢复，沉淀溶解，因此盐析沉淀是可逆的。

【5】　取鸡蛋清用生理盐水稀释 10 倍，通过 2~3 层纱布滤去不溶物即得所需的蛋白质溶液。

【6】 氯化汞有毒，使用时应注意。

【7】 几乎所有的蛋白质在加热时都凝固，只是不同蛋白质凝固所需温度不同。在受热凝固时蛋白质变性，在临床上利用该性质可检验尿蛋白。

六、思考题

1. 蛋白质的盐析和蛋白质的沉淀，有何差别？
2. 为何硝酸银和氯化汞是良好的杀菌剂？
3. 当皮肤上溅上硝酸时，即会产生黄色斑迹，这是为什么？

实验二十三　分子模型作业
Experiment 23　Operation of Molecular Model

有机化合物普遍存在同分异构现象，其中的立体异构比较复杂。为了便于理解和掌握同分异构现象，明确异构体在结构上的差异，通过模型作业，即用球棍模型（凯库勒Kekul's模型）构成各类异构体，帮助学生牢固建立有机化合物分子结构的概念，从而进一步理解各类立体异构现象和某些立体异构体所具有的特有性质。

一、实验目的

1. 通过模型作业，加深对有机化合物分子立体结构的认识。
2. 进一步掌握立体异构现象，从而理解有机化合物的结构与性质的关系。

二、实验材料

组合式凯库勒有机分子模型一套。

三、基础原理

有机化合物分子的异构现象包括构造异构和立体异构，立体异构可分为构型异构和构象异构，而构型异构又可分为顺反异构和对映异构。不同的异构现象由分子中特殊结构所引起，它们之间的相互关系可表示如下：

$$\text{异构现象}\begin{cases}\text{构造异构}\\\text{立体异构}\begin{cases}\text{构象异构}\\\text{构型异构}\begin{cases}\text{顺反异构}\\\text{对映异构}\end{cases}\end{cases}\end{cases}$$

通常使用的有机化合物结构模型有三种，即 Kekul's 模型（球棒模型），Stuart 模型（比例模型），Dreiding 模型（骨架模型）。图 4-1 是它们分别表示甲烷分子时的不同形态。

Kekul's 模型是以小球和短棒组成的，以不同颜色不同大小的球分别表示不同的原子，以长短不同的直型或弯型短棒表示不同的化学键。此模型使我们能直接观察到分子中各原子的排列以及成键情况，但不能很好地反映出分子中各原子和基团的相对大小以及分子中电子云的分布情况。更需注意的是，Kekul's 模型用短棒表示化学键，虽便于观察，但这种夸张的做法有时会引起对键长和成键电子云形状的误解。此模型应用范围广，拆卸组合容易，故经常使用。

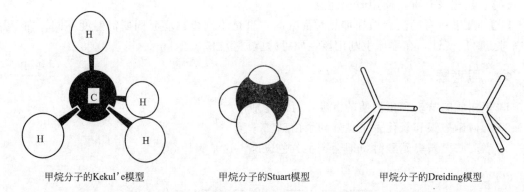

甲烷分子的Kekul'e模型　　　甲烷分子的Stuart模型　　　甲烷分子的Dreiding模型

图 4-1　甲烷分子的模型

　　Stuart 模型是按实际分子中各原子的大小和电子云的重叠成键情况，按近似比例放大而制成。它较 Kekul's 模型更真实地反映分子的实际情况。但不及 Kekul's 模型使用方便、直观。

　　Dreiding 模型按照分子的键长和键角放大制成，较真实地反映出分子的碳架结构。它由实心金属棒和空心金属棒相互组合而成，因其体积小，组合准确，通常制成核酸、蛋白质以及多环等有机大分子模型供观察。

　　可见，这三种模型在表示分子结构时各有优点和不足。以下根据实验内容仅介绍 Kekul's 模型的一些使用方法及需注意的问题。

　　构造异构是指分子式相同的分子中，由于键合方式和原子的连接顺序不同所产生的异构。例如丙醛、丙酮、环丙醇和甲基环氧乙烷的分子式都是 C_3H_6O，但构造却不相同。

　　用 Kekul's 模型来表示构造异构时，除注意不同原子用不同的小球外，还需注意各小球是否按杂化轨道的数目和角度打有一些小孔。Kekul's 模型通常以黑球表示碳原子，绿球表示卤原子，红球表示氧原子，以较小的白球来表示氢原子。以较长的棒表示碳碳键、碳氧键、碳卤键等，以较短的棒来表示氢原子形成的共价键。在用 Kekul's 模型表示有机分子的构造时，应注意分子中各原子的相互连接顺序。

　　构象是指分子依靠键的旋转和扭曲所能达到的各种空间形状。例如 1,2-二氯乙烷中由于碳碳键的旋转可产生全重叠式、邻位交叉式、部分重叠式、对位交叉式四种典型构象式及它们之间的各种过渡态构象式。环己烷分子也有船式和椅式两种典型构象式及过渡态构象式。

　　用 Kekul's 模型表示分子的构象时，除了以不同的小球和短棒表示不同的原子和化学键外，需特别注意相同原子形成的化学键要选用长短相同的短棒，连接好后要旋转灵活，无不规则的变形，否则将难以观察模型，甚至得出错误的结论。另外，在考察各原子的相互排斥作用时，应考虑到 Kekul's 球棒模型将化学键的夸张"拉长"处理。例如在环己烷的椅式构象中，C1 上的 a 键与 C3 和 C5 上的 a 键距离较近，排斥作用较大。这在 Kekul's 模型上难以反映出来。

　　顺反异构是指由于双键或环状结构的存在，使分子中的一个原子或基团限制在一个参考平面的同侧或异侧产生的异构。例如在 2-丁烯中，参考平面在垂直于纸平面的两个双键碳原子上，两个甲基或两个氢原子可在这个参考平面的同侧或异侧而产生顺反异构，即顺-2-丁烯和反-2-丁烯。

一般 Kekul's 模型只有小球和短棒，不能表示出双键电子云的分布情况。对于双键的顺反异构，仍可采用按 sp^2 杂化制作的小球来表示碳原子，但需用两根弯形小棒来连接黑色小球。虽然这不符合碳碳双键的真实情况（一个 σ 键和一个 π 键），但各原子核在分子中的相对位置是符合实际的，对于我们观察分子的顺反异构现象不会产生错误的影响。环烷烃的顺反异构亦如此。

对映异构是指构造相同的两个化合物，互为实物与其镜像，且不能重合而造成的异构现象。例如 D-甘油醛和 L-甘油醛就是一对对映异构体。

用 Kekul's 模型表示对映异构时，最好按 Fischer 规则来做，即碳链竖立 C1 在上以及化学键的横前竖后。若各分子均按 Fischer 规则搭成模型并一致放好，考察对映异构体的相互关系，将不再是一件困难的事。比较两个结构式的异同，只需看它们所对应的模型能否完全重叠，若能，则这两个模型所对应的分子表示同一化合物；反之，就必定是不同的分子。这种判断化合物结构异同的方法，也适用于其他各种异构现象。

四、实验操作

（一）构造异构的模型作业

1. 甲烷：用模型表示甲烷分子的结构，观察其四面体形状的存在，弄清四个价键在空间的伸展方向。

2. 一氯甲烷：用模型表示一氯甲烷分子的结构，然后用表示氯原子的球棍和三个表示氢原子的球棍分别互换，观察结构是否发生改变。

（二）构象异构的模型作业

1. 1,2-二氯乙烷：用模型表示 1,2-二氯乙烷的分子结构，旋转碳碳键，使之形成全重叠、部分交叉、部分重叠、对位交叉四种典型构象式，比较各构象式中各原子的相互排斥作用的大小，理解能量变化曲线。用纽曼（Newman）投影式作图，并注明各构象异构体的名称。

2. 环己烷：用模型构成环己烷的椅式构象，然后按不同要求进行下列操作。

观察椅式环己烷模型的 a 键和 e 键，并注意每两个相邻或相隔的碳原子上 a 键和 e 键的相对位置，比较 a 键和 e 键所受到的其他原子排斥作用的大小。观察每两个相邻碳原子是否属于邻位交叉构象。画出椅式环己烷的构象透视式及纽曼（Newman）投影式，并标明各碳原子的 a 键和 e 键。

（三）顺反异构的模型作业

1. 丙烯和 2-丁烯：用模型表示丙烯和 2-丁烯的分子结构，将双键上的氢原子和甲基互换。观察各模型在互换前后能否重合，并依此总结出分子具有顺反异构的充分必要条件。画出不同的结构式并命名，注明相应的构型。

2. 十氢萘：用模型表示十氢萘顺反异构体的椅式构象，比较其结构的稳定性。画出构象表示式，注明顺、反，并注明环的稠合方式。

（四）对映异构的模型作业

1. 乳酸：用模型表示乳酸的一对对映体，比较两者的异同。旋转不同的共价键，试图将两模型重合，得出能否重合的结论后，再体会对映异构与构象异构以及其他异构现象的差异。根据模型画出费歇尔（Fischer）投影式，注明分子的 D、L 构型及 R、S 构型。

2. 酒石酸：用模型表示酒石酸的所有对映异构体，观察各模型的对称性，指出各异构体是否具有旋光性，以及各异构体之间的相互关系。旋转不同的模型和模型中表示共价键的短棍，试图将各模型重合。得出能否重合的结论后，再画出各异构体的费歇尔投影式，注明各异构体的 D、L 构型及 R、S 构型，根据构型再判断各异构体的异同，找出各异构体之间手性碳构型差异的规律。

五、思考题

1. 试述 Kekul's 模型表示分子结构的优点和不足。
2. 试述有机化合物分子中手性碳原子、对映异构现象与分子的手性三者之间的关系。

第五章 有机化合物的制备

实验二十四 乙酰水杨酸的制备
Experiment 24　Preparation of Acetyl Salicylic Acid

早在 1853 年,夏尔·弗雷德里克·热拉尔(Gerhardt)就用水杨酸与醋酐合成了乙酰水杨酸,但没能引起人们的重视;1898 年,德国化学家霍夫曼又进行了合成,并为他父亲治疗风湿关节炎,疗效极好,1899 年由德莱塞介绍到临床,并取名为阿司匹林(Aspirin)。到目前为止,阿司匹林已应用百年,成为医药史上三大经典药物之一,至今它仍是世界上应用最广泛的解热、镇痛和抗炎药,也是作为比较和评价其他药物的标准制剂。在体内具有抗血栓的作用,它能抑制血小板的释放反应,抑制血小板的聚集,这与血栓素 A_2(TXA_2)生成量的减少有关。临床上用于预防心脑血管疾病的发作。

根据文献记载,都说阿司匹林的发明人是德国的费利克斯·霍夫曼,但这项发明中,起着非常重要作用的还有一位犹太化学家阿图尔·艾兴格林。阿司匹林于 1898 年上市。

一、实验目的

1. 通过乙酰水杨酸制备[1],初步了解有机合成中乙酰化反应原理及方法。
2. 进一步熟悉减压过滤、重结晶操作技术。

二、实验原理

乙酰水杨酸(Acetylsalicylic Acid),药品商品名为阿司匹林(Aspirin),不仅是退热止痛药,而且可用于预防老年人心血管系统疾病。从药物学角度来看,它是水杨酸的前体药物[2]。早在 18 世纪,人们从柳树皮中提取出具有止痛、退热抗炎的一种化合物——水杨酸,但由于水杨酸严重刺激口腔、食道及胃壁黏膜而导致病人不能使用。为克服这一缺点,在水杨酸中引进乙酰基,获得了副作用小而疗效不减的乙酰水杨酸。

水杨酸分子中含羟基(—OH)、羧基(—COOH),具有双官能团。本实验采用强酸硫酸[3]作为催化剂,以乙酸酐为乙酰化试剂,与水杨酸的酚羟基发生酰化作用形成酯。反应如下:

水杨酸能缔合形成分子内氢键：

浓硫酸的作用是破坏水杨酸分子中的氢键，使乙酰化反应易于进行。

引入酰基的试剂叫酰化试剂，常用的乙酰化试剂有乙酰氯、乙酸酐、冰乙酸。本实验选用经济合理而反应较快的乙酸酐作为酰化剂。

制备的粗产品不纯，主要杂质是没有反应的水杨酸。

本实验用 $FeCl_3$ 检查产品的纯度，此外还可采用测定熔点的方法检测纯度。杂质中有未反应完的酚羟基，遇 $FeCl_3$ 呈蓝紫色。如果在产品中加入一定量的 $FeCl_3$，无颜色变化，则认为纯度基本达到要求。

三、仪器与试剂

【仪器】 锥形瓶（150mL 和 15mL）、恒温水浴锅、布氏漏斗、抽滤瓶、水泵、滤纸、烧杯、温度计（150℃）、冰水浴、熔点测定仪、试管、玻棒、台秤、量筒。

【试剂】 水杨酸、乙酸酐、浓 H_2SO_4、95%乙醇、1% $FeCl_3$。

【物理常数】 见表 5-1。

表 5-1 主要试剂和产品的物理常数

名称	分子量	性状	比重	熔点	沸点	溶解性		
						水	醇	醚
水杨酸	138.1	白色结晶粉末	1.443	159℃		易溶	溶	溶
乙酸酐	102.1	无色透明液体	1.45	−73.1	138.6℃	微溶	易溶	易溶
乙酰水杨酸	180.2	白色结晶粉末	1.08	135℃（分解）		微溶	易溶	微溶
浓硫酸	98	无色油状液体	1.84	−90.8℃	338℃	易溶	易溶	易溶

四、实验步骤

（一）酰化反应

1. 称取 3.0g（约 0.022mol）固体水杨酸，放入 150mL 锥形瓶中，加入 6mL（0.064mol）乙酸酐，用滴管加入 8 滴浓 H_2SO_4，摇匀，将锥形瓶放在 70~80℃ 水浴中 15min[4]，常常摇动锥形瓶，使乙酰化反应尽可能完全。

2. 取出锥形瓶，让其自然降温至室温，观察有无晶体出现。如果无晶体出现，用玻璃棒摩擦锥形瓶内侧（注意别用劲摩擦否则会把锥形瓶擦破）。当有晶体出现时，置冰水浴中冷却，并加入 50mL 冷水，出现大量不规则白色晶体，继续冷却 5min，让结晶完全。

3. 将锥形瓶中所有物质倒入布氏漏斗中抽气过滤。锥形瓶用 5mL 冷水洗涤三次，洗涤液倒入布氏漏斗中，继续抽气至干。

4. 按实验步骤（三）检测方法，检测产品纯度。

（二）重结晶

1. 将粗产品转入150mL锥形瓶中，加入5mL 95％乙醇，置水浴中加热溶解，然后冷却，用玻璃棒摩擦锥形瓶内壁，当有晶体出现时，加入25mL冷水，并置冰水浴中冷却5min，使结晶完全。
2. 再次抽气过滤。用冷水5mL洗涤锥形瓶两次，洗涤液倒入漏斗中，继续抽滤至干。
3. 将晶体产品转入表面皿中，干燥，称重，计算产率[5]（以水杨酸为标准）。

（三）产品纯度检验

1. 取少量（约火柴头大小）晶体装入试管中，加10滴95％乙醇，溶解后滴入1滴1％ $FeCl_3$液，观察颜色变化。如果颜色出现变化（红～蓝紫），说明产品不纯，需再次重结晶。若无颜色变化，说明产品比较纯。
2. 测定熔点，乙酰水杨酸熔点文献记载为：135～136℃。

五、微型方法

1. 乙酰水杨酸的合成　在具有塞子的15mL锥形瓶中加入400mg（0.0029mol）水杨酸晶体，并加入1.0mL（0.011mol）乙酸酐和1滴浓硫酸，摇动至水杨酸溶解，置80～90℃水浴中加热5min，移出锥形瓶冷却至室温，则乙酰水杨酸晶体析出，如不析出晶体，可用玻璃棒摩擦瓶壁直至析出晶体。然后加入7～8mL水并放入冷水中冷却至晶体完全析出，用布氏漏斗抽滤，用滤液把锥形瓶中的晶体完全洗出，收集在漏斗中，用1～2mL蒸馏水洗涤晶体几次，抽干得粗品，晾干，称重，计算粗品产率。

2. 重结晶　将粗品置于50mL烧瓶中，加少量95％乙醇，微热溶解，加入1～2mL蒸馏水，置冷水或冰水中冷却，待针状结晶完全析出后，抽滤，结晶尽可能抽干。将产品放入干燥器中干燥，称重，计算产率，测定熔点。按常规方法检验纯度。

六、注解和实验指导

【1】 实验流程：

【2】 前体药物是指将有生物活性的药物分子与前体基团键合，形成在体外无活性的化合物。在体内经酶或非酶作用，重新释放出母体药物的一类药物。

【3】 硫酸还可破坏水杨酸分子中羧基与酚羟基形成的分子内氢键，从而使酰化反应顺利进行。

【4】 温度高反应速度快，但温度不宜过高，否则副反应增多。

【5】 本实验中乙酸酐过量，故以水杨酸为标准计算理论产率。

$$3g\ 水杨酸 = 0.022mol\ 水杨酸$$
$$理论产量 = 0.022 \times 180.2 = 3.9g$$

$$产率 = \frac{实际产量}{理论产量} \times 100\%$$

七、思考题

1. 什么是酰化反应？什么是酰化试剂？进行酰化反应的容器是否需要干燥？
2. 重结晶的目的是什么？
3. 前后两次用 $FeCl_3$ 液检测，其结果说明什么？

实验二十五 乙酰苯胺的制备
Experiment 25 Preparation of Acetanilide

一、实验目的

1. 熟悉乙酰化反应的原理及实验操作技术。
2. 进一步熟悉重结晶、脱色、热过滤、抽滤等基本操作技术。

二、实验原理

有机合成上将向有机物分子中引入酰基（RCO—）的反应称为酰化反应，最常用的是引入乙酰基的乙酰化反应。提供乙酰基的试剂叫乙酰化试剂。在有机合成上，因苯胺上氨基活泼，往往需要采取对氨基进行乙酰化的方法来"保护"，待其他反应完成后，再将其水解，除去乙酰基。

苯胺与冰醋酸、乙酸酐、乙酰氯等试剂反应均可在苯胺的氮原子上引入乙酰基而生成乙酰苯胺。其中苯胺与乙酰氯反应最激烈，乙酸酐次之，而冰醋酸最慢，但冰醋酸容易得到，并且价格便宜。本实验选择冰醋酸作为酰化剂，反应式如下：

$$C_6H_5-NH_2 + CH_3COOH \xrightarrow{105℃} C_6H_5-NHCOCH_3 + H_2O$$

本反应为可逆反应，需把生成的水不断蒸出，使反应向右进行。

三、仪器与试剂

【仪器】 100mL 锥形瓶、100mL 圆底烧瓶、刺形分馏柱、150℃温度计、250mL 烧杯、100mL 量筒、电热套、铁架台、布氏漏斗、抽气瓶、安全瓶、水泵、熔点测定装置一套。

【试剂】 苯胺（新蒸馏）、冰醋酸、锌粉、活性炭、沸石。

【物理常数】 如表 5-2 所示。

表 5-2 主要试剂及主要产物的物理常数

有机化合物	分子量	熔点/℃	沸点/℃	相对密度 d_4^{20}	水中溶解度/(g/100mL)
苯胺	93.16	−6.3	184	1.02	3.7
冰醋酸	60.05	16.6	118	1.05	∞
乙酰苯胺	135.17	114.3	305	1.21	0.56

四、实验步骤

【常规方法】[1]

1. 合成 向一干燥的 100mL 圆底烧瓶中加入 10mL（10.23g，0.11mol）新蒸馏过的苯

图 5-1 乙酰苯胺的合成装置

胺[2]和 15mL（15.6g，0.26mol）冰醋酸，然后再加入少许锌粉[3]及 2 粒沸石。在圆底烧瓶口安装一根刺形分馏柱，柱顶插一支 150℃ 的温度计，柱的支管连接一接收管。接收管下端再连接一个小锥形瓶，收集蒸出的水和乙酸（乙酰苯胺的合成装置如图 5-1 所示）。

用电热套加热圆底烧瓶中的反应物至沸，控制加热温度，使温度计读数保持在 105℃ 左右（不超过 110℃），经过大约 40min，反应所生成的水几乎蒸完（含少量未反应的醋酸），收集馏出液 6～8mL 时，温度计读数下降或不稳定，表示反应已经完成。在搅拌下趁热将烧瓶中的液体倒入盛有 100mL 冰水的烧杯中，乙酰苯胺析出晶体。冷却后，用布氏漏斗抽滤，滤饼用少许冷蒸馏水洗涤 3 次，抽滤得到粗产品。

2. 精制　将粗产品转移至 250mL 烧杯中，加入 100～150mL 蒸馏水，加热至沸，乙酰苯胺完全溶解（如果乙酰苯胺不完全溶解，可再加 25mL 蒸馏水）。稍放冷，加 0.5g 活性炭脱色[4,5]，搅拌使活性炭较均匀地分散在溶液中，再煮沸 5min。趁热将混合液用布氏漏斗抽滤。将滤液冷却，乙酰苯胺的片状晶体析出。用布氏漏斗抽滤，滤饼用少量的冷蒸馏水洗涤 3 次，抽滤，压紧抽干。结晶放在蒸发皿上，用水浴干燥，称重，测熔点（文献值 114.3℃），并计算产率。

【微型方法】　在干燥的 10mL 圆底烧瓶中放入新蒸馏的苯胺 1g（0.011mol），冰乙酸 2mL（2.1g，0.035mol），装上回流冷凝管。用电热套加热至沸腾，控制温度在 105℃ 左右，回流半小时。停止加热，在搅拌下将烧瓶中的液体趁热慢慢地倒入盛有 10mL 冷水的烧杯中。冷却后用玻璃钉压过滤装置并与已排气的吸耳球连接来抽滤得到粗产品，可用水重结晶精制。若所得溶液有颜色，可加入少量活性炭进行脱色。若产品熔点偏低，可用蒸馏水重结晶。本实验可以用薄层色谱法进行反应进程的监测和产品纯度的检验。

五、注解和实验指导

【1】 实验流程：

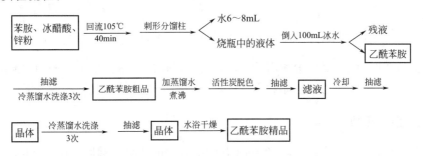

【2】 在 100mL 水中，乙酰苯胺的溶解度与温度的关系为

溶解度	5.55g	3.45g	0.84g	0.46g
温度	100℃	80℃	50℃	20℃

乙酰苯胺的熔点为 114℃，在沸水中乙酰苯胺可转变成油状物，所以在制备饱和溶液时，必须使油状物完全溶解。

苯胺久置后颜色变深，有杂质，会影响乙酰苯胺质量。故先将苯胺进行蒸馏。蒸馏时为防止苯胺氧化，加少量锌粉。新馏出的苯胺呈淡黄色或无色。

【3】 加入锌粉的目的是防止苯胺在加热过程中被氧化。

【4】 活性炭是一种具有多孔蜂窝状结构、有很强吸附力的物质。它能够吸附有机物质，在有机合成上常用来除去有色杂质，该操作称为"脱色"。

【5】 活性炭不能加入沸腾或很热的溶液中，以免溶液"暴沸"。

六、思考题

1. 为什么在合成乙酰苯胺的步骤中，反应温度需控制在 105℃。
2. 乙酰化反应在有机合成中有何作用？
3. 常用哪些乙酰化试剂？哪种反应最快？
4. 为何要先将苯胺制成盐酸苯胺，再与乙酐反应？

实验二十六 乙酸乙酯的制备
Experiment 26 Preparation of Ethyl Acetate

一、实验目的

1. 掌握回流、蒸馏、萃取和液体有机物干燥等有机合成操作。
2. 掌握产物的分离提纯原理和方法。
3. 了解酯化反应基本原理和酯的制备方法。

二、实验原理

乙酸乙酯（Ethyl Acetate）是具有水果香味的无色液体，是一种重要的有机溶剂，广泛应用于合成、食品着香剂以及调和水果香精。本实验以冰醋酸（Glacial Acetic Acid）和无水乙醇为原料，在浓硫酸催化作用下发生酯化反应（Esterification Reaction）制备乙酸乙酯：

$$CH_3COOH + C_2H_5OH \underset{\triangle}{\overset{浓 H_2SO_4}{\rightleftharpoons}} CH_3COOC_2H_5 + H_2O$$

该反应是可逆反应，硫酸电离出的氢离子可以促使反应达到平衡，增加冰醋酸或乙醇的浓度，或及时蒸出生成的乙酸乙酯和水，可以使平衡正向移动，提高乙酸乙酯的产率。

三、仪器与试剂

【仪器】 常规方法仪器：量筒（10mL，50mL）、电热套、圆底烧瓶（100mL）、球形冷凝管、直形冷凝管、烧杯（500mL）、干燥管、蒸馏头、接液管、锥形瓶（100mL）、分液漏斗、量筒、温度计、铁架台等。

微型方法仪器：量筒（5mL）、圆底烧瓶（10mL）、直形冷凝管、微型蒸馏头、玻璃塞、温度计套管、温度计、滴管、分液漏斗、锥形瓶（10mL）等。

【试剂】 无水乙醇、浓硫酸、冰醋酸、饱和碳酸钠溶液、饱和氯化钠溶液、饱和氯化钙溶液、无水硫酸镁。

【物理常数】 如表5-3所示。

表 5-3　主要试剂及主要产物的物理常数

有机化合物	分子量	熔点/℃	沸点/℃	相对密度 d_4^{20}	水溶性
冰醋酸	60.05	16.7	118	1.049	易溶于水
无水乙醇	46.07	−117	78.4	0.7893	易溶于水
乙酸乙酯	88.12	−84	77.1	0.9005	微溶于水

四、实验步骤

【常规方法】[1]

1. 合成　在100mL圆底烧瓶中加入20mL（15.7g，0.34mol）无水乙醇和12mL冰醋酸（12.59g，0.21mol），在摇动下缓慢滴加5mL浓硫酸[2]，混合均匀放入1颗磁搅拌子，装上球形冷凝管和干燥管，带磁搅拌电热套加热回流30min[3]。停止加热，稍冷后，将回流装置改为蒸馏装置，在水浴上加热蒸馏直至无馏出液蒸出，得到粗产品。

2. 精制　粗产品除了有乙酸乙酯外，还有水和少量没有反应的乙酸、乙醇以及其他副产物，必须通过精制加以除去。

向馏出液中缓慢滴加饱和碳酸钠溶液[3]，边加边摇，直至不再有二氧化碳气体逸出或水层使红色石蕊试纸变蓝为止。将混合液转入分液漏斗中，充分振摇后静置，分去下层水溶液。上层用10mL饱和氯化钠溶液洗涤两次[4]，以除去碳酸钠；再用5mL饱和氯化钙溶液洗涤两次，除去微量的乙醇。将乙酸乙酯倒入干燥的锥形瓶中，加入约2g无水硫酸镁，充分振摇后静置约10min，过滤除去固体，蒸馏[5]，收集74~78℃的馏分，称重计算产率。

3. 产品检验　纯乙酸乙酯为有水果香味、无色的液体，沸点77.06℃，折射率 $n_D^{20}=1.3723$，通过测定产品的沸点和折射率，可初步判断产品纯度，也可以通过检测产品的气相色谱和红外光谱，与标准谱图对照，可判断产品是否为乙酸乙酯并得知其产品纯度。

【微型方法】

1. 合成　在10mL圆底烧瓶中加入3mL（2.36g，51.4mmol）无水乙醇和1.9mL（1.99g，33.2mmol）冰醋酸，再缓慢滴加0.8mL浓硫酸，摇匀后加入一粒沸石，装上球形冷凝管用水浴加热、回流20min。停止加热，冷却，将装置改为蒸馏装置，水浴加热蒸出乙酸乙酯，直至馏出液为反应液总体积的1/2。

2. 精制　将馏出液倒入分液漏斗中，依次用少量饱和碳酸钠溶液、2mL饱和氯化钠溶液、2mL饱和氯化钙溶液洗涤，每次洗涤充分振荡后分去下层水溶液，从分液漏斗上口将酯层倒入干燥的锥形瓶中，并用无水硫酸镁干燥。滤去固体后，蒸馏，收集74~78℃的馏分，称重计算产率。

3. 产品检验（同常规方法）

五、注解和实验指导

【1】常规方法实验流程

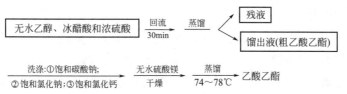

【2】　硫酸加入过快会使温度迅速上升超过乙醇的沸点。若不及时振摇均匀，则在硫酸

与乙醇的界面处会产生局部过热炭化，反应液变为棕黄色，同时产生较多的副产物。

【3】 用碳酸钠溶液可除去未反应的乙酸。

【4】 为减少乙酸乙酯在水中的溶解度，应采用饱和食盐水洗涤而不用自来水。洗涤后的食盐水中含有碳酸钠，必须彻底分离干净，否则在其后用氯化钙溶液洗涤时会产生碳酸钙絮状沉淀，增加分离的麻烦。如果遇到了发生絮状沉淀的情况，应将其滤去，然后再重新转入分液漏斗中静置分层。

【5】 如果乙酸乙酯中含有少量水或乙醇，则在蒸馏时可能产生以下三种共沸物：(a) 酯-醇共沸物，bp 71.8℃，含醇 31%；(b) 酯-水共沸物，bp 70.4℃，含水 8.1%；(c) 酯-水-醇三元共沸物，bp 70.2℃，含水 9%，醇 8.4%。所以如果洗涤不干净或干燥不充分，在蒸馏时就会有大量前馏分，造成严重的产品损失。

六、思考题

1. 酯化反应有什么特点？本实验如何创造条件使酯化反应尽量向生成物方向进行？
2. 在精制过程中，饱和碳酸钠溶液、氯化钠溶液、氯化钙溶液和无水硫酸镁分别除去哪些杂质？
3. 粗产品为何要先经饱和氯化钙洗涤和无水硫酸镁干燥后，才能进行蒸馏？

实验二十七　1-溴丁烷的制备
Experiment 27　Preparation of 1-Bromine Butane

一、实验目的

掌握由醇和氢卤酸亲核取代反应（Nucleophilic Substitution）制备卤代烃的方法。

二、实验原理

正丁醇与氢溴酸反应可制得 1-溴丁烷[1]。氢溴酸可用溴化钠与硫酸作用制备，过量的硫酸可产生更高浓度的氢溴酸而加快反应速度。

主反应：

$$NaBr + H_2SO_4 \longrightarrow HBr + NaHSO_4$$

$$CH_3CH_2CH_2CH_2OH + HBr \longrightarrow CH_3CH_2CH_2CH_2Br + H_2O$$

副反应：

$$CH_3CH_2CH_2CH_2OH \xrightarrow{H_2SO_4} CH_3CH_2CH=CH_2 + H_2O$$

$$CH_3CH_2CH_2CH_2OH \xrightarrow{H_2SO_4} CH_3CH_2CH_2CH_2OCH_2CH_2CH_2CH_3 + H_2O$$

三、仪器与试剂

【仪器】 50mL 圆底烧瓶、25mL 圆底烧瓶、75°弯管、蒸馏头、150℃温度计、水冷凝管、接引管、锥形瓶、分液漏斗、微型蒸馏头、具塞离心试管。

【试剂】 正丁醇、无水溴化钠、浓硫酸、饱和碳酸氢钠溶液、无水氯化钙、5%氢氧化钠溶液。

【物理常数】 主要试剂及主要产物的物理常数如表 5-4 所示。

表 5-4 主要试剂及主要产物的物理常数

有机化合物	分子量	熔点/℃	沸点/℃	相对密度 d_4^{20}	水中溶解度/(g/100mL)
正丁醇	74.12	−88.9	117.7	0.81	7.7
溴化钠	102.89	755	1390	3.21	73.3
浓硫酸	98.08		335.5	1.84	∞
1-溴丁烷	137.03	−112.4	101.6	1.27	0.06
丁醚	130.23	−98	142	0.77	0.03
1-丁烯	56.12	−185.3	−6.3	0.59	不溶

四、实验步骤

【常规方法】

实验装置如图 5-2 所示,在冷凝管的上口接玻璃弯管,其另一端接橡皮导管,玻璃漏斗接在橡皮导管上并倒扣在盛有 5%氢氧化钠溶液的烧杯中,漏斗口恰好接触液面,但勿浸入溶液中,以免倒吸。在 50mL 圆底烧瓶中加入 7mL 水,冷水浴条件下小心加入 10mL 浓硫酸,混合均匀冷至室温。依次加入 5g 溴化钠和 3.5mL 正丁醇,充分摇匀后加入 1~2 粒沸石,装上连有气体吸收装置的冷凝管。加热至沸腾,回流 30min,停止加热。待反应液冷却后,移去冷凝管,接 75°弯管改为蒸馏装置进行蒸馏至馏出液无油滴[2]。

将馏出液倒入分液漏斗中,加等体积水洗涤[3]。油层转入另一干燥分液漏斗中,用等体积的浓硫酸洗涤[4]。有机相再分别用等体积的水、饱和碳酸氢钠洗涤。将下层粗产品放入干燥的锥形瓶中,加 1g 块状无水氯化钙干燥,间歇摇动锥形瓶,至液体澄清。

将干燥好的粗产品滤入 25mL 圆底烧瓶中,加入几粒沸石,蒸馏,收集 99~103℃馏分。产量约 3.5g。

纯 1-溴丁烷沸点为 101.6℃,折射率 n_D^{30} 为 1.4401。

【微型方法】

1. 在 10mL 圆底烧瓶中加入 220μL 水,慢慢加入 260μL 浓硫酸,混合均匀并冷却至室温,依次加入 220mg 溴化钠和 170μL 正丁醇,充分摇匀后加入搅拌磁子,装上冷凝管。冷凝管上口接二通旋塞导气管,导气管另一端接橡皮导管,玻璃漏斗接在橡皮管上并倒置于水槽中,漏斗口恰好与水面接触。

2. 用电磁搅拌器上的砂浴加热反应物回流 30min。冷却后,取下连有气体吸收装置的冷凝管,装上微型蒸馏头,蒸出 1-溴丁烷。

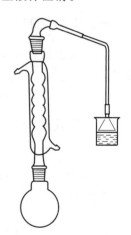

图 5-2 溴丁烷的制备装置

3. 用毛细管吸出馏出液,转移至 5mL 具塞离心试管中,加 220μL 水洗涤,并用毛细管向液体中鼓气泡,搅拌洗涤,反复数次,待分层后,用毛细管小心地将粗产品吸出,转移至另一干燥的 5mL 具塞离心试管中,用 110μL 浓硫酸洗涤,方法如上。分出硫酸层,有机层分别用 220μL 水和 220μL 饱和碳酸氢钠洗涤,得粗品。粗品用少许无水氯化钙干燥。

4. 将干燥好的粗品用脱脂棉滤入干燥的 10mL 圆底烧瓶中,加入一粒沸石,装上微型蒸馏头,接上温度计,在砂浴上加热蒸馏,收集 99~103℃馏分,称量并计算产率。

五、注解和实验指导

【1】 实验流程图

浓硫酸、正丁醇、溴化钠 —回流30min→ 蒸馏 → 残留液 / 馏出液(1-溴丁烷粗品)

分别用水、浓硫酸、水、饱和碳酸氢钠及水洗涤 → 无水氯化钙干燥 → 蒸馏 99~103℃馏分 → 1-溴丁烷

【2】 取一盛有清水的试管收集几滴馏分，摇动，观察有无油珠。

【3】 若油层呈红色，含有游离的溴，可加入溶有少量亚硫酸氢钠的水溶液洗涤。

【4】 浓硫酸可将粗产品中少量未反应的正丁醇及副产物正丁醚等杂质除去，亦可用浓盐酸替代浓硫酸。

六、思考题

1. 实验中浓硫酸的作用是什么？浓硫酸的用量及浓度对反应有何影响？
2. 用分液漏斗洗涤产物时，可用何种方法判断 1-溴丁烷层？
3. 本实验中可能产生哪些副反应？如何减少副反应的发生？

实验二十八　甲基橙的制备
Experiment 28　Preparation of Methyl Orange

一、实验目的

1. 掌握重氮化反应（Diazotization Reaction）、偶联反应（Coupled Reaction）的操作技术。
2. 进一步熟悉重结晶操作技术。

二、实验原理

将对氨基苯磺酸与氢氧化钠作用生成易溶于水的盐，再与 HNO_2 重氮化，然后再与 N,N-二甲基苯胺偶联得到粗产品甲基橙。粗产品在 0.2% NaOH 溶液中进行重结晶，得到甲基橙精产品。反应式如下：

$$H_2N\text{—}\underset{}{\bigcirc}\text{—}SO_3H + NaOH \longrightarrow H_2N\text{—}\underset{}{\bigcirc}\text{—}SO_3Na + H_2O$$

$$H_2N\text{—}\underset{}{\bigcirc}\text{—}SO_3Na + NaNO_2 + HCl \xrightarrow{0\sim5℃} [HO_3S\text{—}\underset{}{\bigcirc}\text{—}N\!\!=\!\!N]Cl$$

$$[HO_3S\text{—}\underset{}{\bigcirc}\text{—}N\!\!=\!\!N]Cl + \underset{}{\bigcirc}\text{—}N(CH_3)_2 \xrightarrow[0\sim5℃]{HAc} [HO_3S\text{—}\underset{}{\bigcirc}\text{—}N\!\!=\!\!N\text{—}\underset{}{\bigcirc}\text{—}N(CH_3)_2]Ac$$

$$[HO_3S\text{—}\underset{}{\bigcirc}\text{—}N\!\!=\!\!N\text{—}\underset{}{\bigcirc}\text{—}N(CH_3)_2]Ac \xrightarrow{NaOH} NaO_3S\text{—}\underset{}{\bigcirc}\text{—}N\!\!=\!\!N\text{—}\underset{}{\bigcirc}\text{—}N(CH_3)_2$$

三、仪器与试剂

【仪器】 烧杯、试管、滴管、刻度吸管、布氏漏斗、滤纸、抽滤瓶、恒温水浴锅、冰水浴、温度计、玻璃棒、洗耳球、水泵、台秤、量筒。

【试剂】 二水对氨基苯磺酸、N,N-二甲基苯胺、亚硝酸钠、浓盐酸、冰醋酸、10%氢氧化钠溶液、95%乙醇、乙醚、KI-淀粉试纸、pH试纸。

【物理常数】 主要试剂及主要产物的物理常数见表 5-5。

表 5-5 主要试剂及主要产物的物理常数

药品名称	分子量	用量	熔点/℃	沸点/℃	相对密度 d_4^{20}	水溶性
二水对氨基苯磺酸	209.21	2.1g(0.01mol)	288		1.485	不溶于水
N,N-二甲基苯胺	121.18	1.3mL(0.01mol)	2.45	194.5	0.9563	不溶于水
甲基橙	327.34				0.987	微溶于水
亚硝酸钠	69	0.8g(0.11mol)	271		2.168	易溶于水
浓盐酸	36.46	3mL			1.187	易溶于水
冰醋酸	60.05	1mL	16.7	118	1.049	易溶于水

四、实验步骤

1. 在台秤上称取 2.1g（0.01mol）对氨基苯磺酸晶体置于 100mL 烧杯中，加入约 10mL 5%NaOH 溶液[1]，于温水浴中温热，晶体完全溶解后冷却到室温。

2. 称取 0.8g $NaNO_2$（0.011mol）置于试管中，加 6mL 水，摇动溶解完全后倒入装有对氨基苯磺酸的烧杯中。搅拌均匀，将烧杯置于冰水中，冷却到 0~5℃（继续放在冰水浴中进行下一步实验）。

3. 将 12mL 3mol/L HCl 溶液慢慢滴入烧杯中，不断搅拌，烧杯中温度控制在 0~5℃ 之间。滴完后用玻璃棒蘸被液滴置于淀粉-碘化钾试纸上，试纸应为蓝色[2]。继续在冰水浴中搅拌 15min，可见到有白色细粒状重氮盐析出。

4. 用刻度吸管吸取 1.3mL N,N-二甲基苯胺液体（约 0.01mol）和 1mL 冰乙酸置于试管中混合均匀，慢慢滴加到上面制得的重氮盐中，同时剧烈搅拌。可见到红色沉淀析出。继续搅拌 10min，使偶联完全。

5. 从冰水浴中取出烧杯，加入 13~15mL 10%NaOH 溶液，至溶液呈碱性（用 pH 试纸试验）。不断搅拌，可见红色甲基橙粗产品变为橙色。

6. 将烧杯置于 60℃水浴中加热，直至甲基橙晶体完全溶解，冷却至室温，有甲基橙晶体析出，再将烧杯置于冰水浴中冷却 5min，使甲基橙结晶完全。抽气过滤，并依次用冰水、95%乙醇、乙醚各 10mL 洗涤晶体，抽干后得到甲基橙粗产品。

7. 将粗产品转入到烧杯中，加入 70~80mL 0.2% NaOH 溶液，进行重结晶。过滤，收集晶体，晾干，称重，计算产率。

8. 产品集中回收。

五、注解和实验指导

【1】 使对氨基苯磺酸以磺酸盐的形式存在，易溶解。

【2】 试纸呈蓝色原因是过量亚硝酸与 KI 反应生成 I_2，I_2 使淀粉变蓝。亚硝酸不宜过

量或不足,需控制好用量。如亚硝酸钠加入不足,反应不完全;如果亚硝酸钠过量,亚硝酸可能与重氮盐发生取代反应使产物不纯。亚硝酸过量,可加尿素除去。

六、思考题

1. 实验中为什么要将反应温度控制在 5℃ 以下?温度偏高对反应有什么影响?
2. 试结合本实验讨论一下重氮化反应和偶联反应的条件。

实验二十九　苯甲酸的制备
Experiment 29　Preparation of Benzoic Acid

一、实验目的

1. 学习相转移催化法制备苯甲酸的原理和方法。
2. 掌握回流冷凝、重结晶等操作技能。

二、实验原理

氧化反应是制备羧酸的常用方法。芳香族羧酸通常用氧化含有 α-H 的芳香烃的方法来制备。芳香烃的苯环比较稳定,难于氧化,而环上的支链不论长短,在强烈氧化时,最终都氧化成羧基。制备羧酸采用的都是比较剧烈的氧化条件,而氧化反应一般都是放热反应,所以控制反应在一定的温度下进行是非常重要的。如果反应失控,不但破坏产物,使产率降低,有时还有发生爆炸的危险。

本实验采用甲苯为原料,高锰酸钾为氧化剂,在相转移催化剂(四丁基溴化铵,TBAB)存在下进行氧化反应制备得到苯甲酸[1](实验装置如图 5-3 所示)。

$$C_6H_5-CH_3 + KMnO_4 \xrightarrow{\Delta} C_6H_5-COOK + MnO_2 + H_2O$$

$$C_6H_5-COOK + HCl \longrightarrow C_6H_5-COOH + KCl$$

三、仪器与试剂

【仪器】　250mL 圆底烧瓶、球形冷凝管、250mL 烧杯、胶头滴管、量筒、布氏漏斗、吸滤瓶、真空泵等。

【试剂】　甲苯、高锰酸钾、四丁基溴化铵、亚硫酸氢钠、浓盐酸。

【物理常数】　主要试剂及主要产物的物理常数如表 5-6 所示。

表 5-6　主要试剂及主要产物的物理常数

有机物	分子量	性状	熔点/℃	沸点/℃	相对密度 d_4^{20}	溶解性 水	乙醇
甲苯	92.15	无色液体易燃易挥发	−95	110.6	0.8669	不溶	∞
苯甲酸	122.12	白色片状或针状晶体	122.4	248	1.2659	微溶	易溶

四、实验步骤

1. 合成[2,3]　如图 5-3 所示,在装有回流冷凝管的 250mL 三口烧瓶中依次加入 8.5g 高锰酸钾（沾附于瓶口的高锰酸钾用少量水冲入瓶内），100mL 水和一定量（约 0.2g）相转移催化剂。加热至微沸后，在强烈搅拌下缓慢滴加 2.7mL 甲苯，回流 1.5～2h。直到甲苯层近于消失，回流液不再出现油珠。

2. 提纯　将反应混合物趁热减压过滤，用少量热水洗涤滤渣二氧化锰（滤液如果呈紫色，可加入少量亚硫酸氢钠使紫色褪去，重新减压过滤）[4]。合并滤液和洗涤液，放在冰水浴中冷却，然后用浓盐酸酸化，边加边搅拌，并用 pH 试纸测溶液的 pH 值，至强酸性，使苯甲酸全部析出。将析出的苯甲酸减压过滤，用少量冷水洗涤，挤压水分。将制得的苯甲酸自然干燥后称重。

若产品不够纯净，可用热水重结晶，必要时加入少量活性炭脱色。纯净的苯甲酸为白色片状或针状晶体。

图 5-3　滴加搅拌回流装置

3. 测熔点　文献值 122～123℃。

五、注解与实验指导

【1】实验流程：

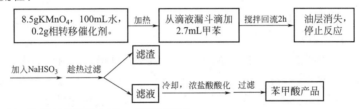

【2】制备时加热温度不要太高，回流即可。

【3】由于甲苯不溶于高锰酸钾水溶液中，故该氧化反应为两相反应，反应需要较高温度和较长时间，所以反应采用了加热回流装置，同时采用机械搅拌。如果能在反应中再加入相转移催化剂则能够大大缩短氧化反应时间。

【4】氧化反应结束时，在继续搅拌下从球形冷凝管上口分批加入适量的亚硫酸氢钠水溶液以除去未反应的高锰酸钾氧化剂，然后将反应混合物趁热减压过滤。

六、思考题

1. 在氧化反应中，影响苯甲酸产量的主要因素是哪些？
2. 反应完毕后，如果滤液呈紫色，为什么要加亚硫酸氢钠？
3. 可以采用几种方法精制苯甲酸？具体方法是什么？

实验三十　己二酸的制备
Experiment 30　Preparation of Hexandioic Acid

一、实验目的

1. 熟悉机械搅拌和气体吸收等操作技术。
2. 了解用氧化法制备己二酸的原理及操作方法。

二、实验原理

己二酸（Hexandioic Acid）是工业上具有重要意义的二元羧酸，在化工生产、有机合成工业、医药、润滑剂制造等方面都有重要作用。己二酸可由环己醇（Cyclohexanol）或环己酮（Cyclohexanone）氧化得到，常用的氧化剂有硝酸（Nitric Acid）和高锰酸钾（Potassium Permanganate）等。

$$3\text{C}_6\text{H}_{11}\text{OH} + 8\text{HNO}_3 \xrightarrow{\Delta} \text{HOOC(CH}_2)_4\text{COOH} + 8\text{NO}_2 + 7\text{H}_2\text{O}$$

$$\text{C}_6\text{H}_{10}\text{O} \xrightarrow[\Delta]{\text{KMnO}_4} \text{HOOC(CH}_2)_4\text{COOH}$$

用硝酸做氧化剂时，需要安装气体吸收装置吸收 NO、NO_2 等有害气体，同时应在通风条件下进行实验。

三、仪器与试剂

【仪器】 常规方法仪器：电动搅拌器、三颈烧瓶（125mL）、球形冷凝管、滴液漏斗、Y形管、温度计及套管、气体吸收装置、量筒、台秤、烧杯、滤纸、布氏漏斗、减压抽滤装置、水浴锅、电热套、石棉网。

微型方法仪器：三颈烧瓶（25mL）、搅拌磁子、直形（球形）冷凝管、多功能梨形漏斗、玻璃钉减压过滤装置、不锈钢刮刀、表面皿、温度计及套管、烧杯（20mL）、气体吸收装置。

【试剂】 环己醇、环己酮、硝酸、高锰酸钾、钒酸铵、氢氧化钠溶液（12g/L，100g/L）、碳酸钠溶液（100g/L）、浓硫酸。

【物理常数】 主要试剂及主要产物的物理常数如表 5-7 所示。

表 5-7 主要试剂及主要产物的物理常数

有机化合物	分子量	熔点/℃	沸点/℃	相对密度 d_4^{20}	水溶性
环己醇	100.16	25.2	161.0	0.96	微溶
环己酮	98.14	−16.4	155.7	0.95	微溶
硝酸	63.01	−42	86.0	1.50	溶
高锰酸钾	158.04	240(分解)		2.70	溶
己二酸	146.14	152	337.5	1.37	微溶

四、实验步骤[1]

【常规方法】

方法 1 在装有电动搅拌器、温度计的 125mL 三颈烧瓶中，加入 18.8mL 50%（0.2mol）硝酸[2]及少许钒酸铵（约 0.01g）。在三颈烧瓶的侧口上装置 Y 形管，Y 形管一口接 50mL 滴液漏斗，另一口接气体吸收装置，用 100g/L 氢氧化钠溶液吸收产生的氧化氮气体。开启搅拌，三颈烧瓶用水浴预热到 50℃ 左右，移去水浴，自滴液漏斗慢慢滴入 6.3mL（0.06mol）环己醇[3]。控制滴入速度，使瓶内温度维持在 50~60℃ 之间[4]，滴毕（约需 25min），用沸水浴加热 10min，至几乎无红棕色气体放出为止。稍冷后，将反应混合物倒入 100mL 烧杯中，冰水浴冷却，析出己二酸。抽滤，用 15mL 冷水洗涤，压紧，抽干。粗产品 6.0~6.5g（68%~74%）。用水重结晶，得白色棱状晶体，熔点 151~152℃。

方法2 在装有电动搅拌器、温度计的 125mL 三颈烧瓶中，加入 6.3g（0.04mol）高锰酸钾、50mL 12g/L 氢氧化钠溶液和 2mL（0.02mol）环己酮。装置回流冷凝管，开启电动搅拌。反应为放热反应，先用冷水浴控制反应温度不超过 40℃[5]，几分钟后改为热水浴维持温度 50℃ 30min，随着反应的进行有大量二氧化锰沉淀产生。

抽滤反应混合液，用 100g/L 碳酸钠洗涤滤渣（2×10mL）[6]。滤液置于烧杯中，在石棉网上加热浓缩至 10~15mL[7]，用浓硫酸酸化至强酸性，冷却使己二酸沉淀完全，抽滤。

粗产品用水重结晶，加活性炭脱色，产量 1.2~1.5g（41%~51%）。

【微型方法】 在 25mL 三颈烧瓶中放入 3.5mL 50%（36.3mmol）硝酸及少许钒酸铵，用 100g/L 氢氧化钠溶液吸收反应产生的氧化氮气体。在电磁搅拌下，由滴液漏斗慢慢滴入 1.0mL（9.6mmol）环己醇[8]。滴毕（约 5min），用 60~70℃ 水浴加热，继续搅拌 30min，最后用沸水浴加热 10min 至几乎无红棕色气体放出。稍冷后，将反应混合物转入 20mL 烧杯中，冰水浴冷却至己二酸沉淀完全。用玻璃钉减压过滤装置抽滤，滤饼加 2mL 冷水洗涤，用玻璃钉压紧、抽干。结晶用不锈钢刮刀刮下置于表面皿上，在红外灯下烤干或晾干，粗产品约 1.1g。

用 5mL 水重结晶，产量 0.8~1.0g（57%~71%），熔点 151~152℃。

五、注解和实验指导

【1】 常规实验流程

硝酸、钒酸铵、环己醇 →（电动搅拌 ①50~60, 30min; ②100℃, 10min）→ 冷却 → 抽滤 → 冰水洗 抽干 → 粗己二酸 → 重结晶 → 烘干 → 己二酸

【2】 硝酸过浓时反应太剧烈，甚至发生意外；过稀时反应不完全，故用 50% 硝酸较为适宜。

【3】 环己醇与浓硫酸会发生剧烈反应，不能使用同一量筒量取。

【4】 此反应为强烈放热反应，滴加速度不宜过快。温度过高时，可用冷水浴冷却，温度过低时，则可用水浴加热。

【5】 反应物混合后，反应可能没有立刻开始。若室温较低时，可用 40℃ 水浴温热，当温度升至 30℃ 时，应立即撤开温水浴，避免反应过于剧烈，物料冲出反应容器。

【6】 滤渣中尚含有己二酸盐，故需用碳酸钠溶液把它洗出。

【7】 15℃ 时 100mL 水能溶解己二酸 1.5g，蒸发浓缩能减少己二酸溶解损失。

【8】 室温下环己醇为黏稠液体，为减少损失，可用少量水冲洗量器后并入滴液漏斗中，这样亦有利于将环己醇由滴液漏斗滴入反应瓶。

六、思考题

1. 能否用同一量筒量取硝酸和环己醇？为什么？
2. 如何控制反应开始前期和反应后期的反应温度？
3. 如何用 71% 的硝酸（相对密度：1.42）配制 18.8mL 50% 的硝酸（相对密度：1.31）？

实验三十一　环己烯的制备
Experiment 31　Preparation of Cyclohexene

一、实验目的

1. 学习、掌握由环己醇制备环己烯的原理及方法。

2. 了解分馏的原理及实验操作。
3. 练习并掌握蒸馏、分液、干燥等实验操作方法。

二、实验原理

环己醇通常可用浓磷酸或浓硫酸做催化剂脱水制备环己烯,本实验是以浓磷酸做脱水剂来制备环己烯的。反应采用85%的磷酸为催化剂,而不用浓硫酸做催化剂,是因为磷酸氧化能力较硫酸弱得多,减少了氧化副反应。

主反应 $\ce{C6H11-OH ->[85\%H_3PO_4] C6H10 + H2O}$

副反应 $\ce{2 C6H11-OH ->[85\%H_3PO_4] C6H11-O-C6H11 + H2O}$

主反应为可逆反应,为了增加产品收率,本实验采用的措施是:边反应边蒸出反应生成的环己烯和水形成的二元共沸物(沸点70.8℃,含水10%)。但是原料环己醇也能和水形成二元共沸物(沸点97.8℃,含水80%)。为了使产物以共沸物的形式蒸出反应体系,而又不夹带原料环己醇,本实验采用分馏装置,并控制柱顶温度不超过90℃。

分馏的原理就是让上升的蒸气和下降的冷凝液在分馏柱中进行多次热交换,相当于在分馏柱中进行多次蒸馏,从而使低沸点的物质不断上升、被蒸出;高沸点的物质不断地被冷凝、下降、流回加热容器中;结果将沸点不同的物质分离。

三、仪器与试剂

【仪器】 25mL 和 50mL 圆底烧瓶、刺型分馏柱、直形冷凝管、125mL 分液漏斗、蒸馏头、接液管、50mL 磨口锥形瓶、温度计、电热套。

【药品】 环己醇(10g)、浓磷酸(4mL)、食盐(1g)、无水氯化钙(1~2g)、5%碳酸钠(4mL)。

【物理常数】 主要试剂及主要产物的物理常数见表5-8。

表 5-8 主要试剂及主要产物的物理常数

药品名称	分子量	用量	熔点/℃	沸点/℃	相对密度 d_4^{20}	水溶解度/(g/100ml)
环己醇	100.16	10mL(0.096mol)	25.2	161	0.9624	稍溶于水
85%磷酸	98	5mL(0.08mol)	42.35		1.834	易溶于水
环己烯	82.14			83.19	0.8098	不溶于水

四、实验步骤[1]

在 50mL 干燥的圆底烧瓶中,放入 10mL 环己醇[2](9.6g,0.096mol)、5mL 85%磷酸,充分振摇、混合均匀[3]。投入几粒沸石,按图 5-4 安装反应装置[4],用锥形瓶作为接收器。将烧瓶在石棉网上用小火慢慢加热,控制加热速度使分馏柱上端的温度不要超过 90℃[5],馏出液为带水的混合物。当烧瓶中只剩下很少量的残液并出现阵阵白雾时,即可停止蒸馏[6]。全部蒸馏时间约需 40min。

将蒸馏液分去水层[7],加入等体积的饱和食盐水,充分振摇后静止分层,分去水层(洗涤微量的酸,产品在哪一层?)。将下层水溶液自漏斗下端活塞放出,上层的粗产物自漏斗的上口倒入干燥的小锥形瓶中,加入 1~2g 无水氯化钙干燥。将干燥后的产物滤入干燥的 25mL 圆底烧瓶中[8],加入几粒沸石,用水浴加热蒸馏。收集 80~85℃ 的馏分于已称重的干燥小锥形瓶中。称重，计算收率（本实验约需 4h）。

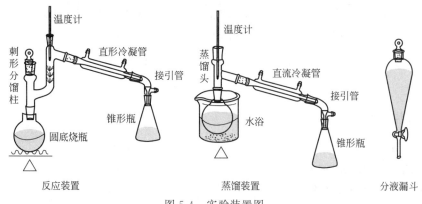

图 5-4　实验装置图

五、注解与实验指导

【1】实验流程图

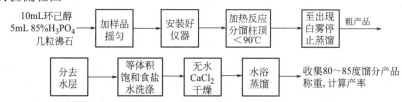

【2】环己醇在常温下是黏稠状液体，因而若用量筒量取时应注意转移中的损失。所以，取样时，最好先取环己醇，后取磷酸。

【3】环己醇与磷酸应充分混合，否则在加热过程中可能会局部炭化，使溶液变黑。

【4】安装仪器的顺序是从下到上，从左到右，十字头应口向上。

【5】由于反应中环己烯与水形成共沸物（沸点 70.8℃，含水 10%），环己醇也能与水形成共沸物（沸点 97.8℃，含水 80%），因此在加热时温度不可过高，蒸馏速度不宜太快，以减少未作用的环己醇蒸出。文献要求柱顶温度控制在 73℃ 左右，但反应速度太慢。本实验为了加快蒸出的速度，可控制在 90℃ 以下。

【6】反应终点的判断可参考以下几个参数：①反应进行 40min 左右；②分馏出的环己烯和水的共沸物达到理论计算量；③反应烧瓶中出现白雾；④柱顶温度下降后又升到 85℃ 以上。

【7】洗涤分水时，水层应尽可能分离完全，否则将增加无水氯化钙的用量，使产物更多地被干燥剂吸附而导致损失。这里用无水氯化钙干燥较适合，因它还可除去少量环己醇。无水氯化钙的用量视粗产品中的含水量而定，一般干燥时间应在半个小时以上，最好干燥过夜。但由于时间关系，实际实验过程中，可能干燥时间不够，这样在最后蒸馏时，可能会有较多的前馏分（环己烯和水的共沸物）蒸出。

【8】在蒸馏已干燥的产物时，蒸馏所用仪器应充分干燥。接收产品的三角瓶应先称重。

六、思考题

1. 在纯化环己烯时，用等体积的饱和食盐水洗涤，而不用水洗涤，目的何在？
2. 本实验提高产率的措施是什么？
3. 实验中，为什么要控制柱顶温度不超过 90℃？
4. 本实验用磷酸做催化剂比用硫酸做催化剂优点在哪里？

实验三十二　无水乙醇和绝对无水乙醇的制备
Experiment 32　Preparation of dehydrated alcohol and absolute alcohol

一、目的要求

1. 了解用氧化钙、金属镁制备无水乙醇和绝对无水乙醇的原理和方法。
2. 了解进行无水操作的方法。
3. 掌握回流、蒸馏等基本操作。

二、基本原理

在有机合成中，溶剂纯度对反应速度及产率有很大影响。有些反应，必须在绝对干燥条件下进行；在反应产物的最后纯化过程中，为避免某些产物与水生成水合物，也需要较纯的无水有机溶剂。

乙醇（Alcohol）是常用的有机溶剂。由于普通的工业酒精是含 95.6% 乙醇和 4.4% 水的恒沸混合物，其沸点为 78.15℃，用蒸馏的方法不能将乙醇中的水进一步除去。要制得无水乙醇，在实验室中，通常用氧化钙（Calcarea）法制备无水乙醇（Dehydrated Alcohol），也可以用分子筛法或阳离子交换树脂脱水法。本实验用氧化钙法来制备无水乙醇，就是利用氧化钙的吸水性，通过加热回流、蒸馏等操作，从而得到无水乙醇，纯度最高可达 99.5%。若要得到纯度更高的绝对无水乙醇（Absolute Alcohol），可用金属镁或金属钠（本实验采用金属镁）进行处理：

$$2C_2H_5OH + Mg \longrightarrow (C_2H_5O)_2Mg + H_2$$
$$(C_2H_5O)_2Mg + 2H_2O \longrightarrow 2C_2H_5OH + Mg(OH)_2$$

或者

$$C_2H_5OH + Na \longrightarrow C_2H_5ONa + 1/2H_2$$
$$C_2H_5ONa + H_2O \longrightarrow C_2H_5OH + NaOH$$

三、仪器与试剂

【仪器】[1]　圆底烧瓶、冷凝管（球形和直形）、干燥管、锥形瓶、电炉、蒸馏装置、温度计、铁架台等。

【试剂】　无水乙醇制备试剂：氧化钙、氢氧化钠、95%乙醇、无水氯化钙。
绝对无水乙醇制备试剂：99.5%乙醇、无水氯化钙、镁条或镁屑、碘片。

【物理常数】　主要试剂及主要产物的物理常数如表 5-9 所示。

表 5-9　主要试剂及主要产物的物理常数

药品名称	分子量	熔点/℃	沸点/℃	相对密度 d_4^{20}	水溶性
乙醇	46.07	−117	78.5	0.7893	易溶于水
氢氧化钠	98.14	−16.4	155.7	0.95	易溶于水
氧化钙	56.08	2580	2850	3.35	易溶于水
镁	24.31	649	1098	1.74	不溶于水

四、实验步骤

1. 无水乙醇（含量 99.5％）的制备[2]

（1）回流除水

在 250mL 短颈圆底烧瓶中，加入 100mL 95％乙醇、40g 小块的生石灰[3]（Calcium Oxide）、0.5g 氢氧化钠，振荡均匀。装上回流冷凝管，其上端接一无水氯化钙（Calcium Chloride）干燥管（管内先用少许脱脂棉垫着再填充无水氯化钙）。在水浴加热回流 40min 后即回流完毕。

（2）蒸馏

回流液稍冷后，取下冷凝管，改为常压蒸馏装置，在水浴上加热，蒸去前馏分 6mL[4] 后，用干燥称过质量的抽滤瓶或蒸馏瓶做接收器，其支管接一无水氯化钙干燥管，使与大气相通。蒸馏至几乎无液滴流出为止。称量无水乙醇的质量（前后质量之差再加 6mL 乙醇的质量），即为乙醇的产量，也可量其体积，计算回收率。

纯粹乙醇的沸点为 78.5℃，折射率 $n_D^{20} = 1.3611$。

2. 绝对无水乙醇（含量 99.95％）的制备[5]

在 250mL 短颈圆底烧瓶中放入 0.6g 干燥的镁条或镁屑、10mL 99.5％的乙醇[6]，在水浴上微热后，移去热源，立即投入几小粒碘（Iodine）片[7]（注意此时不要摇动），不久碘粒周围即发生反应，慢慢扩大，最后可达到相当激烈的程度。当全部镁条或镁屑反应完毕后，加入 100mL 99.5％的乙醇和几粒沸石，装上回流冷凝管，其上端接一氯化钙干燥管，在水浴上回流加热 1h，取下冷凝管，改为常压蒸馏装置，用水浴加热，蒸去前馏分约 25mL，用干燥称过质量带有橡皮塞的抽滤瓶或蒸馏瓶做接收器，其支管接一氯化钙干燥管，使与大气相通。蒸馏至几乎无液滴流出为止。称量绝对无水乙醇的质量（前后质量之差再加 25mL 乙醇的质量），即为绝对无水乙醇的产量，也可量其体积，计算回收率。

五、注解和实验指导

【1】 本实验中所用仪器均需彻底干燥。由于乙醇具有很强的吸水性，故操作过程中和存放时必须防止水分的侵入。仪器干燥方法如下。

烘干：洗净的仪器可以放在电热干燥箱（烘箱）内烘干，但放进去之前应尽量把水倒净。放置仪器时，应注意使仪器的口朝下（倒置后不稳的仪器则应平放）。可以在电热干燥箱的最下层放一个搪瓷盘，以接收从仪器上滴下的水珠，不使水滴到电炉丝上，以免损坏电炉丝。

烤干：烧杯或蒸发皿可以放在石棉网上用小火烤干。

晾干：洗净的仪器可倒置在干净的实验柜内仪器架上（倒置后不稳定的仪器如量筒等，则应平放），让其自然干燥。

吹干：用压缩空气或吹风机把仪器吹干。

【2】 无水乙醇制备的实验流程

乙醇、生石灰、氢氧化钠 →（回流 1.5h）→ 乙醇粗品 →（蒸馏（水浴加热）收集76~79℃馏分）→ 无水乙醇

【3】 一般用干燥剂干燥有机溶剂时，在蒸馏前应先过滤除去。但氧化钙与乙醇中的水反应生成的氢氧化钙，因在加热时不分解，故可留在瓶中一起蒸馏。

【4】 最初蒸出的乙醇可能由于仪器中所附的少量水分而使乙醇含有少量的水分，故待

蒸出 6mL 乙醇时暂停加热，拆下三角烧瓶，迅速把瓶中的乙醇倒入另一干燥的容器中，再装上三角烧瓶，继续加热蒸馏。

【5】 绝对无水乙醇制备的实验流程

镁条、乙醇、碘 →(水浴加热回流 1h)→ 绝对无水乙醇粗品 →(蒸馏(水浴加热) 收集76～79℃馏分)→ 绝对无水乙醇

【6】 所用乙醇的水分含量不能超过 0.5%，否则反应相当困难。

【7】 碘粒可加速反应进行，若加碘粒后，仍没有开始反应，可再加几粒，若反应仍很缓慢，可适当加热促使反应进行。

六、思考题

1. 制备无水乙醇时应注意什么事项？为什么加热回流和蒸馏时，冷凝管的顶端和接收器支管上装置氯化钙干燥管？
2. 为什么在制备无水乙醇时，不先除去氧化钙等固体混合物，就可以进行蒸馏？
3. 制备无水乙醇时，为何要加少量的氢氧化钠？怎样检验制得的无水乙醇是合格的？
4. 无水氯化钙常用作吸水剂，如果用无水氯化钙代替氧化钙制备无水乙醇可以吗？为什么？

实验三十三　正丁醚的制备
Experiment 33　Preparation of Dibutyl Ether

一、实验目的

1. 掌握醇分子间脱水制备醚的反应原理和实验方法。
2. 学习使用分水器的实验操作。

二、实验原理

$$2CH_3CH_2CH_2CH_2OH \xrightleftharpoons{H_2SO_4} (CH_3CH_2CH_2CH_2)_2O + H_2O$$

为从可逆反应中获得较好收率，常采用的方法有两种：①使廉价的原料过量；②使反应产物之一生成后立即脱离反应区。本实验不存在第①种方法，只能采用第②种方法使生成的水迅速脱离反应区，故采用边反应边蒸出生成水的方法。

副反应：

$$CH_3CH_2CH_2CH_2OH \xrightleftharpoons{H_2SO_4} CH_3CH_2CH = CH_2 + H_2O$$

三、仪器与试剂

【仪器】 100mL 三口瓶、球形冷凝管、分水器、温度计、分液漏斗、25mL 蒸馏瓶、电热套。

【试剂】 正丁醇、浓硫酸、无水氯化钙、5%氢氧化钠、饱和氯化钙。

【物理常数】 主要试剂及主要产物的物理常数如表 5-10 所示。

表 5-10　主要试剂及主要产物的物理常数

有机化合物	分子量	相对密度 d_4^{20}	熔点 /℃	沸点 /℃	溶解度		
					水	乙醇	乙醚
正丁醇	74.32	0.81	−89.8	117.25	溶	∞	∞
正丁醚	130.23	0.77	−95.3	142.4	不溶		
浓硫酸	98.08	1.84	10.36	338	∞		

四、实验步骤

如图 5-5 所示，在 100mL 三口烧瓶中，加入 31mL 正丁醇（约 25g，0.33mol）、5mL 浓硫酸[1]和 1 颗磁搅拌子，摇匀后，一口装上温度计，温度计插入液面以下，另一口装上分水器，分水器的上端接一回流冷凝管。先在分水器内放置 $(V-3.4)$mL 水[2]，另一口用塞子塞紧，放在带磁搅拌的电热套里加热至微沸 30min，不到回流温度（约 100～115℃），后加热升温保持回流分水。反应中产生的水经冷凝后收集在分水器的下层，上层有机相积至分水器支管时，即可返回烧瓶。大约经 1.5h 后，三口瓶中反应液温度可达 134～136℃[3]。当分水器全部被水充满时停止反应。若继续加热，则反应液变黑并有较多副产物生成。将反应液冷却到室温后倒入盛有 50mL 水的分液漏斗中，充分振摇，静置后弃去下层液体。上层粗产物依次用 25mL 水、15mL 5%氢氧化钠溶液[4]、15mL 水和 15mL 饱和氯化钙溶液洗涤[5]，用 1g 无水氯化钙干燥。干燥后的产物滤入 25mL 蒸馏瓶中蒸馏，收集 140～144℃馏分，产量 7.0～8.0g。纯正丁醚的沸点 142.4℃，n_D^{20} 为 1.3992。

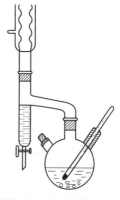

图 5-5　正丁醚合成装置

五、注解与实验指导

【1】加入硫酸后必须振荡，以使反应物混合均匀。

【2】在分水器中预先加水，其水面低于分水器回流支管下沿 3～5mm（加水量必须计量），以保证醇能及时回到反应体系继续参加反应。本实验根据理论计算失水体积为 1.5mL，故分水器放满水后先放掉约 1.7mL 水。注意：只要水不回流到反应体系中就不要放水。

【3】制备正丁醚的较宜温度是 130～140℃，但开始回流时，这个温度很难达到，因为正丁醚可与水形成共沸点物（沸点 94.1℃含水 33.4%）；另外，正丁醚与水及正丁醇形成三元共沸物（沸点 90.6℃，含水 29.9%、正丁醇 34.6%），正丁醇也可与水形成共沸物（沸点 93℃，含水 44.5%），故应在 100～115℃之间反应半小时之后反应液温度可达到 130℃以上。

【4】在碱洗过程中，不要太剧烈地摇动分液漏斗，否则生成乳浊液，分离困难。一旦形成乳浊液，可加入少量食盐等电解质或水，使之分层。

【5】正丁醇溶在饱和氯化钙溶液中，而正丁醚微溶。

六、思考题

1. 如何得知反应进行已经比较完全？
2. 反应物冷却后为什么要倒入 25mL 水中？各步的洗涤目的何在？
3. 能否用本实验方法由乙醇和 2-丁醇制备乙基仲丁基醚？你认为用什么方法比较好？

第六章 综合性和设计性实验

第一节 综合性实验

实验三十四 尼可刹米的制备
Experiment 34　Preparation of Nikethamide

一、实验目的

1. 学习羧酸制备尼可刹米的原理及操作方法。
2. 掌握无水操作技术。

二、实验原理

尼可刹米（Nikethamide；可拉明 Coramine）直接兴奋呼吸中枢，使呼吸加深加快，临床主要用于各种原因所致呼吸抑制（衰竭）。

尼可刹米为无色或淡黄色的油状液体，放置冷处，即可结晶，本品凝固点为 22~24℃，嗅微香，味苦，随后有轻微温暖感。露置空气中可吸收二氧化碳，可与水任意混合，易溶于醇、醚及氯仿。

合成路线如下：

$$\text{烟酸} \xrightarrow{HN(C_2H_5)_2} \text{烟酸二乙胺盐} \xrightarrow{POCl_3} \text{中间体·HCl} \xrightarrow{NaOH} \text{尼可刹米}$$

三、仪器与试剂

【仪器】　三口烧瓶（100mL）、电动搅拌器、滴液漏斗、分液漏斗、锥形瓶、回流冷凝管、圆底烧瓶、直形冷凝管。

【试剂】　烟酸 12.3g（0.10mol）、二乙胺 10.2g（99%，0.14mol）、三氯氧磷 8.4g、10% 高锰酸钾溶液、20% 氢氧化钠溶液、活性炭、10% 碳酸钾溶液、氯仿、蒸馏水、无水碳酸钠。

【物理常数】　主要试剂及主要产物的物理常数见表 6-1。

四、实验步骤[1]

在 100mL 干燥的三颈瓶中，加入 12.3g 烟酸、10.2g 二乙胺，开动搅拌，慢慢加热，使

表 6-1　主要试剂及主要产物的物理常数

有机化合物	分子量	熔点/℃	沸点/℃	相对密度 d_4^{20}	水溶性
烟酸	123.11	234～238		1.473	溶
二乙胺	73.14	−50	55	0.71	易溶
三氯氧磷	153.33	1.25	105.8	1.675	
氯仿	119.38	−63.5	61.3	1.50	不溶

固体物全部溶解[2]。冷至 60℃ 以下，慢慢滴加 8.4g 三氯氧磷[3]，控制反应温度不超过 140℃，滴完后维持 135℃ 左右反应 2.5h。将反应物冷至 80℃，慢慢加入 12mL 水，待温度降至 55℃ 后，用 20% 氢氧化钠中和[4]，控制温度在 60℃ 以下，调 pH 值 6～7，然后将反应液移至分液漏斗中，分出水层弃之。将油层移至 100mL 锥形瓶中，加 10mL 水稀释，再加入 10% 高锰酸钾溶液 3mL，摇匀放置。然后将氧化后的反应液通过铺有活性炭（约 3g）的漏斗脱色过滤。用适量水洗滤饼，洗液合并于滤液中，以 10% 的碳酸钾溶液调 pH＝7.5。将溶液转至分液漏斗中，用氯仿提取 4 次（20mL×2，15mL×2），合并氯仿层，用蒸馏水洗 4 次（每次 8mL）[5]，上层用无水碳酸钠干燥。

将氯仿提取液滤至 50mL 烧瓶中，先常压蒸馏除氯仿，再减压蒸馏，收集 160℃～170℃/10～15mmHg 的馏分，得微黄液体 12.5g。（文献值：mp24～26℃，bp296～300℃；bp175℃/25mmHg；158～159℃/10mmHg；128～129℃/3mmHg）

五、注解与实验指导

【1】　二乙胺及三氯氧磷用前要重蒸一次，烟酸应在 80℃ 干燥过。

【2】　加料后如固体物已溶，则勿需加热。

【3】　三氯氧磷易吸潮，放出氯化氢气体，故应在干燥条件下保存，宜在通风橱内蒸馏。

【4】　用氢氧化钠中和反应时，注意勿使温度高于 60℃，以免产物水解。

【5】　尼可刹米是药物，用自来水洗涤会引入其他杂质，影响产品的质量。

六、思考题

1. 三氯氧磷在酰胺形成中起什么作用？
2. 用氢氧化钠溶液中和反应液时，你认为温度高于 60℃ 会产生什么结果？
3. 用 10% 高锰酸钾洗涤油层的目的是什么？

实验三十五　2-甲基咪唑的制备
Experiment 35　Preparation of 2-Methylimidazole

一、实验目的

1. 了解合成甲硝唑的中间体 2-甲基咪唑的合成方法。
2. 熟悉减压蒸馏、重结晶的基本操作。

二、实验原理

甲硝唑为抗厌氧菌之首选药物，对滴虫、阿米巴痢疾有确切疗效，2-甲基咪唑为甲硝唑合成的关键中间体，工业生产最初多采用乙二胺路线，但周期长，条件亦颇苛刻。

$$H_2NCH_2CH_2NH_2 \xrightarrow{CH_3CHO} \underset{\underset{H}{|}}{\text{咪唑啉}}-CH_3 \xrightarrow{Ni} \underset{\underset{H}{|}}{\text{咪唑}}-CH_3$$

随后，人们经过改进，以乙二醛为原料，反应条件比较温和，操作也比较简单，收率也有所提高。反应式为：

$$\begin{array}{c}CHO\\CHO\end{array} + CH_3CHO + NH_3 \longrightarrow \underset{\underset{H}{|}}{\text{咪唑}}-CH_3$$

三、仪器与试剂

【仪器】 500mL 三口瓶、冷凝管、滴液漏斗、温度计、搅拌器、布氏漏斗、抽滤设备、烧瓶、恒温水浴锅等。

【试剂】 25%氨水、40%乙醛、40%乙二醛、其他常用试剂。

四、实验步骤

在装有温度计、滴液漏斗、回流冷凝管的 500mL 三口瓶中，加入 25%氨水 90mL，搅拌，用滴液漏斗缓慢滴加 40%乙醛 60mL，控制温度不超过 20℃，搅拌 30min，再用滴液漏斗滴加 40%乙二醛 72mL 于反应液中，温度不超过 40℃，滴加完毕，控温 40℃搅拌 3h，冷却，滤去极少量的不溶物，减压浓缩，浓缩液趁热倒入容器中冷却至室温，析出晶体，抽滤、干燥、称重，测其熔点及计算收率。

物理性质 本品为淡黄色晶体，易溶于氯仿、乙醚，熔点为 139～142℃。

五、思考题

1. 40%乙醛的水溶液中，有部分絮状物，为什么？反应时应如何处理？
2. 若提高 2-甲基咪唑的收率，应采取哪些措施？

实验三十六 局部麻醉剂苯佐卡因的合成
Experiment 36 Synthesis of Local Anesthetic Benzocaine

一、实验目的

1. 学习多步骤合成制备苯佐卡因的原理和方法。
2. 练习多步骤合成的实验操作技术。
3. 巩固回流、过滤和结晶等基本操作技术。

二、实验原理

苯佐卡因（Benzocaine）是对氨基苯甲酸乙酯的俗称，可用作局部麻醉剂（Local Anesthetics）或止痛剂（Painkiller）。

最早的局部麻醉剂是从秘鲁野生的古柯灌木叶子中提取出来的生物碱古柯碱，又叫可因或柯卡因（Cocaine）。1862 年，Niemann 首次分离出纯古柯碱，他发现古柯碱有苦味，且使舌头产生麻木感。1880 年，Von Anrep 发现，皮下注射古柯碱后，可使皮肤麻木，连扎针也无感觉，进一步研究使人们逐渐认识到古柯碱的麻醉作用，并很快在牙科手术和外科手术中被用作局部麻醉剂。但古柯碱有严重的副作用，如在眼科手术中会使瞳孔放大；容易上瘾；对中枢神经系统也有危险的作用等。

在弄清了古柯碱的结构和药理作用之后，人们开始寻找它的代用品，苯佐卡因就是其中之一。

苯佐卡因有多种合成方法。若以对硝基甲苯为原料可有三种不同合成路线

(1) 对硝基甲苯 $\xrightarrow{\text{还原}}$ 对甲基苯胺 $\xrightarrow{\text{乙酰化}}$ 对甲基乙酰苯胺 $\xrightarrow{\text{氧化}}$ 对乙酰氨基苯甲酸 $\xrightarrow{\text{酯化/水解}}$ 对氨基苯甲酸乙酯

(2) 对硝基甲苯 $\xrightarrow{\text{氧化}}$ 对硝基苯甲酸 $\xrightarrow{\text{还原}}$ 对氨基苯甲酸 $\xrightarrow{\text{酯化}}$ 对氨基苯甲酸乙酯

(3) 对硝基甲苯 $\xrightarrow{\text{氧化}}$ 对硝基苯甲酸 $\xrightarrow{\text{酯化}}$ 对硝基苯甲酸乙酯 $\xrightarrow{\text{还原}}$ 对氨基苯甲酸乙酯

第一条路线步骤多，产率较低；第二、第三条路线步骤少，产率较高。本实验采用第二条路线，以对硝基苯甲酸为原料，先还原、后酯化合成苯佐卡因[1]。

第一步是还原反应。以锡粉为还原剂，在酸性介质中，将对硝基苯甲酸还原成可溶于水的对氨基苯甲酸盐酸盐：

$$HOOC-C_6H_4-NO_2 \xrightarrow{Sn/HCl} HOOC-C_6H_4-NH_2 \cdot HCl + SnCl_4$$

还原反应后锡生成四氯化锡也溶于水，反应完毕，加入浓氨水至碱性，生成的氢氧化锡沉淀可被滤去：

$$SnCl_4 + 4NH_4 \cdot H_2O \longrightarrow Sn(OH)_4 \downarrow + 4NH_4Cl$$

而对氨基苯甲酸在碱性条件下生成羧酸铵盐仍能溶于水。然后再用冰醋酸中和，即析出对氨基苯甲酸固体：

$$HOOC-C_6H_4-NH_2 \cdot HCl \xrightarrow{NH_3 \cdot H_2O} NH_4OOC-C_6H_4-NH_2 \xrightarrow{CH_3COOH} HOOC-C_6H_4-NH_2 + CH_3COONH_4$$

第二步是酯化反应：

$$\underset{NH_2}{\underset{|}{C_6H_4}}-COOH \xrightarrow[H_2SO_4]{CH_3CH_2OH} \underset{NH_2 \cdot H_2SO_4}{\underset{|}{C_6H_4}}-COOC_2H_5 \xrightarrow{Na_2CO_3} \underset{NH_2}{\underset{|}{C_6H_4}}-COOC_2H_5$$

酯化产物与硫酸成盐而溶于水，反应完毕加碱中和即得苯佐卡因固体。

三、仪器与试剂

【仪器】 三口烧瓶、圆底烧瓶、滴液漏斗、回流冷凝管、电热套、磁力搅拌器、布氏漏斗、表面皿、烧杯、量筒。

【试剂】 对硝基苯甲酸 4g（0.02mol）、锡粉 9g（0.08mol）、浓 HCl 20mL（0.25mol）、浓氨水、冰醋酸、对氨基苯甲酸（自制）2g（0.145mol）、无水乙醇 20mL（0.34mol）、浓硫酸 2mL、Na_2CO_3 粉末、10% Na_2CO_3 溶液。

四、实验步骤

1. 还原反应

在 100mL 三口烧瓶上安装回流冷凝器和滴液漏斗。三口烧瓶中加入 4g 对硝基苯甲酸、9g 锡粉和磁力搅拌子，滴液漏斗中加入 20mL 浓 HCl。开动磁力搅拌[2]，从滴液漏斗中滴加浓 HCl，反应立即开始。如有必要可稍稍加热以维持反应正常进行（反应液中锡粉逐渐减少）。20~30min 后反应接近终点，反应液呈透明状。

稍冷后，将反应液倾入 250mL 烧瓶中。待反应液冷至室温后，在不断搅拌下慢慢滴加浓氨水，使溶液刚好呈碱性，注意总体积不要超过 55mL，可加热浓缩。向滤液中小心地滴加冰醋酸，即有白色晶体析出。继续滴加少量冰醋酸，则有更多的固体析出，用蓝色石蕊试纸检验直到呈酸性为止。在冷水浴中冷却后抽滤得白色固体，晾干后称重，产量约为 2g。

纯氨基苯甲酸为黄色晶体，mp 为 184~186℃。

2. 酯化反应[3]

在 100mL 三口烧瓶中加入 2g 对氨基苯甲酸、20mL 无水乙醇和 2mL 浓硫酸。将混合物充分摇匀，投入沸石，安上回流冷凝管，在电热套中加热回流 1h，反应液呈无色透明状。

趁热将反应液倒入盛有 85mL 水的烧杯中[4]。溶液稍冷后，慢慢加入 Na_2CO_3 固体粉末，边加边用玻璃棒搅拌，使 Na_2CO_3 粉末充分溶解。当液面上有少许白色沉淀出现时，再慢慢滴加 10% Na_2CO_3 溶液，将溶液的 pH 值调至 9 左右。所得固体产品用布氏漏斗抽滤，晾干后称重。产量为 1~2g。

纯氨基苯甲酸乙酯为白色针状晶体，mp 为 91~92℃。

五、注解和实验指导

【1】 实验流程

还原：

对硝基苯甲酸、锡粉 →(滴加浓HCl 搅拌20min)→ 冷却 加浓氨水 →过滤→ 滤液 加冰醋酸 →过滤→ 白色固体对氨基苯甲酸酯化：

```
对氨基苯甲酸、    回流     反应液      加固体碳酸钠   10%碳酸钠    过滤    白色固体
无水乙醇、浓硫酸  ──→   加80mL水  ─────────→  至pH=9   ──→  对氨基苯甲酸乙酯
                  1h
```

【2】 还原反应中，因锡粉相对密度大，沉于瓶底，必须将其搅拌起来，才能使反应顺利进行，故充分搅拌是还原反应的重要因素。

【3】 酯化反应必须在无水条件下进行，如有水进入反应系统中，收率会降低。无水操作的要点是：原料干燥无水；所用仪器、量具干燥无水；反应期间避免水进入系统。

【4】 对硝基苯甲酸乙酯及少量未反应的对硝基苯甲酸均溶于乙醇，但均不溶于水。反应完毕，将反应液倾入水中，乙醇的浓度降低，对硝基苯甲酸乙酯及对硝基苯甲酸便会析出。这种分离产物的方法称为稀释法。

六、思考题

1. 试提出其他合成苯佐卡因的路线并比较它们的优缺点。
2. 酯化反应为何先用 Na_2CO_3 粉末中和，再用 10％ Na_2CO_3 溶液中和反应液？
3. 如何以对氨基苯甲酸为原料合成普鲁卡因（Procaine）？

实验三十七　除草剂 2,4-二氯苯氧乙酸的制备
Experiment 37　Preparation of 2,4-Dichloro-Phenoxyacetic Acid

植物生长调节剂是在任何浓度条件下都能影响植物生长和发育的一类化合物，它包括机体内产生的天然化合物和来自外界环境的一些天然产物。人类已经合成了一些与生长调节剂功能相似的化合物，通常包括内呼吸转移的调节剂，如 2,4-二氯苯氧乙酸（2,4-D）就是一种有效的除草剂。苯氧乙酸作为防腐剂，可由苯酚钠和氯乙酸通过 Williamson 合成方法制备。通过对苯氧乙酸的氯化，可得到对氯苯氧乙酸和 2,4-D。前者被称为防落剂，可以减少农作物落花落果；后者被称为除莠剂，可选择性地除掉杂草。

一、实验目的

1. 学习 Williamson 法合成醚的原理和实验方法。
2. 掌握搅拌、萃取、重结晶等基本操作。

二、实验原理

芳环上的卤代反应是重要的芳环亲电取代反应之一。本实验通过浓盐酸加过氧化氢和用次氯酸钠在酸性介质中的氯化，避免了直接使用氯气带来的危险和不便。本实验以氯乙酸和苯酚为原料制备 2,4-二氯苯氧乙酸[1]，反应式如下：

$$ClCH_2CO_2H \xrightarrow{Na_2CO_3} ClCH_2CO_2Na \xrightarrow[NaOH]{C_6H_5OH} C_6H_5OCH_2CO_2Na \xrightarrow{HCl} C_6H_5OCH_2CO_2H$$

$$C_6H_5OCH_2CO_2H + HCl + H_2O_2 \xrightarrow{FeCl_3} 4\text{-}Cl\text{-}C_6H_4OCH_2CO_2H$$

$$\underset{\text{Cl}}{\bigcirc}\text{OCH}_2\text{CO}_2\text{H} + 2\text{NaOCl} \xrightarrow{\text{H}^+} \underset{\text{Cl} \quad \text{Cl}}{\bigcirc}\text{OCH}_2\text{CO}_2\text{H}$$

三、仪器与试剂

【仪器】 机械搅拌器、回流冷凝管、恒压滴液漏斗、三颈瓶、锥形瓶、温度计、布氏漏斗、玻璃棒、量筒、分液漏斗等。

【试剂】 氯乙酸 3.8g（0.04mol）、苯酚 2.5g（0.027mol）、饱和碳酸钠溶液、35%氢氧化钠溶液、冰醋酸、浓盐酸、30%过氧化氢、次氯酸钠、乙醇、乙醚、四氯化碳。

四、实验步骤

1. 苯氧乙酸的制备

在装有机械搅拌、回流冷凝管和恒压滴液漏斗的 100mL 三颈瓶中，加入 3.8g 氯乙酸和 5mL 水。开动搅拌，慢慢滴加饱和碳酸钠溶液[2]（约需 7mL），至溶液 pH 值为 7～8。然后加入 2.5g（0.027mol）苯酚，再慢慢滴加 35% 氢氧化钠溶液至反应混合物 pH 值为 12。将反应混合物在沸水浴中加热 0.5h。当反应过程中 pH 值下降时，应补加氢氧化钠溶液，保持溶液 pH 值为 12，在沸水浴上继续加热 15min。反应完毕后，将三颈瓶移出水浴，趁热转入锥形瓶中，在搅拌下用浓盐酸酸化至 pH 值为 3～4。所得混合液在冰浴中冷却，析出固体，待结晶完全后，抽滤，粗产物用冷水洗涤 2～3 次，在 60～65℃ 下干燥，产量 3.5～4g。粗产物可直接用于对氯苯氧乙酸的制备。

纯苯氧乙酸的熔点为 98～99℃。

2. 对氯苯氧乙酸的制备

在装有搅拌器、回流冷凝管和恒压滴液漏斗的 100mL 三颈瓶中加入 3g（0.02mol）上述制备的苯氧乙酸和 10mL 冰醋酸。将三颈瓶置于水浴加热，同时开动搅拌。待水浴温度上升至 55℃ 时，加入少许（约 20mg）三氯化铁和 10mL 浓盐酸[3]。当水浴温度升至 60～70℃ 时，在 10min 内慢慢滴加 3mL 过氧化氢（30%）[4]，滴加完毕后，保持此温度再反应 20min。升高温度使瓶内固体全部溶解，再慢慢冷却，析出结晶。抽滤，粗产物用水洗涤 3 次。粗品用 1:3 乙醇-水重结晶，干燥后产量约 3g。

纯对氯苯氧乙酸的熔点为 158～159℃。

3. 2,4-二氯苯氧乙酸（2,4-D）的制备

将 1g（0.0066mol）干燥的对氯苯氧乙酸和 12mL 冰醋酸加入 100mL 锥形瓶中，搅拌使固体溶解。将锥形瓶置于冰浴中冷却，在搅拌下分批加入 19mL 5%的次氯酸钠溶液[5]。然后将锥形瓶从冰浴中取出，待反应物温度升至室温后再保持 5min。此时反应液颜色变深。向锥形瓶中加入 50mL 水，并用 6mol/L 的盐酸酸化至刚果红试纸变蓝。将所得混合物用乙醚萃取（25mL×2），合并萃取液。用 15mL 水洗涤萃取液后，再用 15mL 10%的碳酸钠溶液萃取产物（小心！有二氧化碳气体产生）。将碱性萃取液移至烧杯中，加入 25mL 水，用浓盐酸酸化至刚果红试纸变蓝。抽滤析出的晶体，并用冷水洗涤 2～3 次，干燥后称量约 0.7g，粗品用四氯化碳重结晶得到纯品，测熔点为 134～136℃。

纯 2,4-二氯苯氧乙酸的熔点为 138℃。

五、注解与实验指导

【1】 实验流程

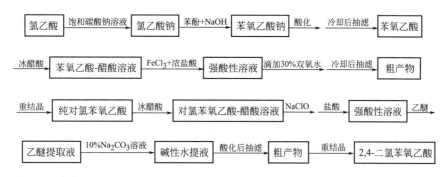

【2】 先用饱和碳酸钠溶液将氯乙酸转变为氯乙酸钠，以防氯乙酸水解。因此，滴加碱液的速度宜慢。

【3】 开始加浓 HCl 时，$FeCl_3$ 水解会有 $Fe(OH)_3$ 沉淀生成，继续加 HCl 又会溶解。

【4】 HCl 勿过量，滴加 H_2O_2 宜慢，严格控温，让生成的 Cl_2 充分参与亲核取代反应。Cl_2 有刺激性，特别是对眼睛、呼吸道和肺部器官，应注意操作勿使逸出，并注意开窗通风。

【5】 严格控制温度、pH 和试剂用量是 2,4-D 制备实验的关键。NaClO 用量勿多，反应保持在室温以下。

六、思考题

1. 从亲核取代反应、亲电取代反应和产品分离纯化的要求等方面说明本实验中各步反应调节 pH 值的目的和作用。

2. 以苯氧乙酸为原料，如何制备对溴苯氧乙酸？为何不能用本法制备对碘苯氧乙酸？

实验三十八 乙酰乙酸乙酯的制备
Experiment 38 Preparation of Acetoacetic Acid Ethylester

一、实验目的

1. 理解并掌握 Claisen 酯缩合反应制备乙酰乙酸乙酯的原理及操作方法。
2. 掌握无水操作及减压蒸馏实验操作。
3. 了解金属钠在酯缩合反应中的作用。

二、实验原理

乙酰乙酸乙酯（Acetoacetic Acid Ethylester）为无色或淡黄色澄清液体，微溶于水，易溶于乙醚、乙醇。乙酰乙酸乙酯是一种重要的有机合成原料，在医药上用于合成氨基吡啉、维生素 B 等，亦用于偶氮黄色染料的制备，还用于调配苹果、杏、桃等食用香精。

含有 α-活泼氢的酯在强碱性试剂（如 Na、$NaNH_2$、NaH、三苯甲基钠或格氏试剂）存在下，能与另一分子酯发生 Claisen 酯缩合反应，生成 β-酮酸酯。乙酰乙酸乙酯就是通过这一反应制备的。虽然反应中使用金属钠作为缩合试剂，但真正的催化剂是钠与乙酸乙酯（Acetic Ether）中残留的少量乙醇作用产生的乙醇钠（Ethylate Sodium）。

$$CH_3COOC_2H_5 \xrightarrow{NaOC_2H_5} \left[H_3C-\overset{O}{\underset{\|}{C}}-CH-\overset{O}{\underset{\|}{C}}-O-C_2H_5 \right]^- Na^+ \xrightarrow{HAc} CH_3COCH_2COOCH_2CH_3 + CH_3COONa$$

乙酰乙酸乙酯是互变异构（或动态异构）现象的一个典型例子，它们是酮式和烯醇式平衡的混合物，在室温时含92.5%的酮式和7.5%的烯醇式。

$$CH_3COCH_2COOC_2H_5 \rightleftharpoons CH_3C\overset{OH}{\underset{|}{=}}CHCOOC_2H_5$$
$$\text{酮式92.5\%} \qquad\qquad \text{烯醇式7.5\%}$$

三、仪器与试剂

【仪器】 常规方法仪器：圆底烧瓶100mL、冷凝管（球形和直形）、蒸馏头、电热套、分液漏斗、温度计（200℃）、量筒（100mL）、水泵、油泵、干燥管、磁力搅拌器。

微型方法仪器：圆底烧瓶10mL、冷凝管（球形和直形）、微型蒸馏头、电热套、分液漏斗、温度计（150℃）、量筒（100mL）、干燥管、磁力搅拌器。

【试剂】 乙酸乙酯、金属钠、二甲苯、醋酸、饱和氯化钠溶液、无水氯化钙、无水硫酸钠、2,4-二硝基苯肼、$FeCl_3$。

【物理常数】 主要试剂及主要产物的物理常数如表6-2所示。

表6-2 主要试剂及主要产物的物理常数

有机化合物	分子量	熔点/℃	沸点/℃	相对密度 d_4^{20}	水溶性
乙酸乙酯	88.12	−84	77.1	0.9005	微溶
二甲苯	106.16	−25	144.0	0.8800	不溶
乙酰乙酸乙酯	130.15	−8	180.4	1.0282	微溶

四、实验步骤

【常规方法】[1]

在干燥的100mL圆底烧瓶中加入2.5g（0.11mol）金属钠[2]和12.5mL二甲苯，装上回流冷凝管，在石棉网上小心加热使钠熔融停止加热。立即拆去冷凝管，用磨口玻塞塞紧圆底烧瓶，用力上下来回振摇烧瓶，即得细粒状钠珠（颗粒要尽可能小，否则需重新熔融后再摇）[3]。稍放置后钠珠沉于瓶底，将二甲苯倾倒到二甲苯回收瓶中[4]（切勿倒入水槽或废物缸，以免着火）。

在倾出二甲苯后，迅速向瓶中加入27.5mL乙酸乙酯（0.28mol）[5]，重新装上冷凝管，并在其顶端装上氯化钙干燥管，如图6-1反应装置。反应随即开始，并有氢气泡逸出。如不反应或反应很慢时，可稍加温热。待激烈的反应过后，置反应瓶于石棉网上小火加热，保持微沸状态，直至所有金属钠全部反应完为止，反应约需80min。在反应过程中要不断振荡反应瓶。此时生成的乙酰乙酸乙酯钠盐为橘红色透明溶液（有时析出黄白色沉淀）。

待反应物稍冷后，在摇荡下小心加入50%的醋酸溶液[6]，直到反应液呈弱酸性（用石蕊试纸检验，约需20mL乙酸）。此时，所有的固体物质均已溶解。将酸化后的溶液转移到分液漏斗中，加入等体积的饱和氯化钠溶液，用力摇振片刻，静置后，乙酰乙酸乙酯分层析出。分出上层粗产物，水层可用5～10mL的乙酸乙酯萃取，萃取液合并，然后用无水硫酸钠干燥。

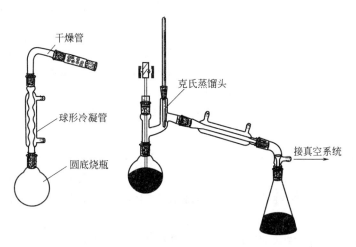

图 6-1 反应装置和减压蒸馏装置

将干燥后的有机层滤入蒸馏瓶,并用少量乙酸乙酯洗涤干燥剂,一并转入蒸馏瓶中。

在沸水浴上加热,用水泵减压蒸馏[7],蒸馏时加热必须缓慢,待低沸点的液体全部蒸出后,改用油泵减压蒸馏,如图 6-1 所示,再升高温度,并根据表 6-3 调节相应蒸气压对应的沸点收集乙酰乙酸乙酯,产率[8]为 45%~49%(乙酰乙酸乙酯的沸点为 180.4℃,折射率 $n_D^{20}=1.4199$)。

表 6-3 乙酰乙酸乙酯在不同压力下的沸点

压力/mmHg	760	80	60	40	30	20	18	15	12
压力/Pa	101325	10666	7999	5333	4000	2666	2400	2000	1600
沸点/℃	180	100	97	92	88	82	78	73	71

【微型方法】

在干燥的 10mL 圆底烧瓶中加入 2.7mL(0.028mol)乙酸乙酯和 0.25g(0.011mol)已切成小块的金属钠,快速装上带有无水氯化钙干燥管的冷凝管,反应在水浴上回流,并采用电磁搅拌,直至金属钠完全反应完,此时生成的乙酰乙酸乙酯钠盐为橘红色透明溶液。有时会析出黄白色沉淀(约需 50min)。待反应物稍冷后,在电磁搅拌下加入 50%乙酸溶液,使反应液显微酸性(约 3mL 乙酸溶液)。此时所有固体全部溶解。若有少量固体析出,可加入少量水使之溶解。将反应液转移到分液漏斗中,用等体积的饱和食盐水洗涤,分出酯层用无水硫酸钠干燥。

将干燥后的有机溶液滤入 10mL 圆底烧瓶中,并装上微型蒸馏头,在水浴上蒸出 95℃以前的馏分。换一个减压微型蒸馏头进行减压蒸馏,收集 76~78℃/18mmHg 的馏分,约 0.4mL。

五、注解和实验指导

【1】 常规方法实验流程

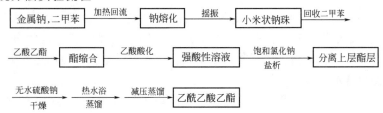

【2】 仪器干燥，严格无水。金属钠遇水即燃烧爆炸，故使用时应严格防止钠接触水或皮肤。钠的称量和切片要快，以免氧化或被空气中的水汽侵蚀。多余的钠片应及时放入装有烃溶剂（通常二甲苯）的瓶中。

【3】 摇钠为本实验关键步骤，因为钠珠的大小决定着反应的快慢。钠珠越细越好，应呈小米状细粒。否则，应重新熔融再摇。摇钠时应用干抹布包住瓶颈，快速而有力地来回振摇，往往最初的数下有力振摇即达到要求。切勿对着人摇，也勿靠近实验桌摇，以防意外。

【4】 切勿将二甲苯倒入水池或废物缸，以免引起火灾。

【5】 乙酸乙酯必须绝对干燥。为得到合乎要求的乙酸乙酯，可用普通的乙酸乙酯用饱和氯化钙溶液洗涤几次，再用焙烧过的无水碳酸钾干燥后，在水浴上蒸馏收集 76~78℃的馏分。

【6】 用乙酸中和时，开始有固体析出，继续加乙酸并不断振荡，固体物会逐渐溶解，最后得到澄清液体。如有少量固体未溶解时，可加入少量水使之溶解。但要避免加入过量的乙酸，使乙酰乙酸乙酯在水中的溶解度增大而降低了产量。

【7】 乙酰乙酸乙酯在常压蒸馏时，很易分解，故易采用减压蒸馏，且压力越低越好。

【8】 产率按钠的用量来计算。

六、思考题

1. 什么是 Claisen 酯缩合反应中的催化剂？本实验为什么可以用金属钠代替？为什么计算产率时要以金属钠为基准？

2. 本实验中加入 50%醋酸和饱和氯化钠溶液有何作用？

3. 如何实验证明常温下得到的乙酰乙酸乙酯是两种互变异构体的平衡混合物？

实验三十九　黄连素的提取
Experiment 39　Extraction of Berberine

一、实验目的

1. 学习从中草药提取生物碱的原理和方法。
2. 熟悉 Soxhlet 提取器装置及固液提取方法。
3. 进一步练习减压蒸馏的操作技术。

二、实验原理

黄连为我国特产药材之一，又有很强的抗菌力，对急性结膜炎、口疮、急性细菌性痢疾、急性肠胃炎等均有很好的疗效。黄连中含有多种生物碱，以黄连素（俗称小檗碱 Berberine）为主要有效成分，随野生和栽培及产地的不同，黄连中黄连素的含量 4%~10%。含黄连素的植物很多，如黄柏、三颗针、伏牛花、白屈菜、南天竹等均可作为提取黄连素的原料，但以黄连和黄柏中的含量为高。

黄连素是黄色针状体，微溶于水和乙醇，较易溶于热水和热乙醇中，几乎不溶于乙醚，黄连素存在三种互变异构体，但自然界多以季铵碱的形式存在。黄连素的盐酸盐、氢碘酸盐、硫酸盐、硝酸盐均难溶于冷水，易溶于热水，其各种盐的纯化都比较容易。

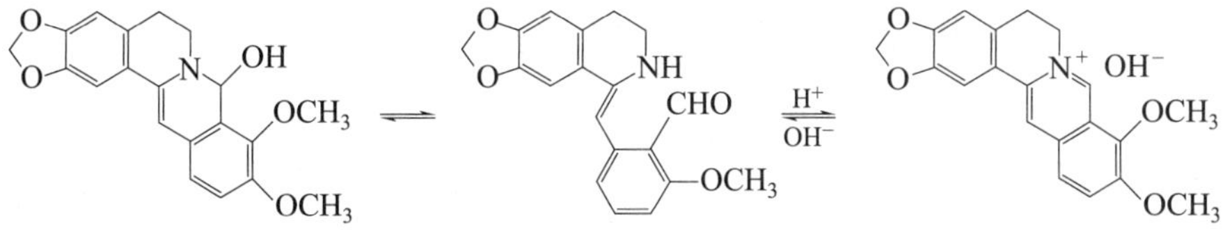

(醇式)　　　　　　(醛式)　　　　　　(季铵碱式)

黄连素被硝酸等氧化剂氧化，转变为樱红色的氧化黄连素。黄连素在强碱中部分转化为醛式黄连素，在此条件下，再加几滴丙酮，即可发生缩合反应，生成丙酮与醛式黄连素缩合产物的黄色沉淀。

三、实验仪器与药品

【仪器】 索氏提取器、天平、研钵、圆底烧瓶（250mL）、减压过滤装置、电炉。
【药品】 黄连、95%乙醇、1%醋酸、浓盐酸、蒸馏水。

四、实验步骤[1]

【操作过程】

1. 称取 10g 中药黄连，切碎研磨烂，装入索氏提取器的滤纸套筒内，烧瓶内加入 100mL 95%乙醇，加热萃取 2～3h，至回流液体颜色很淡为止[2]，装置如图 6-2 所示。

2. 在水泵减压下蒸馏，回收大部分乙醇，至瓶内残留液体呈棕红色糖浆状，停止蒸馏。

3. 浓缩液里加入 1%的醋酸 30mL，加热溶解后趁热抽滤去掉固体杂质，在滤液中滴加浓盐酸，至溶液浑浊为止（约需 10mL）。

4. 用冰水冷却上述溶液，降至室温以后即有黄色针状的黄连素盐酸盐析出[3]，抽滤，所得结晶用冰水洗涤两次，可得黄连素盐酸盐的粗产品。

5. 精制：将粗产品（未干燥）放入 100mL 烧杯中，加入 30mL 水，加热至沸，搅拌沸腾几分钟，趁热抽滤，滤液用盐酸调节 pH 值为 2～3，室温下放置几小时，有较多橙黄色结晶析出后抽滤，滤渣用少量冷水洗涤两次，烘干即得成品。

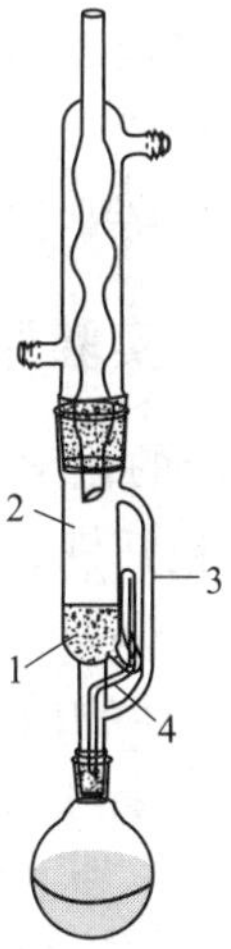

图 6-2　索氏抽提器
1—滤纸套；2—提取器；
3—玻璃管；4—虹吸管

【产品检验】

1. 取盐酸黄连素少许，加浓硫酸 2mL，溶解后加几滴浓硝酸，即呈樱红色溶液。

2. 取盐酸黄连素约 50mg，加蒸馏水 5mL，缓缓加热，溶解后加 20%氢氧化钠溶液 2滴，显橙色，冷却后过滤，滤液加丙酮 4 滴，即发生浑浊。放置后生成黄色的丙酮黄连素沉淀。

五、注解与实验指导

【1】 实验流程

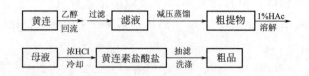

【2】 本实验也可用固-液萃取法提取。

【3】 得到纯净的黄连素晶体比较困难。将黄连素盐酸盐加热水至刚好溶解,煮沸,用石灰乳调节 pH=8.5~9.8,冷却后滤去杂质,滤液继续冷却到室温以下,即有针状体的黄连素析出,抽滤,将结晶在 50~60℃下干燥,熔点 145℃。

六、思考题

1. 黄连素为何种生物碱类的化合物?
2. 为何要用石灰乳来调节 pH 值,用强碱氢氧化钾(钠)行不行?为什么?

实验四十 从茶叶中提取咖啡因
Experiment 40 Extraction of Caffeine from Tea

一、实验目的

1. 通过本实验了解茶叶中的有效成分及其提取、分离方法。
2. 熟练掌握索氏提取器的使用。
3. 熟练掌握过滤、蒸馏、升华、熔点测定等实验操作技术。

二、实验原理

茶叶的化学成分是 3.5%~7.0%的无机物和 93.0%~96.5%的有机物。无机物元素约 27 种,包括钾、硫、镁、氟、铝、钙、钠、铁、铜、锌、硒等。有机化合物主要有蛋白质(20%~30%)、脂质(4.0%~5.0%)、碳水化合物(25%~30%)、氨基酸(1.5%~4.0%)、生物碱(1.0%~5.0%)、茶多酚、有机酸(主要是单宁酸 11%~12%)、色素(0.6%)、挥发性成分、维生素、皂苷、甾醇等。茶叶中含有多种生物碱,其中以咖啡因(Caffeine)为主。咖啡因是弱碱性化合物,易溶于氯仿(溶解度 12.5g)、水(溶解度 2.0g)、乙醇(溶解度 2.0g)等。含结晶水的咖啡因系无色针状结晶,味苦,能溶于水、乙醇、氯仿等。在 100℃时即失去结晶水,并开始升华,120℃升华显著,至 178℃时升华很快。咖啡因的 mp 为 234.5℃。咖啡因是杂环化合物嘌呤的衍生物,它的化学名称是 1,3,7-三甲基-2,6-二氧嘌呤。

咖啡因具有刺激心脏、兴奋大脑神经和利尿等作用,因此,临床上常将其作为中枢神经兴奋药;它也是复方阿司匹林(APC)等药物的组分之一。提取茶叶中的咖啡因[1]往往利用适当的溶剂(如氯仿、乙醇、苯、二氯甲烷等),在脂肪提取器(索氏提取器)中连续抽提,然后蒸去溶剂,即得粗咖啡因。一般粗咖啡因中含有其他一些生物碱和杂质,可以利用咖啡因升华的性质进行提纯,也可以通过重结晶方法进行纯化。工业上制备咖啡因主要是通过合成获得。咖啡因可以通过测定熔点、光谱等方法进行鉴别。还可以通过制备咖啡因水杨酸盐衍生物得以确证，该化合物的 mp 为 137℃。

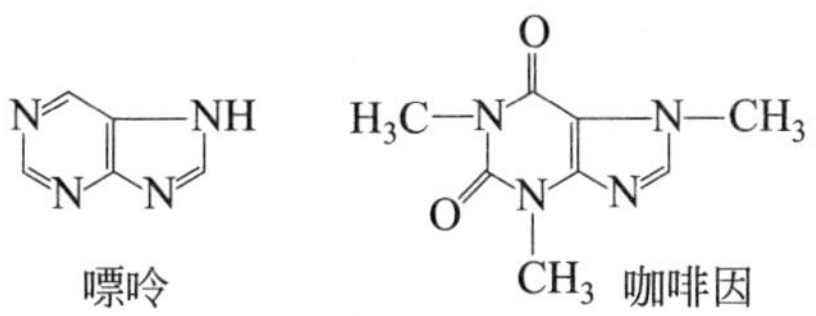

嘌呤

咖啡因

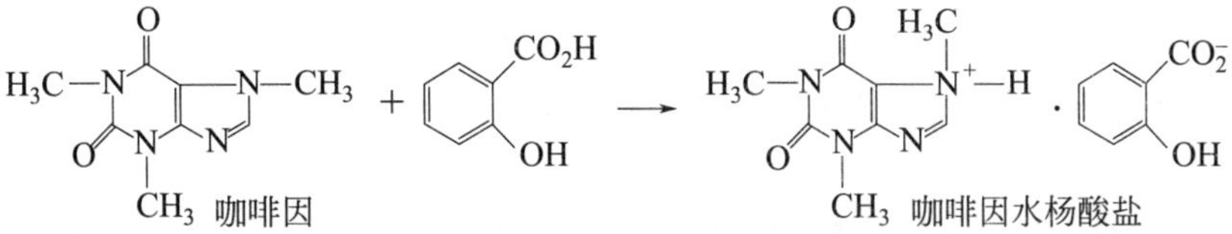

咖啡因 + 水杨酸 → 咖啡因水杨酸盐

三、仪器与试剂

【仪器】 索氏提取器、玻璃过滤漏斗 1 个、蒸馏装置 1 套、蒸发皿 1 个、熔点测定仪 1 台、小刀 1 把。

【试剂】 茶叶、体积分数为 95％的乙醇、生石灰、滤纸、大头针。

四、实验步骤

按图 6-2 装好索氏提取器[2]，称取 10g 茶叶末，放入索氏提取器的滤纸套筒中[3]，在圆底烧瓶中加入 95％乙醇 120mL，放入几粒沸石，用电热套加热，连续提取 1.5～2h[4]。当提取筒中提取液颜色变浅时，说明被提取物大部分被提取，待冷凝液刚刚虹吸下去时，立即停止加热。稍冷后，改成蒸馏装置，回收提取液中的大部分乙醇[5]。当圆底烧瓶中的乙醇提取液浓缩至 5～6mL，趁热将瓶中的浓缩液倾入蒸发皿中，拌入 3～4g 生石灰[6]，使之成糊状。在石棉网上小心加热，不断搅拌蒸干，并压碎块状物，用小火焙炒片刻，务必使水分全部蒸发出去。冷却后，擦去沾在边上的粉末，以免在升华时污染产物。取一个口径合适的玻璃漏斗，罩在盖有刺了许多小孔滤纸的蒸发皿上，组成升华装置，用砂浴小心加热升华[7]。控制砂浴温度在 220℃左右。当滤纸上出现许多毛状结晶时，暂停加热，让其自然冷却至 100℃左右。小心取下玻璃漏斗，揭开滤纸，用小刀将纸上和器皿周围的咖啡因刮下。残渣经搅拌混合后用较大的火再加热片刻，再升华一次。合并两次收集的咖啡因，称重并测定熔点。

五、注释与实验指导

【1】 实验流程

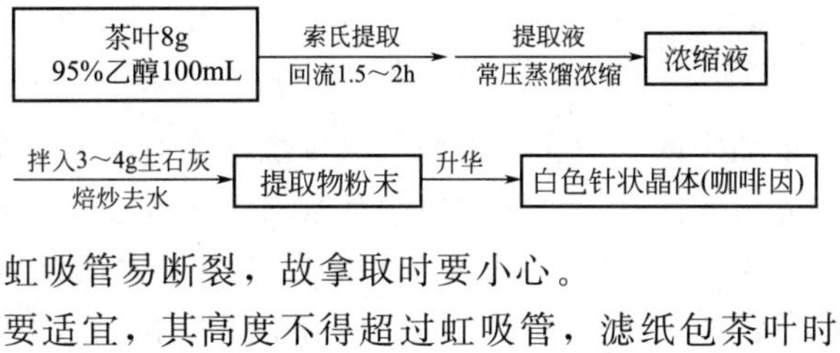

茶叶 8g / 95％乙醇 100mL —索氏提取 回流 1.5～2h→ 提取液 —常压蒸馏浓缩→ 浓缩液

—拌入 3～4g 生石灰 焙炒去水→ 提取物粉末 —升华→ 白色针状晶体(咖啡因)

【2】 索氏提取器虹吸管易断裂，故拿取时要小心。

【3】 滤纸套大小要适宜，其高度不得超过虹吸管，滤纸包茶叶时要严实，防止茶叶漏出堵塞虹吸管，纸套上面折成凹形，以保证回流液均匀浸润被提取物。

【4】 若提取液颜色很淡时，即可停止。

【5】 瓶中乙醇不可蒸得太干，否则残液很黏不易转移。
【6】 生石灰起吸水和中和作用。
【7】 升华操作是本实验成败的关键。升华过程中，始终需用小火间接加热。如温度过高会使产品发黄，影响产品的质量。

六、思考题

1. 为什么用茶叶末，而不用完整茶叶？
2. 在升华的过程中，能嗅出什么气味？为什么？

实验四十一　色谱法分离番茄红素及 β-胡萝卜素
Experiment 41　Seperation of Lycopene and β-Carotene by Chromatography

一、实验目的

1. 了解天然物质的分离提取方法。
2. 了解有机物色谱分离鉴定的原理及操作方法。
3. 了解用比色法测定番茄红素、β-胡萝卜素的操作方法。

二、实验原理

番茄红素（Lycopene）是红色物质，β-胡萝卜素（β-carotene）是黄色物质，它们是类胡萝卜素中的两个重要组成部分。类胡萝卜素（Carotenoid）为多烯类色素，不溶于水而溶于脂溶性有机溶剂，属于四萜类（Tetraterpene）的天然产物，广泛分布于植物、动物和海洋生物中。番茄中含有番茄红素和少量的 β-胡萝卜素，可用低极性的有机溶剂二氯甲烷或石油醚进行提取。

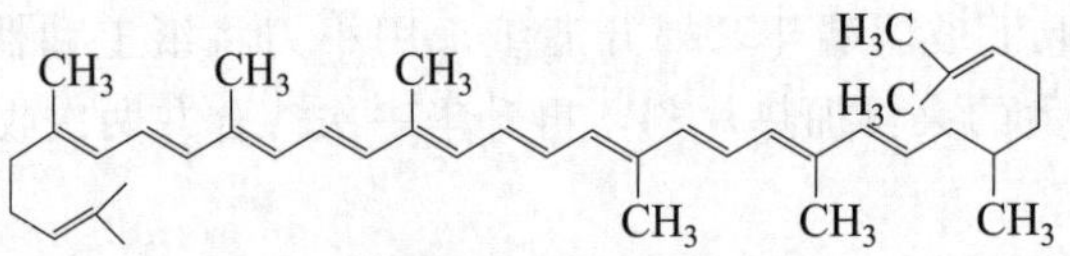

番茄红素

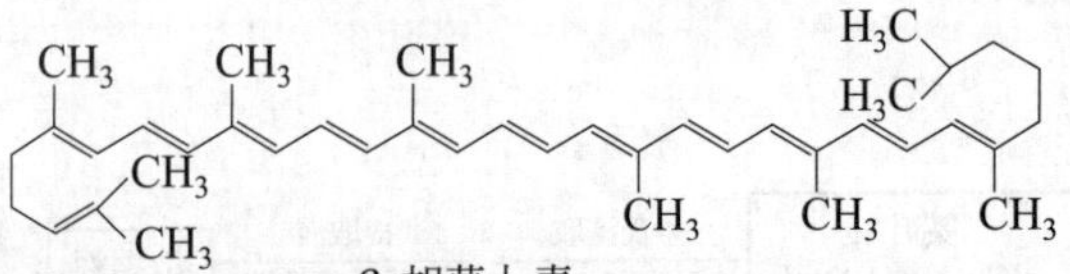

β-胡萝卜素

本实验先用乙醇将番茄中的水脱去，再用二氯甲烷萃取类胡萝卜素。因为二氯甲烷与水不混溶，故只有除去水分后才能有效地从组织中萃取出类胡萝卜素。番茄红素、β-胡萝卜素两者在极性（Polarity）上略有差别，β-胡萝卜素的极性小于番茄红素，利用柱色谱技术可将其分离出来。利用薄层色谱法将分离得到的产物与番茄红素、β-胡萝卜素的标准品进行比较可检测分离效果。

番茄红素和 β-胡萝卜素具有共轭多烯（Conjugated Polyene）结构，番茄红素在472nm

波长处有最大吸收峰，β-胡萝卜素在 450nm 波长处有最大吸收峰，可用比色分析法进行含量测定。

三、仪器与试剂

【仪器】 圆底烧瓶（100mL，25mL）、锥形瓶（125mL，25mL）、球形冷凝管、漏斗、分液漏斗（125mL，25mL）、普通蒸馏装置 1 套、色谱柱、广口瓶、容量瓶（10mL）、吸量管（1mL）、722 型分光光度计。

【试剂】 番茄酱（Tomato Paste）、95％乙醇、二氯甲烷、氯仿、饱和氯化钠溶液、无水硫酸钠、中性氧化铝（柱色谱用）、石油醚（60～90℃）、丙酮、硅胶 G、羧甲基纤维素钠（Carboxymethyl Cellulose Sodium）溶液（10g/L）、番茄红素和 β-胡萝卜素标准品。

【物理常数】 番茄红素：相对分子质量 536.85；熔点 172～173℃；沸点 120℃；不溶于水，难溶于甲醇、乙醇，可溶于乙醚、石油醚、己烷、丙酮，易溶于氯仿、二硫化碳、苯、油脂等有机溶剂。β-胡萝卜素：相对分子质量为 536.88；熔点 184℃；溶于二硫化碳、苯、氯仿，略溶于乙醚、石油醚、己烷及植物油，微溶于甲醇、乙醇，不溶于水、酸、碱。

四、实验步骤

【常规方法】[1]

1. 番茄红素和 β-胡萝卜素的提取 称取 8g 番茄酱置于 100mL 圆底烧瓶中，加入 15mL 95％的乙醇，加热回流 3～5min[2]。冷却后过滤，将滤液倾至 125mL 锥形瓶中保存。将固体残渣连同滤纸放回圆底烧瓶中[3]，加入 15mL 二氯甲烷[4]，回流 3～5min，过滤。再用另外的 2～3 份二氯甲烷重复萃取留在烧瓶中的残留物。将所有的萃取液合并，倾入 125mL 的分液漏斗中，用饱和氯化钠溶液洗涤（10mL×2）。静置，分去水层，二氯甲烷层用无水硫酸钠干燥[5]。过滤，将提取液蒸去溶剂至干，以备下面柱色谱用。

2. 番茄红素及 β-胡萝卜素柱色谱分离 在 1.5cm×20cm 色谱柱的底部加入少量的砂，铺成 2～3mm 的薄砂层。称取 15g 氧化铝，加入 20mL 石油醚搅拌成糊状，湿法装柱[6]。

将已蒸去溶剂的提取物用 1mL 苯溶解，并用吸管转移至柱上，用石油醚为洗脱剂进行洗脱，黄色的 β-胡萝卜素在柱中移动速度较快，而红色的番茄红素移动较慢。弃去无色的洗脱液。当所有的 β-胡萝卜素从柱中流出后，改用 8∶2 的石油醚∶丙酮[7]进行洗脱，并收集洗脱出来的红色番茄红素。

3. 薄层色谱 将粗提取物、提纯的番茄红素及 β-胡萝卜素用毛细管点样在同一块硅胶板上，用体积为 9∶1 的石油醚∶丙酮作为展开剂在广口瓶中展开，展开完毕后立即用铅笔将板上的斑点圈出[8]，并计算 R_f 值。

4. β-胡萝卜素的比色分析 称取 5.00mg β-胡萝卜素的标准品，用氯仿在 10.00mL 容量瓶中定容。取上述标准溶液以一定量的石油醚稀释得 0.01g/L、0.0125g/L、0.02g/L、0.025g/L 的标准系列，空白管为石油醚，分别于 450nm 波长处测定其吸光度，并作出标准曲线[9]。在相同条件测定 β-胡萝卜素洗脱液的吸光度，并由标准曲线查出洗脱液中 β-胡萝卜素的含量。

【微型方法】 称取2g番茄酱置于25mL圆底烧瓶中，加入5mL 95%的乙醇，加热回流3min。冷却后过滤，将滤液倾至25mL锥形瓶中保存。将滤纸和滤渣移回原来烧瓶中，用8mL石油醚（60~90℃）加热回流3min，过滤，将2次滤液合并倾入微型分液漏斗中，加入2mL饱和食盐水振摇洗涤。分出有机层，用无水硫酸钠干燥。预留几滴用于薄层色谱外，余者蒸去溶剂备用。

在直径1cm、长约10cm的色谱柱底部加入少量的砂铺成一层2~3mm厚的薄砂层。称取4g氧化铝，加入6mL的石油醚搅拌成糊状，以湿法技术装柱。

将已蒸去溶剂的提取物用尽可能少的苯溶解，并用吸管转移至柱上，如上述常规实验方法所述的柱色谱过程进行分离。

将粗提取物和分离得到的β-胡萝卜素、番茄红素在同一薄层板上进行薄层色谱，并用分光光度计测定洗脱液中β-胡萝卜素的含量。方法如上述常规实验方法。

五、注解与实验指导

【1】 常规方法提取流程

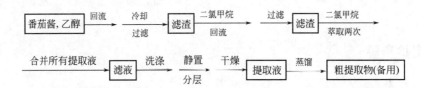

【2】 应使混合物缓慢沸腾，以免乙醇明显减少。

【3】 用刮刀将烧瓶中的内容物全部刮出，并让烧瓶完全沥干。过滤时用刮刀轻压漏斗上的半固体残渣，以便将液体全部压出。

【4】 二氯甲烷有一定的毒性，蒸馏时要注意通风良好。

【5】 也可将二氯甲烷层流经一个在颈部塞有疏松棉花塞且在上面铺有1cm厚的无水硫酸钠的漏斗。这样流动干燥的效果比直接将无水硫酸钠加入到盛放二氯甲烷的锥形瓶中好。

【6】 色谱柱应装填均匀，不能有气泡，也不能出现松紧不匀和断层，否则将影响分离效果和洗脱速度。洗脱液面不可低于氧化铝，否则易出现断层现象。

【7】 当极性小的物质被洗脱后，想再洗脱极性较大的物质，就要换极性较大的洗脱剂。

【8】 类胡萝卜素这类高度不饱和的烃会迅速发生光化学氧化反应，在色谱过程中它们受到溶剂蒸气的保护作用，但从展开缸取出后，斑点可能会迅即消失，应立即用铅笔将板上的斑点圈出。

【9】 由于β-胡萝卜素的稳定性较差，亦可用重铬酸钾来代替β-胡萝卜素标准液使用，0.2g/L重铬酸钾标准液在波长450nm处的吸光值每毫升溶液相当于1.24μg的β-胡萝卜素。

六、思考题

1. 提取液为何不用水洗，而是用饱和氯化钠溶液洗涤？
2. 为何能用柱色谱法将番茄红素和β-胡萝卜素加以分离？

3. 为什么当用石油醚将 β-胡萝卜素从柱上洗脱后,要改用 8∶2 的石油醚∶丙酮进行洗脱?

实验四十二　从牛乳中分离提取酪蛋白和乳糖
Experiment 42　Separation and Extraction of Casein and Lactose from Milk

一、实验目的

1. 学习从牛乳中分离、提取酪蛋白、乳糖的原理和方法。
2. 掌握结晶、减压过滤等操作。

二、实验原理

牛乳[1]中主要的蛋白质是酪蛋白(Casein),含量约为 35g/L。酪蛋白在乳中是以酪蛋白酸钙-磷酸钙复合体[2]胶粒存在,胶粒直径为 20~800nm,平均为 100nm。在酸或凝乳酶的作用下酪蛋白会沉淀,加工后可制得干酪或干酪素。

酪蛋白钙的 pI=4.8,牛乳的 pH=6.6,因而酪蛋白钙在牛乳中带负电荷,利用蛋白质在等电点时溶解度最小的特点,往牛乳中加入酸,将牛乳的 pH 调至酪蛋白的等电点来沉淀分离酪蛋白。

牛乳经脱脂和去除蛋白质后,所得溶液为乳清,乳清中含糖类物质主要为有乳糖(Lactose),可通过浓缩、结晶制取乳糖。

三、仪器与试剂

【仪器】　烧杯、锥形瓶、减压抽滤装置(布氏漏斗,抽滤瓶,真空泵,滤纸)、pHs-25A 型酸度计、电热套。

【试剂】　脱脂奶粉、10%乙酸、碳酸钙、95%乙醇、25%乙醇、乙醚。

四、实验步骤[3]

1. 酪蛋白的分离

取 20g 脱脂奶粉置于 150mL 烧杯中,加 50mL 水,加热至 40℃使奶粉充分溶解。在搅拌下慢慢加入 10%乙酸溶液约 10mL,并用 pH 计检测,调整混合溶液的 pH=4.8,有酪蛋白白色沉淀生成。用纱布过滤,再用少量水清洗沉淀 2~3 次。(在滤液中立刻加入 5g 粉状碳酸钙,并搅拌几分钟,留作下面分离乳糖用。)将沉淀转移到烧杯中,加入 60mL 95%的乙醇,搅拌后抽滤,再用乙醇和乙醚的等体积混合物 20mL 洗涤沉淀两次,最后用 5mL 乙醚洗涤沉淀,每次用搅拌棒搅拌乙醚中的酪蛋白约 10min,并捣碎所有团块。最后用布氏漏斗抽滤后,将固体转移到表面皿上,晾干,称重并计算产率。

2. 乳糖的分离　将步骤 1 中已经加入 5g 碳酸钙的滤液加热,使其平稳地沸腾约 10min,趁热抽滤,除去沉淀的蛋白质和残余碳酸钙。将滤液转移至烧杯中并加热浓缩至约 30mL,趁热加入 95%乙醇 175mL,并继续加热,待其混合均匀后,趁热减压抽滤,将滤液(此时滤液应该是澄清的）转移到锥形瓶中，加塞，结晶过夜。让乳糖充分结晶，抽滤，并用冷的 25％乙醇 10mL 洗涤晶体，抽干，干燥，称重计算产率。

五、注解和实验指导

【1】 牛乳是老少皆宜的食品，它的平均百分组成为：水 87.1％、蛋白 3.4％、脂肪 3.9％、糖 4.9％、矿物质 0.7％。

牛乳中所含蛋白质为球蛋白，有三种形式：酪蛋白（Casein）、乳清蛋白（Whey Albumen）、乳球蛋白（Lactoglobulin）。

【2】 酪蛋白是一种磷蛋白（Phosphoprotein），蛋白质肽链中丝氨酸（Serine）、苏氨酸（Threonine）残基的羟基和磷酸结合，并以钙盐形式存在。

$$\text{酪蛋白}-O-\overset{\overset{O}{\|}}{\underset{O^-}{P}}-O^- + Ca^{2+} \longrightarrow \left[\text{酪蛋白}-O-\overset{\overset{O}{\|}}{\underset{O^-}{P}}-O^-\right] Ca^{2+} \downarrow$$

酪蛋白还是一种混合物，它是由 α、β 和 K 三种酪蛋白组成，在牛乳中三种酪蛋白均为钙盐，并形成胶束。其中 α-酪蛋白钙盐和 β-酪蛋白钙盐不溶于牛乳，但 K-酪蛋白溶于水，并可增溶 α- 和 β-酪蛋白，构成溶于水的酪蛋白胶束。

【3】 实验流程

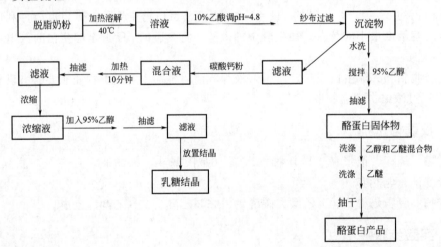

六、思考题

1. 为什么调整溶液的 pH 可以将酪蛋白沉淀出来？
2. 试设计一个利用蛋白质其他性质提取蛋白质的实验。

实验四十三　从蛋黄中提取卵磷脂
Experiment 43　Extraction of Lecithin from Egg Yolk

一、实验目的

1. 掌握从鸡蛋中提取卵磷脂的方法与原理。

2. 加深了解磷脂类物质的结构和性质。

二、实验原理

卵磷脂（Lecithin）属于一种混合物，是存在于动植物组织以及卵黄之中的一组黄褐色的油脂性物质，其构成成分包括磷酸、胆碱、脂肪酸、甘油、糖脂、甘油三酸酯以及磷脂（如磷脂酰胆碱、磷脂酰乙醇胺和磷脂酰肌醇）。然而，卵磷脂有时还是纯磷脂酰胆碱的同义词，而磷脂酰胆碱只是一种作为其磷脂部分主要成分的磷脂。采用机械方法或者化学方法，可以从卵黄或大豆之中分离出卵磷脂。其结构式如下：

$$\begin{array}{c} \quad\quad\quad\quad\quad\quad O \\ \quad\quad\quad\quad H_2C-O-C-R^1 \\ O \quad\quad\quad | \\ R^2-C-O-CH \quad\quad O \\ \quad\quad\quad | \quad\quad || \\ \quad\quad H_2C-O-P-OCH_2CH_2\overset{+}{N}(CH_3)_3 \\ \quad\quad\quad\quad\quad | \\ \quad\quad\quad\quad\quad O^- \end{array}$$

纯净的卵磷脂常温下为一种无色无味的白色固体，由于制取或精制方法、储存条件不同被氧化而呈现淡黄色至棕色。相对密度为 1.305，熔点 150～200℃，碘值为 95，皂化值 196，不溶于水但能溶胀，在氯化钠溶液中呈胶体悬浮液。溶于氯仿、乙醇、石油醚、矿物油和脂肪酸中，难溶于丙酮，具有良好的乳化作用。

蛋黄中含有丰富的卵磷脂，8%～10%，牛奶、动物的脑、骨髓、心脏、肺脏、肝脏、肾脏以及大豆和酵母中都含有卵磷脂。可根据它溶于氯仿、乙醇而不溶于丙酮的性质，从而从蛋黄中提取分离得到。

卵磷脂在碱性溶液中加热后可分解为脂肪酸盐、甘油、胆碱和磷酸盐。甘油与硫酸氢钾共热，可生成具有特殊臭味的丙烯醛；磷酸盐在酸性条件下与钼酸铵作用，生成黄色的磷钼酸沉淀；胆碱在碱的进一步作用下生成无色且具有氨和鱼腥气味的三甲胺。这样通过对分解产物的检验可以对卵磷脂进行鉴定。

三、仪器与试剂

【仪器】 恒温水浴锅、磁力搅拌器（每组一个）、布氏漏斗、抽滤瓶、铁架台、蒸发皿、脱脂棉、大试管、天平、25mL 量筒（每组一个）、100mL 量筒（每组一个）、干燥试管（每组四支）、玻璃棒 2 支、小烧杯大小各 2 个。

【试剂】 熟鸡蛋一个、95%乙醇（每组 50mL）、乙醚（每组 20mL）、丙酮（每组 30mL）、$ZnCl_2$、无水乙醇（每组 40mL）、滤纸（2 张）、10%氢氧化钠（每组 30mL）、3%溴的四氯化碳溶液（每组 10mL）、红色石蕊试纸（每组二张）、3%溴的四氯化碳溶液（每组 10mL）、硫酸氢钾（每组 10mL）、钼酸铵溶液（每组 10mL，钼酸铵试剂的制备：将 6g 钼酸铵溶于 15mL 蒸馏水中，加入 5mL 浓氨水，另外将 24mL 浓硝酸溶于 46mL 的蒸馏水中，两者混合静置一天后再用）。

四、实验步骤

1. 卵磷脂的提取

方法 1 蛋黄 10g 放入洁净的带塞三角瓶中，加入 95%乙醇 40mL，搅拌 15min 后，静置 15min；然后加入 10mL 的乙醚[1]，搅拌 15min 后，静置 15min，过滤；滤渣进行二次提取，加入乙醇与乙醚（体积比为 3∶1）的混合液 30mL，搅拌、静置一定时间，第二次过滤；合并二次滤液，加热浓缩至少量，加入一定量丙酮除杂，卵磷脂即沉淀出来，即得到卵磷脂粗品。

方法 2 称取 10g 蛋黄于小烧杯中，加入温热的 95% 乙醇 30mL，边加边搅拌均匀，冷却后抽滤。如滤液仍然浑浊，可再次抽滤至滤液透明。将滤液置于蒸发皿内，于水浴锅中蒸干（或用加热套蒸干，温度可设 140℃ 左右），所得固体即为卵磷脂。

（为了减少或尽可能不用乙醚，实验采用方法二）。

2. 卵磷脂的纯化

取一定量的卵磷脂粗品，用无水乙醇溶解，得到约 10% 的乙醇粗提液，加入相当于卵磷脂质量的 10% 的 $ZnCl_2$ 水溶液，室温搅拌 0.5h；分离沉淀物，加入适量冰丙酮（4℃）洗涤，搅拌 1h，再用丙酮反复研洗[2]，直到丙酮洗液近无色为止，得到白色蜡状的精制卵磷脂；干燥；称重。

3. 卵磷脂的溶解性试验

卵磷脂的溶解性：取干燥试管，加入少许卵磷脂，再加入 5mL 乙醚，用玻璃棒搅动使卵磷脂溶解，逐滴加入丙酮 3~5mL，观察实验现象。

4. 卵磷脂的鉴定

（1）三甲胺的检验

取干燥试管一支，加入少量提取的卵磷脂以及 2~5mL 10% 氢氧化钠溶液，放入水浴中加热 15min，在管口放一片红色石蕊试纸，观察颜色有无变化，并闻其气味。将加热的溶液过滤，滤液供下面检验。

（2）不饱和性检验

取干净试管一支，加入 10 滴上述滤液，再加入 1~2 滴 3% 溴的四氯化碳溶液，振摇试管，观察现象。

（3）磷酸的检验

取干净试管一支，加入 10 滴上述滤液和 5~10 滴 95% 乙醇溶液，然后再加入 5~10 滴钼酸铵试剂，观察现象；最后将试管放入热水浴中加热 5~10min，观察有何变化。

（4）甘油的检验

取干净试管一支，加入少许卵磷脂和 0.2g 硫酸氢钾，用试管夹夹住并先在小火上略微加热，使卵磷脂和硫酸氢钾混熔，然后再集中加热，待有水蒸气放出时，嗅有何气味产生。

五、注意事项

【1】 注意安全，本实验中的乙醚、丙酮及乙醇均为易燃药品，氯化锌具腐蚀性。

【2】 实验过程要细致，培养耐心。

六、思考题

1. 蛋黄中分离卵磷脂根据什么原理？
2. 本实验有哪些步骤可以改进？

实验四十四　α-苯乙胺外消旋体的拆分
Experiment 44　Resolution of α-Phenylethylamine

一、实验目的

1. 学习拆分外消旋体的原理和方法。
2. 进一步熟练旋光度的测定方法，了解对光学活性物质纯度的初步评价。
3. 通过具体实验操作，掌握相关的实验技术和技能，学会运用所学知识和理论进行实验分析和实验操作的能力，养成良好的实验素质和习惯。

二、实验原理

由一般合成方法得到的手性化合物为等量的对映体组成的外消旋体，无旋光性。若要得到纯净左旋体或右旋体，需要使用某种方法将它们分开。用某种方法将外消旋体分开成纯的左旋体和右旋体的过程称为外消旋体的拆分。

由于对映异构体除旋光性不同外，具有相同的物理性质，如沸点、熔点、溶解度等，用一般的蒸馏、结晶、色谱分离等方法难于将其分离。

目前，拆分外消旋体的方法很多，一般有播种结晶法、非对映异构盐拆分法、酶拆分法、色谱拆分法等。最常用的方法是利用化学反应把对映体变为非对映体：利用外消旋混合物内含有一个易于反应的基团（拆分基团），如羧基或氨基等，可以使它与一个纯的旋光化合物（拆分剂）发生反应，从而把一对对映异构体变成两个非对映异构体。由于非对映体具有不同的物理性质，便可采用常规的分离手段分开。然后经过一定的处理，去掉拆分剂，最后得到纯的旋光化合物，达到拆分的目的。

非对映异构盐拆分法的关键是选择一个好的拆分试剂。一个好的拆分剂必须具备以下特点。

（1）必须与外消旋体容易发生反应形成非对映异构盐，而且又容易除去。
（2）在常用溶剂中，形成的非对映异构盐的溶解度差别要显著，必须有一个异构体能够易于析出晶体。
（3）价廉易得，或回收率高。
（4）自身光学纯度高，化学性质稳定。

常用马钱子碱、奎宁和麻黄素等光学纯的生物碱用来拆分外消旋的有机酸；酒石酸、樟脑磺酸、苯乙醇酸等光学纯的有机酸用来拆分外消旋的有机碱。

外消旋 α-苯乙胺属碱性外消旋体，可用酸性拆分试剂进行拆分。本实验用 D-(＋)-酒石酸为拆分剂。具有光学活性的 D-(＋)-酒石酸广泛存在于自然界中。在酿酒中所获得的一系列副产物中就有 D-(＋)-酒石酸。外消旋苯乙胺用 D-(＋)-酒石酸处理时产生的两个非对映体的盐在甲醇中的溶解度有明显差异，由于 (－)-α-苯乙胺和 (＋)-酒石酸所形成的盐在甲醇中的溶解度比 (＋)-α-苯乙胺和 (＋)-酒石酸所形成的盐小，足以用分步结晶的方法将它们分离开。因此，前者从溶液中先结晶析出，经稀碱处理，即可得到 (－)-α-苯乙胺。母体中所含的 (＋)-α-苯乙胺-(＋)-酒石酸盐经过类似的处理，也可得到 (＋)-α-苯乙胺。

在实际工作中，要得到单个旋光纯的对映体，并不是件容易的事情，往往需要冗长的拆分操作和反复的重结晶才能完成。而要完全分离也是很困难的。常用光学纯度表示被拆分后对映体的纯净程度，它等于样品的比旋光度除以纯对映体的比旋光度。

$$光学纯度(OP)=\frac{样品的[\alpha]_样}{纯物质的[\alpha]_纯}\times 100\%$$

外消旋 α-苯乙胺的拆分过程如下所示：

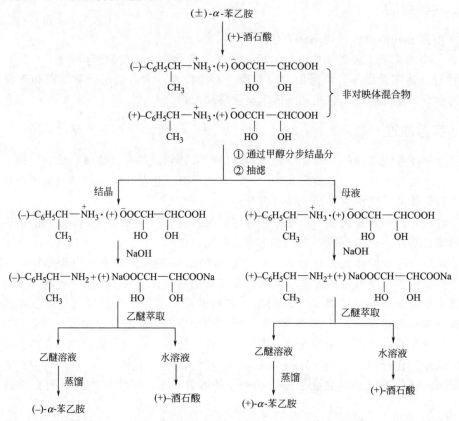

三、仪器与试剂

【仪器】 圆底烧瓶、烧杯、玻璃棒、滴管、量筒、球形冷凝管、直形冷凝管、蒸馏头、锥形瓶、分液漏斗、布氏漏斗、抽滤瓶、蒸发皿、玻璃小漏斗、温度计、减压蒸馏装置、电炉或酒精灯、旋光仪等。

【试剂】 (±)-α-苯乙胺、（＋）-酒石酸、甲醇、乙醚、无水硫酸镁、50%氢氧化钠溶液、无水乙醇、浓硫酸、丙酮、滤纸等。

四、实验步骤

1. 成盐与分步结晶

在 250mL 锥形瓶中放入 3.2g D-(＋)-酒石酸、45mL 甲醇和几粒沸石，装上回流冷凝管后在水浴上加热至接近沸腾（约 60℃）。待 D-(＋)-酒石酸全部溶解后，停止加热，稍冷后移去回流冷凝管，在振摇下用滴管将 2.6mL (±)-α-苯乙胺慢慢加入热溶液中。加完稍加振摇，冷至室温后，塞紧瓶塞，放置 24h 以上。瓶内应生成颗粒状棱柱形晶体，若生成针状晶体与棱柱形结晶混合物，应置于热水浴中重新加热溶解，再让溶液慢慢冷却，待析出棱状结晶完全后，减压过滤，晶体用少量冷甲醇洗涤，晾干，得到的主要是（－）-α-苯乙胺·（＋）-酒石酸盐。称量（预期 4~5g）并计算产率。母液保留用于制备另一种对映体。

2. S-(－)-α-苯乙胺的分离

将上述所得的（－）-α-苯乙胺·（＋）-酒石酸盐转入 250mL 锥形瓶中，加入约 15mL 水（约 4 倍量的水），搅拌使部分结晶溶解，再加入约 2.5mL 50%氢氧化钠溶液，搅拌使混合物完全溶解，且溶液呈强碱性。将溶液转入分液漏斗中，然后每次用 10mL 乙醚萃取 3 次，合并乙醚萃取液，用粒状氢氧化钠干燥。水层倒入指定容器中留作回收（＋）-酒石酸。

将干燥后的乙醚溶液分批转入 25mL 事先已称量的圆底烧瓶，在水浴上先尽可能蒸去乙醚，再用水泵减压除净乙醚。称量圆底烧瓶，即可得（－）-α-苯乙胺的质量（1~1.5g），计算产率。塞好瓶塞，供测比旋光度用。纯的 S-(－)-α-苯乙胺比旋光度为 $\alpha_D^{25}=-39.5°$。

3. R-(＋)-α-苯乙胺的分离

将上述保留的母液在水浴上加热浓缩，蒸出甲醇。残留物呈白色固体，残渣用 40mL 水和 6.5mL 50%氢氧化钠溶液溶解，然后用乙醚提取 3~4 次，每次用 12mL。合并萃取液，用无水硫酸镁干燥。过滤，将滤液加到圆底烧瓶中，先水浴蒸除乙醚和甲醇，然后减压蒸馏得无色透明油状液体（＋）-α-苯乙胺（2.8kPa 下收集 85~86℃的馏分），即为（＋）-α-苯乙胺粗品。粗产品需进一步重结晶才能达到一定纯度。

（＋）-α-苯乙胺重结晶方法：将粗品溶于约 20mL 乙醇中，加热溶解，向此热溶液中加入含浓硫酸的乙醇溶液约 45mL（约加入浓硫酸 0.8g），放置后，得白色片状（＋）-α-苯乙胺硫酸盐。滤出晶体，浓缩母液后可得到第二次结晶物，合并晶体（共约 7g）。将晶体溶于 12mL 热水中，加热沸腾，滴加丙酮至刚好浑浊，放置慢慢冷却后析出白色针状结晶。过滤后加入 10mL 水和 1.5mL 50%的氢氧化钠溶液溶解。水溶液用乙醚萃取 3 次，每次 10mL，合并萃取液用无水硫酸镁干燥。蒸除乙醚后，减压蒸馏，收集 72~74℃/2.3kPa（17mmHg）的馏分，得到（＋）-α-苯乙胺，称重（约 1.3g），待测旋光度。

纯的 R-(＋)-α-苯乙胺为无色透明油状物，比旋光度为 $\alpha_D^{25}=+39.5°$。

五、思考题

1. 在（＋）-酒石酸甲醇溶液中加入 α-苯乙胺后，析出棱柱状晶体，过滤后，此滤液是否有旋光性？为什么？
2. 拆分实验中关键步骤是什么？如何控制反应条件才能分离出纯的旋光异构体？

实验四十五　对氨基苯磺酰胺（磺胺）的合成
Experiment 45 Synthesis of Sulfanilamide

一、实验目的

1. 学习对氨基苯磺酰胺的制备方法。
2. 通过对氨基苯磺酰胺的制备，掌握酰氯的氨解和乙酰氨基衍生物的水解反应。

二、实验原理

利用氯磺化反应可以制备芳基磺酰氯，理论上需要 2mol 的氯磺酸。反应先经过中间体芳基磺酸，而磺酸进一步与氯磺酸作用得到磺酰氯。磺酰氯是制备一系列磺胺类药物的基本原料。制备磺胺时不必将对乙酰氨基苯磺酰氯干燥或进一步提纯，因为下一步为水溶液反应，但必须做完后马上使用，不能长久放置。一般认为磺酰氯对水的稳定性要比羧酸酰氯高，但也可以慢慢水解而得到相应的磺酸。对乙酰氨基苯磺酰氯与氨或氨的衍生物反应，是制备磺胺类药物的关键一步。因此必须首先合成对乙酰氨基苯磺酰氯。本实验以乙酰苯胺为原料经四步反应可制得对氨基苯磺酰胺[1]。反应式如下：

$$C_6H_5NHCOCH_3 + HOSO_2Cl \longrightarrow p\text{-}HOSO_2\text{-}C_6H_4\text{-}NHCOCH_3 + HCl$$

$$p\text{-}HOSO_2\text{-}C_6H_4\text{-}NHCOCH_3 + HOSO_2Cl \longrightarrow p\text{-}ClO_2S\text{-}C_6H_4\text{-}NHCOCH_3 + H_2SO_4$$

$$p\text{-}ClO_2S\text{-}C_6H_4\text{-}NHCOCH_3 + NH_3 \longrightarrow p\text{-}H_2NO_2S\text{-}C_6H_4\text{-}NHCOCH_3 + HCl$$

$$p\text{-}H_2NO_2S\text{-}C_6H_4\text{-}NHCOCH_3 + H_2O \xrightarrow{H^+} p\text{-}H_2NO_2S\text{-}C_6H_4\text{-}NH_2 + CH_3COOH$$

三、仪器与试剂

【仪器】 锥形瓶、天平、水浴锅、圆底烧瓶、分液漏斗、玻璃棒。

【试剂】 5g（0.037mol）乙酰苯胺、22.5g（12.5mL，0.19mol）氯磺酸（$d=1.77$）、5%氢氧化钠溶液、35mL浓氨水（28%，$d=0.9$）、浓盐酸、碳酸氢钠。

四、实验步骤

1. 对乙酰氨基苯磺酰氯的制备

在100mL干燥的锥形瓶中，加入5g干燥的乙酰苯胺，放在石棉网上用小火加热使之熔化，若瓶壁上出现少量水珠，应用滤纸擦干。取下锥形瓶并放在冰水浴中冷却，乙酰苯胺在瓶底上凝结成块。经冰水浴冷却后[2]，一次性加入12.5mL氯磺酸，立即连接上氯化氢气体吸收装置（注意防止倒吸）。反应很快发生，若反应过于剧烈，可用冰水浴冷却。待反应缓和后，微微摇动锥形瓶以使固体全部反应，然后于温水浴上加热至不再有氯化氢气体产生为止[3]。待化合物冷却后，于通风橱中充分搅拌下，将反应液慢慢倒入盛有75mL冰水的烧杯中[4]，用约10mL冷水洗涤烧瓶，并入烧杯中搅拌数分钟，出现白色粒状固体，减压过滤，用水洗净[5]，压紧抽干。立即进行下一步制备磺胺的反应。若制备纯品，可进行提纯。

把粗品放入250mL圆底烧瓶内，先加入少许氯仿，加热回流，再逐渐加入氯仿直至固体全部溶解。然后将溶液迅速移入250mL分液漏斗中，分出氯仿层，在冰浴中冷却，即有结晶析出，减压过滤、用少量氯仿洗涤结晶、抽干、称重。测熔点149℃。

2. 对氨基苯磺酰胺的制备

向125mL锥形瓶中加入5g对乙酰氨基苯磺酰氯，在搅拌下慢慢加入浓氨水，此时产生白色黏稠状固体，当滴入氨水至固体稍有溶解时，停止滴加，需15mL左右的氨水。继续充分搅拌（该反应是由一种固体化合物转变成另一种固体化合物，若搅拌不充分，将会有一些未反应的反应物被产物包在里面），然后向其中加入10mL水，在石棉网上小火加热除去多余的氨。如不能完全将氨赶净，可加入微量的盐酸中和。得到的混合物可直接用于制备磺胺的反应，也可以在未加盐酸前将混合物过滤，固体经水洗涤后压紧抽干，得粗品对乙酰氨基苯磺酰胺，然后用50%乙醇重结晶，熔点214℃。

向上述粗品中加入5mL盐酸[6]、10mL水，加热回流50min，若溶液黄色加深，可加少量活性炭脱色，过滤，在滤液中先慢慢加固体碳酸氢钠[7]，并不断搅拌，在快接近中性（即固体磺胺还未析出前）时，慢慢加饱和碳酸氢钠水溶液直至溶液呈中性，此时有固体磺胺析出，放置冷却后过滤，可用少量水洗涤产品，压紧抽干，得粗品磺胺。用水重结晶后得 3～4g 产品，熔点 162～164℃。

五、注解与实验指导

【1】 实验流程：

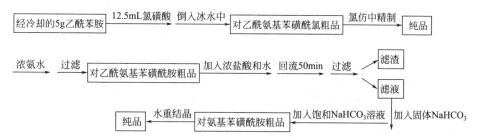

【2】 氯磺化反应过分猛烈，难以控制，将乙酰苯胺凝结后再反应，可使反应平稳进行。

【3】 氯磺酸有强烈的腐蚀性，遇水发生猛烈的放热反应，甚至爆炸，在空气中即冒出大量氯化氢气体使人窒息，故取用时必须特别小心，并注意通风，反应所用的仪器及药品皆需十分干燥，含有氯磺酸的废液不可倒入水槽，而应倒入酸性废液缸中。

【4】 必须防止局部过热，否则会造成苯磺酰氯的水解，这是做好本实验的关键。故需用大量的冰，并需充分搅拌。

【5】 应尽可能除尽固体表面附着的盐酸，否则影响下步反应。

【6】 加盐酸水解乙酰基前，溶液中氨的含量不同，加 5mL 盐酸有时不够。因此，在加热回流至固体全部消失后，应测量一下溶液的酸碱性。若溶液不呈酸性，应补加盐酸继续回流一段时间。

【7】 中和反应中放出大量二氧化碳气体，要防止产品溢出。产品可溶于过量碱中（为什么？），中和时，必须仔细控制碳酸氢钠用量。

六、思考题

1. 为什么苯胺要乙酰化后再氯磺化？直接氯磺化行吗？
2. 为什么氯磺化后，要把产物倒入冰水中水解剩余的氯磺酸？如果直接倒入常温水中，会有什么副反应发生？

第二节　设计性实验

实验四十六　水杨酸甲酯的制备
Experiment 46　Preparation of Methyl Salicylate

一、实验目的

1. 了解资料和文献的查阅方法。

2. 了解有机化合物合成、分离、纯化的设计方法。

3. 掌握水杨酸甲酯的合成原理（或提取原理）以及工艺路线。

二、相关资料

水杨酸甲酯（Methyl Salicylate），俗名冬青油，化学名邻羟基苯甲酸甲酯，是无色且有香味的液体，沸点 220～222℃，易溶于异辛烷、乙醚等有机溶剂，微溶于水。其放置在空气中易变色，在酸、碱条件下易水解，现被广泛地用在精细品化工中作为溶剂、防腐剂、固定液，也用作饮料、食品、牙膏、化妆品等的香料，以及用于生产止痛药、杀虫剂、擦光剂、油墨及纤维助染剂等。天然的水杨酸甲酯是在甜桦树中发现的，人们就用提取的方法来获得冬青油。但因来源有限，后来人们就利用化学合成的方法来得到水杨酸甲酯。

三、任务

1. 本实验为设计性实验，要求根据所学理论知识独立完成实验设计和实验操作。

2. 首先通过查阅资料和文献，了解该化合物的结构特征和相关性质，设计合成路线（或提取方法）、分离纯化方法、检测手段。根据合成路线和该化合物的结构特征，选择合适的起始原料和试剂（如采取提取方法，则给出提取仪器、提取溶剂等），进行实验操作步骤的设计。

3. 根据合成路线中各步反应的特点，确定合适的反应条件。如起始原料、所用试剂、反应温度、催化剂的选择等（提取方法则应给出提取条件）。

4. 完成该实验的设计报告，报告经老师审阅通过后方可进行实验完成实验操作，提交实验报告。

四、注意事项

1. 尽可能多的查阅相关资料和文献，比较各合成线路的优缺点，从中选出合适可行的实验线路。

2. 充分了解合成路线中各反应的反应条件，对实验所需的仪器和药品应尽可能详细。

3. 尽可能利用实验室现有资源。

4. 实验设计应包括合成、分离、纯化、检验等。

实验四十七 扑炎痛的合成
Experiment 47 Synthesis of Benorylate

一、实验目的

1. 了解资料和文献的查阅方法。

2. 了解有机化合合成的设计方法。
3. 了解拼合原理在化学结构修饰方面的应用。

二、相关资料

扑炎痛（苯乐来、贝诺酯）为一种解热镇痛抗炎药，是由阿司匹林和扑热息痛经拼合制成，它既保留了原药的解热镇痛功能，又减小了原药的毒副作用，并有协同作用。适用于急、慢性风湿性关节炎，风湿痛，感冒发烧，头痛及神经痛等。扑炎痛化学名为 2-乙酰氧基苯甲酸-乙酰胺基苯酯，化学结构式为：

扑炎痛为白色结晶性粉末，无臭无味，mp 174～178℃，不溶于水，微溶于乙醇，溶于氯仿、丙酮。

三、任务

1. 本实验为设计性实验，要求根据所学理论知识独立完成实验设计和实验操作。首先通过查阅资料和文献，了解该化合物的结构特征和相关性质，设计合成路线。
2. 根据合成路线和该化合物的结构特征，选择合适的起始原料和试剂，进行实验操作步骤的设计。
3. 根据合成线路中各步反应的特点，确定合适的反应条件。
4. 完成该实验的设计报告，报告经老师审阅通过后方可进实验完成实验操作，提交实验报告。

四、注意事项

1. 尽可能多得查阅相关资料和文献，比较各合成线路的优缺点，从中选出合适可行的实验线路。
2. 充分了解合成线路中各反应的反应条件，对实验所需的仪器和药品应尽可能详细。
3. 尽可能利用实验室现有资源。

五、参考文献

1. 尤启冬. 药物化学实验与指导[M]. 北京：中国医药科技出版社，2003.
2. 孙铁民. 药物化学实验[M]. 北京：中国医药科技出版社，2008.

实验四十八 美沙拉嗪的合成
Experiment 48 Synthesis of Masalazine

一、实验目的

综合分析文献，提出适合本校实验室条件的合成路线和实验方法。

二、实验原理

美沙拉嗪（Masalazine）化学名 5-氨基水杨酸（5-ASA），为慢性结肠炎治疗药物柳氮磺吡啶（SASP）的活性代谢物，其疗效与 SASP 相同，尤其适用于因副作用和变态反应而不能使用 SASP 的患者。英国 TillotsLaba 公司于 1985 年 6 月首次上市。

国内外文献报道有多种合成方法。

方法 1：硝基水杨酸还原法

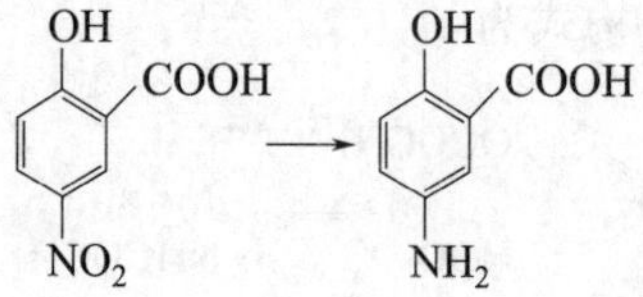

方法 2：硝基苯甲酸电解还原法

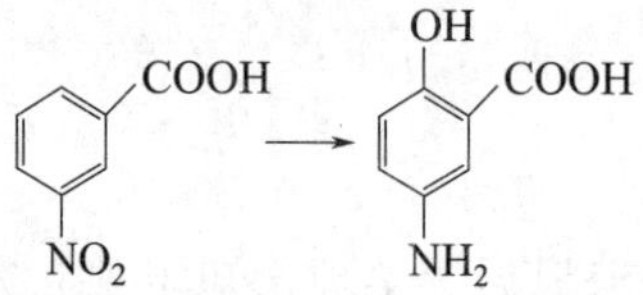

方法 3：苯偶氮水杨酸还原法

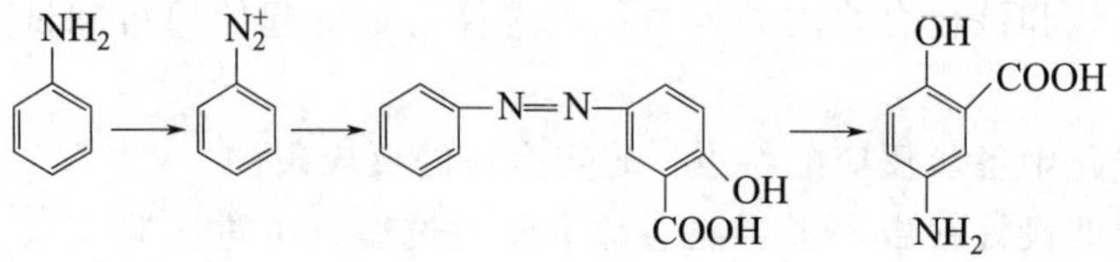

请综合比较以上方法，根据本校实验室所提供的仪器和试剂，制定出合适的合成路线。

三、参考文献

1. 国家医药管理局医药工业情报中心站等. 世界新药 [M]. 北京：中国医药科技出版社，1987.
2. Wei H et al. Ber Dtsch Chem Ges：1922，55B：2664.
3. Le Guyader et al. Compt Rend：1961，253：2544.
4. 戴国华，费炜，徐子鹏. 中国医药工业杂志，1998，29（10）：443.

实验四十九 透明皂的制备
Experiment 49 Preparation of Transparent Soap

一、实验目的

综合分析文献，提出适合本校实验室条件的合成路线和实验方法。

二、实验原理

透明皂以牛羊油、椰子油、麻油等含不饱和脂肪酸较多的油脂为原料，与氢氧化钠溶液发生皂化反应，反应式如下所示。

$$\begin{array}{c}\text{CH}_2\text{OOCR}_1\\|\\\text{CH}_2\text{OOCR}_2\\|\\\text{CH}_2\text{OOCR}_3\end{array} + 3\text{NaOH} \longrightarrow \begin{array}{c}\text{CH}_2\text{OH}\\|\\\text{CH}_2\text{OH}\\|\\\text{CH}_2\text{OH}\end{array} + \text{R}_1\text{COONa} + \text{R}_2\text{COONa} + \text{R}_3\text{COONa}$$

反应后不用盐析，将生成的甘油留在体系中增加透明度。然后加入乙醇、蔗糖做透明剂促使肥皂透明，并加入结晶阻化剂，有效提高透明度。这样可制得透明、光滑的透明皂作为皮肤清洁用品。透明皂配方如表6-4所示。

表 6-4 透明皂配方

组分	质量分数/%	组分	质量分数/%
牛油	13	结晶阻化剂	2
椰子油	13	30%NaOH 溶液	20
麻油	10	95%乙醇	6
蔗糖	10	甘油	3.5
蒸馏水	10	香蕉香精	少许

请综合比较以上方法，根据本校实验室所提供的仪器和试剂，制定出合适的合成路线。

三、注意事项

1. 为什么制备透明皂不用盐析，反而加入甘油？（增大产品的透明度）
2. 为什么蓖麻油不与其他油脂一起加入，而在加碱前才加入？（因为蓖麻油长时间加热易颜色加深，从而影响产品的透明度）
3. 制备透明皂若油脂不干净怎样处理？（加热溶解后，趁热过滤，除去不熔物）

实验五十　典型有机化合物鉴别设计
Experiment 50　Design of Identification of Typical Compounds

一、实验目的

1. 掌握烯、炔、卤代烃、醇、酚、醚、醛、酮、胺、糖的性质。
2. 学会利用化合物特征反应性质来鉴别化合物。
3. 通过实验提高学生设计、实验技能以及查阅文献能力。

二、设计提示

根据实验室提供的试剂及不同有机化合物的化学性质特点，设计出一套用于鉴别指定组有机化合物的流程（必须形成文字并经指导老师审阅），方案确定后，在50min内鉴别出各种有机物。

三、设计内容

1. 乙醇、乙醛、丙酮、苯酚、丙氨酸、葡萄糖。

2. 苄基氯、苯酚、丙氨酸、葡萄糖、苯甲醛。

3. 葡萄糖、淀粉、蔗糖、乙酰乙酸乙酯、苯胺。

四、可用的试剂

α-萘酚溶液、浓硫酸、Tollens 试剂、5% 2,4-二硝基苯肼溶液、Fehling 试剂 A/B、碘化钠-丙酮溶液、NaOH 溶液、三氯化铁溶液、茚三酮溶液、Lucas 试剂、硝酸铈铵、碘-碘化钾溶液、硝酸银溶液、苯磺酰氯溶液。

附　录

附录一　常用元素相对原子质量

元素名称	化学符号	相对原子质量	元素名称	化学符号	相对原子质量
氢	H	1.0079	钴	Co	58.9332
氦	He	4.0026	镍	Ni	58.6934
锂	Li	6.491	铜	Cu	63.546
铍	Be	9.012	锌	Zn	65.39
硼	B	10.811	镓	Ga	69.732
碳	C	12.011	锗	Ge	72.61
氮	N	14.0067	砷	As	74.9216
氧	O	15.9994	硒	Se	78.96
氟	F	18.9984	溴	Br	79.904
氖	Ne	20.1797	氪	Kr	83.8
钠	Na	22.9897	钼	Mo	95.94
镁	Mg	24.305	钯	Pd	106.4
铝	Al	26.9815	银	Ag	107.8682
硅	Si	28.0855	镉	Cd	112.411
磷	P	30.9737	铟	In	114.818
硫	S	32.066	锡	Sn	118.71
氯	Cl	35.4527	锑	Sb	121.76
氩	Ar	39.948	碲	Te	127.6
钾	K	39.0983	碘	I	126.904
钙	Ca	40.078	氙	Xe	131.29
钪	Sc	44.9559	铯	Cs	132.9054
钛	Ti	47.867	钡	Ba	137.327
钒	V	50.9415	铂	Pt	195.08
铬	Cr	51.9961	金	Au	196.9665
锰	Mn	54.938	汞	Hg	200.59
铁	Fe	55.845	铅	Pb	207.19

附录二　常用有机溶剂的沸点、相对密度

名称	沸点	相对密度 d_4^{20}	名称	沸点	相对密度 d_4^{20}
苯	80.1	0.87372	四氯化碳	76.7	1.595
吡啶	115.3	0.9831	四氢呋喃	66	0.8892
丙酮	56.12	0.7905	硝基苯	210.8	1.2037
二甲基甲酰胺	153.0	0.9439	乙醇	78.32	0.7893
二甲基亚砜	189.0	1.0958	乙二醇	197.8	1.116
二硫化碳	46.3	1.263	正丁醇	117.7	0.8097
二氧六环	101.32	1.0337	乙腈	82	0.783
混二甲苯	140		乙醚	34.6	0.7143
甲苯	110.6	0.8669	乙酸	117.1	1.049
甲醇	64.51	0.7915	乙酐	140.0	1.082
甲酰胺	210.5	1.133	乙酸乙酯	77.11	0.9006
氯仿	61.15	1.4890			

附录三　冷浴用的冰-盐混合物

化合物	质量百分数	最低温度/℃	化合物	质量百分数	最低温度/℃
碳酸钠	5.9	−2.1	硝酸钠	37.0	−18.5
硫酸钠	12.7	−3.6	氯化钠	23.3	−21.1
硫酸镁	19.0	−3.9	氯化镁	21.6	−33.6
氯化钾	20.0	−11.1	氯化钙	30.0	−55.0
氯化铵	18.6	−15.8			

附录四　热浴用的液体介质

热浴名称	介质	温度范围/℃	热浴名称	介质	温度范围/℃
水浴	水	0~80	酸浴	浓硫酸	20~250
油浴	植物油	100~220		80%磷酸	20~250
	石蜡油	60~300		40%硫酸钾硫酸溶液	100~365
	甘油	0~260	空气浴	空气	80~300
	硅油	0~250	合金浴	伍德合金	70~350

附录五　常见恒沸混合物的组成和恒沸点

组分名称	沸点/℃ 组分	沸点/℃ 共沸物	组成/% 共沸物	组成/% 上层	组成/% 下层	20℃时两层相对体积	相对密度
氯仿 水	61.2 100.0	56.3	97.0 3.0	0.8 99.2	99.8 0.2	4.4 95.6	1.004 1.491
四氯化碳 水	76.8 100.0	66.8	95.9 4.1	0.03 99.97	99.97 0.03	6.4 93.6	1.000 1.597
苯 水	80.1 100.0	69.4	91.1 8.9	99.94 0.06	0.07 99.93	92.0 8.0	0.880 0.999
二氯乙烷 水	83.5 100.0	71.6	91.8 8.2	0.8 99.2	99.8 0.2	10 90	1.002 1.254
乙腈 水	82.0 100.0	76.5	83.7 16.3				0.818
乙醇 水	78.5 100.0	78.2	95.6 4.4				0.804
乙酸乙酯 水	77.1 100.0	70.4	91.9 8.1	96.7 3.3	8.7 91.3	95.0 5.0	0.907 0.777
异丙醇 水	82.4 100.0	80.4	87.8 12.2				0.818
甲苯 水	110.6 100.0	85.0	79.8 20.2	99.95 0.05	0.06 99.94	82.0 18.0	0.868 1.000
正丙醇 水	97.2 100.0	89.1	28.3	97.0 3.0	39.0 61.0	43.0 57.0	
异丁醇 水	108.4 100.0	89.9	70.0 30.0	85.0 15.0	8.7 91.3	82.3 17.7	0.833 0.988
二甲苯 水	139.1 100.0	94.5	60.0 40.0	99.95 0.05	0.05 99.95	63.4 36.6	0.868 1.000

续表

组分名称	沸点/℃		组成/%			20℃时两层相对体积	相对密度
	组分	共沸物	共沸物	上层	下层		
正丁醇 水	100.0	93.0	55.5 44.5	79.9 20.1	7.7 92.3	上 71.5 下 28.5	上 0.849 下 0.990
吡啶 水	115.5	92.5	57.0 43.0				1.010
异戊醇 水	115.6 100.0	91.5	65.0 35.0	90.1 9.9	5.5 94.5	上 74.0 下 26.0	上 0.833 下 0.992
正戊醇 水	138.0 100.0	95.4	45.0 44.0				0.848
氯乙醇 水	129 100	97.8	42.3 57.7				1.098
环己烷 乙醇	81.4 78.5	64.9	69.5 30.5				
氯仿乙醇 乙醇 甲醇	61.2 78.5	59.4	93.0 7.0				1.403
乙酸乙酯 甲醇	77.2 64.7	62.1	51.4 48.6				0.846
甲苯 正丁醇	110.6 117.7	105.6	73.0 27.0				0.846
环己烷 正丁醇	81.4 117.7	79.8	90.0 10.0				0.701
苯 乙酸	80.1 118.1	80.1	98.0 2.0				0.882
甲苯 乙酸	110.6 118.1	105.4	72.0 28.0				0.905
氯仿 甲醇 水	61.2 64.7 100.0	52.3	90.5 8.2 1.3	32.0 41.0 27.0	83.0 14.0 3.0	3.0 97.0	1.022 1.399
环己烷 乙醇 水	80.75 78.5 100.0	62.60	75.5 19.7 4.8				
苯 乙醇 水	80.1 78.5 100.0	64.86	74.1 18.5 7.4	86.0 12.7 1.3	4.8 52.1 43.1	85.5 14.2	0.866 0.892
甲苯 乙醇 水	110.6 78.5 100.0	74.4	51.0 37.0 12.0	81.3 15.6 3.1	24.5 54.8 20.7	46.5 53.5	0.849 0.855
氯仿 乙醇 水	61.2 78.5 100.0	55.3	94.2 3.5 2.3	1.0 18.2 80.8	95.8 3.7 0.5	6.2 93.8	0.976 1.441
四氯化碳 乙醇 水	76.8 78.5 100.0	61.8	85.5 10 4.5	7.0 48.5 44.5	94.8 5.2 <0.1	15.2 84.4	0.935 1.519
乙酸乙酯 乙醇 水	77.1 78.5 100.0	70.2	82.6 8.4 9.0				0.901

续表

组分名称	沸点/℃		组成/%			20℃时两层相对体积	相对密度
	组分	共沸物	共沸物	上层	下层		
氯仿	61.2	57.5	47.0				
丙酮	56.2		30.0				
甲醇	64.7		23.0				
环己烷	81.4	51.5	40.5				
丙酮	56.2		43.5				
甲醇	64.7		16.0				
乙酸丁酯	126.5	90.7	63.0	86.0	1.0	75.5	0.874
正丁醇	117.7		8.0	11.0	2.0	24.5	0.997
水	100.0		29.0	3.0	97.0		

附录六　水的饱和蒸气压

温度/℃	蒸气压/mmHg	温度/℃	蒸气压/mmHg	温度/℃	蒸气压/mmHg	温度/℃	蒸气压/mmHg
1	4.926	26	25.21	51	97.20	76	301.4
2	5.294	27	26.74	52	102.1	77	314.1
3	5.685	28	28.35	53	107.2	78	327.3
4	6.101	29	30.04	54	112.5	79	341.1
5	6.543	30	31.82	55	118.0	80	355.1
6	7.013	31	33.70	56	123.8	81	369.7
7	7.513	32	35.66	57	129.8	82	384.9
8	8.045	33	37.73	58	136.1	83	400.6
9	8.609	34	39.90	59	142.6	84	416.8
10	9.209	35	42.18	60	149.4	85	433.6
11	9.844	36	44.56	61	156.4	86	450.9
12	10.52	37	47.07	62	163.8	87	468.7
13	11.23	38	49.69	63	171.4	88	487.1
14	11.99	39	52.44	64	179.3	89	506.1
15	12.79	40	55.32	65	187.5	90	525.8
16	13.63	41	58.34	66	196.1	91	546.1
17	14.53	42	61.50	67	205.0	92	567.0
18	15.48	43	64.80	68	214.2	93	588.6
19	16.48	44	68.26	69	223.7	94	610.9
20	17.54	45	71.88	70	233.7	95	633.9
21	18.65	46	75.65	71	243.9	96	657.6
22	19.83	47	79.60	72	254.6	97	682.1
23	21.07	48	83.71	73	265.7	98	707.3
24	22.38	49	88.02	74	277.2	99	733.2
25	23.76	50	92.51	75	289.1	100	760.0

附录七　危险化学试剂的使用知识

化学工作者每天都要接触各种化学药品，很多药品是剧毒、可燃和易爆炸的，我们必须正确使用和保管。严格遵守操作规程，就可以避免事故的发生。

根据常用的一些化学药品的危险性质，可以分为易燃、易爆和有毒三类，分述如下。

1. 易燃化学药品

可燃气体　氨、乙胺、氯乙烷、乙烯、氢气、硫化氢、甲烷、氯甲烷、二氧化硫等。

易燃液体　汽油、乙醚、乙醛、二硫化碳、石油醚、丙酮、苯、甲苯、二甲苯、苯胺、乙酸乙酯、甲醇、乙醇、氯甲醛等。

易燃固体　红磷、三硫化二磷、萘、镁、铝粉等。

自燃物质　黄磷等。

实验室保存和使用易燃、有毒药品，应注意以下几点。

① 实验室内不要保存大量易燃溶剂，少量的也需密闭，切不可放在开口容器内，需放在阴凉背光和通风处并远离火源，不能接近电源及暖气等。腐蚀橡皮的药品不能用橡皮塞。

② 可燃性溶剂均不能直接用火加热，必须用水浴、油浴或可调节电压的电热套。蒸馏乙醚或二硫化碳时，要用预先加热的或通水蒸气加热的热水浴，并远离火源。

③ 蒸馏、回流易燃液体时，防止暴沸及局部过热，瓶内液体应占瓶体积的 1/3～1/2，加热时不得加入沸石或活性炭，以免暴沸冲出着火。

④ 注意冷凝管水流是否畅通，干燥管是否阻塞不通，仪器连接处塞子是否紧密，以免蒸气溢出着火。

⑤ 易燃药品大都比空气重（如乙醚较空气重），能在工作台面流动，故即使在较远处的火焰也可能使其着火。尤其处理较大量的乙醚时，必须在没有火源且通风的实验室中进行。

⑥ 用过的溶剂不得倒入下水道中，必须设法回收。含有有机溶剂的滤渣不能丢入敞口的废物缸内，燃着的火柴头切不能丢入废物缸内。

⑦ 金属钠、钾遇火易燃，故须保存在煤油或液体石蜡中，不能露置在空气中。如遇着火，可用石棉布扑灭；不能用四氯化碳灭火器，因其与钠或钾易起爆炸反应。二氧化碳泡沫灭火器能加强钠或钾的火势，亦不能使用。

⑧ 某些易燃物质，如黄磷在空气中能自燃，必须保存在盛有水的玻璃瓶中，再放在金属桶中，绝不能直接放在金属桶中，以免腐蚀。自水中取出后，立即使用，不得露置在空气中过久。用过后必须采取适当方法销毁残余部分，并仔细检查有无散失在桌面或地面上。

2. 易爆化学药品

当气体混合物发生反应时，其反应速率随成分而变，当反应速率达到一定时，会引起爆炸，如氢气和空气或氧气混合达一定比例，遇火焰就会发生爆炸。乙炔与空气亦可生成爆炸混合物。汽油、二硫化碳、乙醚的蒸气与空气混合，亦可因小火花或电火花导致爆炸。

不但乙醚蒸气能与空气或氧混合，形成爆炸混合物，同时由于光或氧的影响，乙醚可被氧化成过氧化物，其沸点较乙醚高。在蒸馏乙醚时，当浓度较高时，则发生爆炸，故使用时，均需先鉴定其中是否已有过氧化物。此外，如二氧六环、四氢呋喃及某些不饱和碳氢化合物（如丁二烯），亦可因产生过氧化物而爆炸。

① 能自行爆炸的化学药品有高氯酸钾、硝酸铵、浓高氯酸、雷酸汞、三硝基甲苯等。

② 能混合发生爆炸的化学药品有：a. 高氯酸+酒精或其他有机物；b. 高锰酸钾+甘油或其他有机物；c. 高锰酸钾+硫酸或硫；d. 硝酸+镁或碘化氢；e. 硝酸铵+酯类或其他有机物；f. 硝酸铵+锌粉+水；g. 硝酸盐+氯化亚锡；h. 过氧化物+铝+水；i. 硫+氧化汞；j. 金属钠或钾+水。

氧化物与有机物接触，极易引起爆炸。在使用浓硝酸、高氯酸、过氧化氢等时，应特别注意。使用可能发生爆炸的化学药品时，必须做好个人防护，戴面罩或防护眼镜，并在通风橱中进行操作。要设法减少药品用量或浓度，进行小量实验。平时危险药品要妥善保存，如苦味酸需保存在水中，某些过氧化物（如过氧化苯甲酰）必须加水保存。易爆炸残渣必须妥善处理，不得随意乱丢。

3. 有毒化学药品

日常我们所接触的化学药品中，少数是剧毒药品，使用时必须十分谨慎；很多药品是经长期接触，或接触量过大，产生急性或慢性中毒。但只要掌握使用毒品的规则和防护措施，即可避免或把中毒的机会减少到最低程度。以下对毒品进行分类介绍，以加强防护措施，避免药品对人体的伤害。

① 有毒气体

如溴、氯、氟、氢氰酸、氟化氢、二氧化硫、硫化氢、光气、氨、一氧化碳等均为窒息性或具有刺激性气体。在使用以上气体进行实验时，应在通风良好的通风橱中进行。反应中有气体发生时，应安装气体吸收装置（如反应产生氯化氢、溴化氢等）。遇气体中毒时，应立即将中毒者移到空气流通处，静卧、保暖，施以人工呼吸或给氧，及时请医生治疗。

② 强酸或强碱

硝酸、硫黄、盐酸、氢氧化钠、氢氧化钾均刺激皮肤，有腐蚀作用，造成化学烧伤。吸入强烟雾，会刺激呼吸道。稀释硫酸时，应将硫酸慢慢倒入水中，并随同搅拌，不要在不耐热的厚玻璃器皿中进行。

储存碱的瓶子不能用玻璃塞，以免碱腐蚀玻璃，使瓶塞打不开。取碱时必须戴防护眼镜及白手套。配制碱液时，应在烧杯中进行，不能在小口瓶或量筒中进行，以防容器受热破裂造成事故。开启氨水瓶时，必须事先冷却，瓶口朝无人处，最好在通风橱内进行。

如遇皮肤或眼睛受伤，应迅速冲洗。如果是被酸损伤，立即用碳酸氢钠溶液冲洗；如果是被碱损伤，立即用1%～2%乙酸冲洗；眼睛用饱和硼酸溶液冲洗。

③ 无机药品

a. 氰化物及氢氰酸　毒性极强，致毒作用极快，空气中氢氰酸含量达3/10000，即可在数分钟内致人死亡；内服极少量氰化物，亦可很快中毒死亡。取用时，需特别注意，氰化物必须密封保存。氰化物要有严格的领用保管制度，取用时必须戴厚口罩、防护眼镜及手套，手上有伤口时不得进行该项实验。使用过的仪器、桌面均应亲自收拾，用水冲净，手及脸亦应仔细洗净。

b. 汞　在室温下即能蒸发，毒性极强，能致急性中毒或慢性中毒。使用时必须注意室内通风。提纯或处理时，必须在通风橱内进行。若有汞洒落时，要用滴管收起，分散的小粒也要尽量汇集，然后再用硫黄粉、锌粉或三氯化铁溶液消除。

c. 溴　溴液可致皮肤烧伤，蒸气刺激黏膜，甚至可使眼睛失明。使用时应在通风橱内进行。当溴洒落时，要立即用沙掩埋。如皮肤烧伤，应立即用稀乙醇洗或大量甘油按摩，然后涂以硼酸凡士林软膏。

④ 有机药品

a. 有机溶剂　有机溶剂均为脂溶性液体，对皮肤黏膜有刺激作用。如苯，不但刺激皮肤，易引起顽固湿疹，对造血系统及中枢神经系统均有严重损害。甲醇对视神经特别有害。大多数有机溶剂蒸气易燃。在条件许可情况下，最好用毒性较低的石油醚、醚、丙酮、二甲苯代替二硫化碳、苯和卤代烷类。使用有机溶剂应注意防火，室内空气流通。一般用苯提取，应在通风橱内进行。绝不能用有机溶剂洗手。

b. 硫酸二甲酯　吸入或经皮肤吸收均可致中毒，且有潜伏期，中毒后呼吸道感到灼痛，滴在皮肤上能引起坏死、溃疡，恢复慢。

c. 苯胺及苯胺衍生物　吸入或经皮肤吸收均可致中毒。慢性中毒引起贫血，影响持久。

d. 芳香硝基化合物　化合物中硝基越多毒性越大，在硝基化合物中增加氯原子，亦将增加毒性。这类化合物的特点是能迅速被皮肤吸收，中毒后引起顽固性贫血及黄疸病，刺激皮肤引起湿疹。

e. 苯酚　能灼烧皮肤，引起皮肤坏死或皮炎，皮肤被沾染应立即用温水及稀酒精洗。

f. 生物碱　大多数具有强烈毒性，皮肤亦可吸收，少量即可导致中毒，甚至死亡。

g. 致癌物　很多的烷基化试剂，长期摄入人体内有致癌作用，应予以注意，其中包括硫酸二甲酯、对甲苯磺酸甲酯、N-甲基-N-亚硝脲素、亚硝基二甲胺、偶氮乙烷以及一些丙烯酯类等。一些芳香胺类，由于在肝脏中经代谢生成 N-羟基化合物而具有致癌作用，其中包括 4-乙酰氨基联苯、2-乙酰氨基苯酚、2-萘胺、4-二甲氨基偶氮苯等。部分稠环芳香烃化合物，如 3,4-二甲基-1,2-苯并蒽则属于强致癌物。

4. 化学药品侵入人体及防护

① 经由呼吸道吸入　有毒气体及有毒药品蒸气经呼吸道吸入人体，经血液循环而至全身，产生急性或慢性全身中毒，所以实验必须在通风橱内进行，并经常注意室内空气流畅。

② 经由消化道侵入　任何药品均不得用口尝味，不得在实验室内进食，实验完毕必须洗手，不穿工作服到食堂、宿舍去。

③ 经由皮肤黏膜侵入　眼睛的角膜对化学品非常敏感，药品对眼睛危害性很严重。进行实验时，必须戴防护眼镜。一般来说，药品不易侵入完整的皮肤，但皮肤有伤口时是很容易侵入人体的。沾污了的手取食或抽烟，均能将其带入人体内。化学药品，如浓酸、浓碱，对皮肤均能造成化学灼伤。某些脂溶性溶剂、氨基及硝基化合物，可引起顽固性湿疹。有的亦能经皮肤侵入人体内，导致全身中毒或危害皮肤，引起过敏性皮炎。在实验操作时，注意勿使药品直接接触皮肤，必要时可戴手套。

附录八　有机化学文献和手册中常见的英文缩写

缩写	全称	中文名	缩写	全称	中文名
aa	acetic acid	乙酸	b	boiling	沸腾
abs	absolute	绝对的	bipym	bipyramidal	双锥体的
ac	acid	酸	bk	black	黑(色)
Ac	acetyl	乙酰基	bl	blue	蓝(色)
ace	acetone	丙酮	br	brown	棕(色),褐(色)
al	alcohol	醇(通常指乙醇)	bt	bright	嫩(色),浅(色)
alk	alkali	碱	Bu	butyl	丁基
Am	amyl[pentyl]	戊基	bz	benzene	苯
amor	amorphous	无定形的	c	cold	冷的
anh	anhydrous	无水的	c	percentage concentration	百分(比)度浓度
aqu	aqueous	水的,含水的			
as	asymmetric	不对称的	c	coefficient	系数
atm	atmosphere	大气,大气压	cal	calorie	卡

续表

缩写	全称	中文名	缩写	全称	中文名
calc	calculated	计算的	hyd	hydrate	水合物
can	cancel	取消	hyg	hygroscopic	吸湿的
cap	capacity	容量	i	insoluble	不溶(解)的
cat	catalyst	催化剂	*i-*	iso-	异
chl	chloroform	氯仿	ign	ignites	点火、着火
co	columns	柱、塔、列	in	inactive	不活泼的、不旋光的
col	colorless	无色	inflame	inflammable	易燃的
comp	compound	化合物	infuse	infusible	不熔的
con	concentrated	浓的	irid	iridescent	虹彩的
cor	corrected	正确的	la	large	大的
cr	crystals	结晶、晶体	lf	leaf	薄片、页
cy	cyclohexane	环己烷	lig	ligroin	石油醚
d	decomposes	分解	liq	liquid	液体、液态的
dil	diluted	稀释、稀的	lo	long	长的
diox	dioxane	二噁烷、二氧杂环己烷	lt	light	光、浅(色)的
distb	distillable	可蒸馏的	m	melting	熔化
dk	dark	黑暗的、暗(颜色)	*m-*	meta	间位、偏(无机酸)
diq	deliquescent	潮湿的、易吸潮气的	mol	monoclinic	单斜(晶)的
DMF	dimethylformamide	二甲基甲酰胺	Me	methyl	甲基
eff	efflorescent	风化的、起霜的	met	metallic	金属的
Et	ethyl	乙基	micr	microscopic	显微的、微观的
eth	ether	醚、(二)乙醚	min	mineral	矿石、无机的
exp	explode	爆炸	mod	modification	(变)体、修改
extrap	extrapolated	外推(法)	mut	mutarotatory	变旋光(作用)
et. ac	ethyl acetate	乙酸乙酯	*n-*	normal chain	正链
fl	flakes	絮片体	*n*	refractive index	折光率
flr	fluorescent	荧光的	nd	needles	针状结晶
fr	freeze	冻、冻结	*o-*	ortho-	正、邻(位)
fp	freezing point	冰点、凝固点	oct	octahedral	八面的
fum	fuming	发烟的	og	orange	橙色的
gel	gelatinous	胶凝的	ord	ordinary	普通的
gl	glacial	冰的	org	organic	有机的
gold	golden	(黄)金的、金色的	orh	orthorhombic	斜方(晶)的
gr	green	绿的、新鲜的	os	organic solvents	有机溶剂
gran	granular	粒状	*p-*	para-	对(位)
gy	gray	灰(色)的	pa	pale	苍(色)的
glyc	glycerin	甘油	par	partial	部分的
h	hot	热	peth	petroleum ether	石油醚
hex	hexagonal	六方形的	pk	pink	桃红
hp	heptane	庚烷	ph	phenyl	苯基
hing	heating	加热的	pl	plates	板、片、极板
hx	hexane	己烷	pr	prisms	棱镜、三棱形的

续表

缩写	全称	中文名	缩写	全称	中文名
Pr	propyl	丙基	t-	tertiary	特某基、叔、第三的
purp	purple	红紫(色)	ta	tablets	平片的
pw	powder	粉末、火药	tcl	triclinic	三斜(晶)的
pym	pyramids	棱锥形、角锥	tet	tetrahedron	四面体
rac	racemic	外消旋的	tetr	tetragonal	四方(晶)的
rect	rectangular	长方(形)的	THF	tetrahydrofuran	四氢呋喃
res	resinous	树脂的	to	toluene	甲苯
rh	rhombic	正交(晶)的	tr	transparent	透明的
rhd	rhombohedral	棱形的、三角晶的	trg	trigonal	三角的
s	soluble	可溶解的	undil	undiluted	未稀释的
s	secondary	仲、第二的	uns	unsymmetrical	不对称的
sc	scales	秤、刻度尺、比例尺	unst	unstable	不稳定的
sf	soften	软化	vac	vacuum	真空
sh	shoulder	肩	var	variable	蒸气
silv	silvery	银的、银色的	vic	vicinal	连(1,2,3)
sl	slightly	轻微的	visc	viscous	黏(滞)的
so	solid	固体	volat	volatile	挥发(性)的
sol	solution	溶液、溶解	vt	violet	紫色
solv	solvent	溶剂、有溶剂力的	w	water	水
sph	sphenoidal	半面晶形的	wh	white	白(色)的
st	stable	稳定的	wr	warm	温热的、(加)温
sub	sublime	升华	wx	waxy	蜡状的
suc	supercooled	过冷的	ye	yellow	黄(色)的
sulf	sulfuric acid	硫酸	xyl	xylene	二甲苯
sym	symmetrical	对称的	z	atomienumber	原子序数
syr	syrup	浆、糖浆			

附录九 常用试剂的配制

1. 无水乙醇

无水乙醇的沸点为 78.5℃，折射率为 1.3611，d_4^{20} 为 0.7893。

检验乙醇是否含有水分，常用的方法有下列两种。

（1）取一支干净试管，加入制得的无水乙醇 2mL，随即加入少量的无水硫酸铜粉末，如果乙醇中含有水分则无水硫酸铜变为蓝色硫酸铜。

（2）另取一支干净试管，加入制得的无水乙醇 2mL，随即加入几粒干燥的高锰酸钾，若乙醇中含有水分，则溶液呈紫红色。

2. 无水乙醚

无水乙醚的沸点为 34.51℃，折射率为 1.3526，d_4^{20} 为 0.7138。

制备无水乙醚的步骤如下。

（1）检验有无过氧化物的存在及除去过氧化物　制备无水乙醚时首先必须检验有无过氧化物的存在，否则，容易发生爆炸。

检验的方法：取少量乙醚和等体积的 0.12mol/L 碘化钾溶液，混匀，加入数滴稀盐酸，振摇，如能使淀粉溶液呈蓝色或紫色，为正反应，表示有过氧化物存在。

除去过氧化物的方法：把乙醚置于分液漏斗中，加入相当于乙醚体积 1/5 的新配的硫酸亚铁溶液，猛力振荡后，弃去水层。

硫酸亚铁溶液的制备：将 6mL 浓硫酸慢慢加入 100mL 水，再加入 60g 硫酸亚铁即得到硫酸亚铁溶液。

（2）干燥　可用浓硫酸、金属钠、无水氯化钙、五氧化二磷做干燥剂。具体操作可参阅有关书籍。

3. 丙酮

丙酮的沸点为 56.2℃，折射率为 1.3588，d_4^{20} 为 0.7899。市售的丙酮往往含有甲醇、乙醛、水等杂质，不可能利用简单蒸馏把这些杂质分离开。含有上述杂质的丙酮，不能作为 Grignard 反应等的试剂，必须经过处理才能用。

处理丙酮常用的方法是在 100mL 丙酮中加入 0.5g $KMnO_4$ 进行回流，将丙酮蒸出，用无水碳酸钠干燥 1h 后，蒸馏，收集 55～56.5℃ 的馏出液。

4. 苯

苯的沸点为 80.1℃，折射率为 1.5011，d_4^{20} 为 0.8765。

普通苯中可能含有少量噻吩。欲除去噻吩，可用等体积 5mol/L H_2SO_4 洗涤数次，直至酸层为无色或浅黄色，再分别用水、3mol/L Na_2CO_3 水溶液、水洗涤，用无水氯化钙干燥过夜，过滤，蒸馏。

5 甲苯

甲苯的沸点为 110.6℃，折射率为 1.4961，d_4^{20} 为 0.8699。普通甲苯中可能含少量甲基噻吩，欲除去甲基噻吩，可用浓硫酸（甲苯：浓硫酸＝10：1）振摇 30min（温度不要超过 30℃），除去酸层，用水、3mol/L Na_2CO_3 溶液、水洗涤，用无水氯化钙干燥过夜，过滤，蒸馏。

6. 饱和亚硫酸氢钠溶液

在 100mL 的 5mol/L 亚硫酸氢钠溶液中加入不含醛的无水乙醇 25mL 即配成饱和亚硫酸氢钠溶液。混合后，如有少量的亚硫酸氢钠结晶析出，必须滤去结晶，保留上清液。此溶液不稳定，容易被氧化和分解，因此，不能保存很久，以实验前配制为宜。

7. 2,4-二硝基苯肼

取 2,4-二硝基苯肼 3g，溶于 15mL 浓硫酸，将此酸性溶液慢慢加入 70mL 体积分数 95％的乙醇中，再加蒸馏水稀释到 100mL，过滤，将滤液保存于棕色试剂瓶中。

8. 碘-碘化钾溶液

将 2g 碘和 5g 碘化钾溶于 100mL 水中，混匀，即得碘-碘化钾溶液。

9. Fehling 试剂

Fehling 试剂 A：将 3.5g 硫酸铜晶体（$CuSO_4·5H_2O$）溶于 100mL 水中，浑浊时过滤。

Fehling 试剂 B：将酒石酸钾钠晶体 17g 溶于 15～20mL 热水中，加入 3mol/L 氢氧化钠 20mL，用水稀释至 100mL。此两种溶液要分别贮藏，使用时取等量试剂 A 及试剂 B 混合。由于氢氧化铜易沉淀，不易与反应物作用，酒石酸钾钠能使氢氧化铜沉淀溶解形成深蓝色的配合物溶液：

$$Cu\begin{pmatrix}OH\\OH\end{pmatrix} + \begin{matrix}H\\HO-C-COONa\\HO-C-COONa\\H\end{matrix} \longrightarrow \begin{matrix}H-C-O^-\\H-C-O\\H-C-O\\O=C-O^-\end{matrix}Cu$$

10. Schiff 试剂

配制方法有三种。

① 将 0.2g 品红盐酸盐溶于 100mL 新制的冷却饱和二氧化硫溶液中，放置数小时，直至溶液无色或淡黄色，再用蒸馏水稀释至 200mL。存于玻璃瓶中，塞紧瓶口，以免二氧化硫逸散。

② 溶解 0.5g 品红盐酸盐于 100mL 热水中，冷却后通入二氧化硫达饱和，至粉红色消失，加入 0.5g 活性炭，振荡，过滤，再用蒸馏水稀释至 500mL。

③ 溶解 0.2g 品红盐酸盐于 100mL 热水中，冷却后，加入 2g 亚硫酸氢钠和 2mL 浓盐酸，最后用蒸馏水稀释至 200mL。

品红溶液原是粉红色，被二氧化硫饱和后变成无色的 Schiff 试剂。醛类与 Schiff 试剂作用后，反应液呈紫红色。

酮类通常不与试剂作用，但是某些酮类（如丙酮等）能与二氧化硫作用，故当它与 Schiff 试剂接触后能使试剂脱去亚硫酸，此时反应液就出现品红的粉红色。

11. 刚果红试纸

取 0.2g 刚果红溶于 100mL 蒸馏水制成溶液，把滤纸放在刚果红溶液中浸透后，取出晾干，裁成纸条（长 70～80mm，宽 10～20mm），试纸呈鲜红色。

刚果红适于用作酸性物质的指示剂，变色范围 pH 3～5。刚果红与弱酸作用显蓝黑色，与强酸作用显稳定的蓝色，遇碱则又变红。

12. 氯化亚铜氨溶液

取 1g 氯化亚铜加 1～2mL 浓氨水和 10mL 水，用力摇动后，静置片刻，并投入一块铜片（或一根铜丝），贮存备用。

$$2CuCl_2 + 4NH_4OH \longrightarrow 2Cu(NH_3)_2Cl + 4H_2O$$

亚铜盐很容易被空气中的氧氧化成二价铜，此时试剂呈蓝色将掩盖乙炔亚铜的红色。为了便于观察现象，可在温热的试剂中滴加 2mol/L 盐酸羟胺（$HO-NH_2 \cdot HCl$）溶液至蓝色褪去后，再通入乙炔，羟胺是一种强还原剂，可将 Cu^{2+} 还原成 Cu^+。

13. 氯化锌-盐酸试剂（Lucas 试剂）

将 34g 无水氯化锌溶于 23mL 纯浓盐酸中，同时冷却以防氯化氢逸出，约得 35mL 溶液，放冷后，存于玻璃瓶中，密闭。

14. Tollens 试剂

加 0.65mol/L 硝酸银溶液 20mL 于一干净试管内，加入一滴 2.5mol/L 氢氧化钠溶液，然后滴加 2.5mol/L 的稀氨水，边加边摇，直至沉淀刚好溶解。配制 Tollens 试剂所涉及的化学反应如下：

$$AgNO_3 + NaOH \longrightarrow AgOH + NaNO_3$$
$$2AgOH \longrightarrow Ag_2O + H_2O$$
$$Ag_2O + 4NH_3 + H_2O \longrightarrow 2[Ag(NH_3)_2]^+ + OH^-$$

配制 Tollens 试剂时应防止加入过量的氨水,否则,将生成雷酸银(Ag—O—N≡C)。受热后将引起爆炸,试剂本身还将失去灵敏性。

Tollens 试剂久置后将析出黑色的叠氮化银(AgN_3)沉淀,它受震动时分解,发生猛烈爆炸,有时潮湿的叠氮化银也能引起爆炸,因此 Tollens 试剂必须现用现配。

15. Benedict 试剂

将 20g 柠檬酸钠和 11.5g 无水碳酸钠溶于 100mL 热水中。在不断搅拌下把含 2g 硫酸铜结晶的 20mL 硫酸铜溶液慢慢地加到上述柠檬酸钠和碳酸钠溶液中。该混合液应十分清澈,否则,需过滤。

Benedict 试剂在放置时不易变质,故不必像 Fehling 试剂那样配成 A 液、B 液分别保存,所以比 Fehling 试剂使用方便。

16. α-萘酚酒精试剂(Molish Reagent)

称取 α-萘酚 10g 溶于体积分数 95% 酒精内,再用体积分数 95% 酒精稀释至 100mL,实验前配制。

17. 间苯二酚-盐酸试剂(Scliwanoff Reagent)

将间苯二酚 0.05g 溶于 50mL 浓盐酸内,再用水稀释至 100mL。

18. 饱和溴水

溶解 75g 溴化钾于 500mL 水中,加入 50g 溴,振荡即成。

19. 1% 淀粉溶液

将 1g 可溶性淀粉于研钵中加少许水研成糊状,并加入 5mL 0.1% $HgCl_2$(防腐用),然后倒入 100mL 沸水中煮沸数分钟,放冷。

20. 1% 酚酞溶液

将固体酚酞 1g 溶于 90mL 乙醇中,加水稀释至 100mL。

21. 亚硝酰铁氰化钠溶液

称 1g 亚硝酰铁氰化钠,加水使溶解成 20mL,保存于棕色瓶中,如果溶液变绿就不能用了。

参 考 文 献

[1] 龙盛京. 有机化学实验. 第二版. 北京：人民卫生出版社，2011.
[2] 周和平，胡春弟. 有机化学实验. 武汉：武汉长江出版社，2006.
[3] 唐玉海. 有机化学实验. 北京：高等教育出版社，2010.
[4] 陆涛. 有机化学实验与指导. 北京：中国医药科技出版社，2003.
[5] 杨善中. 有机化学实验. 合肥：合肥工业大学出版社，2002.
[6] 王兴涌. 有机化学实验. 北京：科学出版社，2004.
[7] 王福来. 有机化学实验. 武汉：武汉大学出版社，2001.
[8] 高占先. 有机化学实验. 第四版. 北京：高等教育出版社，2004.
[9] 尤启冬. 药物化学实验与指导. 北京：中国医药科技出版社，2000.
[10] 李霁良. 微型半微型有机化学实验. 北京：高等教育出版社，2003.

B